"双高建设"新型一体化教材

物 理 化 学
Physical Chemistry

主　编　李瑛娟　李冬丽
副主编　王　鹏　保思敏　朱　琳

北　京

冶金工业出版社

2024

内 容 提 要

本书分为10章，主要内容包括绪论、气体、热力学第一定律、热力学第二定律、溶液、相平衡、化学平衡、化学动力学、电化学和表面化学与胶体。

本书可作为高职高专院校冶金、化工、制药、环保、材料等专业的教学用书，也可作为相关专业科研和工程技术人员的参考用书。

图书在版编目（CIP）数据

物理化学/李瑛娟，李冬丽主编 . —北京：冶金工业出版社，2024.7
"双高建设"新型一体化教材
ISBN 978-7-5024-9879-5

Ⅰ . ①物…　Ⅱ . ①李…　②李…　Ⅲ . ①物理化学—高等学校—教材　Ⅳ . ①O64

中国国家版本馆 CIP 数据核字（2024）第 106054 号

物理化学

出版发行 冶金工业出版社		**电　话**	（010）64027926
地　址 北京市东城区嵩祝院北巷 39 号		**邮　编**	100009
网　址 www.mip1953.com		**电子信箱**	service@ mip1953.com

责任编辑　杨盈园　刘林烨　美术编辑　彭子赫　版式设计　郑小利
责任校对　王永欣　责任印制　窦　唯
北京建宏印刷有限公司印刷
2024 年 7 月第 1 版，2024 年 7 月第 1 次印刷
787mm×1092mm　1/16；18 印张；435 千字；273 页
定价 58.00 元

投稿电话　（010）64027932　投稿信箱　tougao@cnmip.com.cn
营销中心电话　（010）64044283
冶金工业出版社天猫旗舰店　yjgycbs.tmall.com
（本书如有印装质量问题，本社营销中心负责退换）

前　言

党的二十大报告指出，我们要办好人民满意的教育，全面贯彻党的教育方针，落实立德树人根本任务，培养德智体美劳全面发展的社会主义建设者和接班人，加快建设高质量教育体系，发展素质教育，促进教育公平。本书在编写过程中以学生的全面发展为培养目标，从不同角度将各章节抽象理论知识与实际问题相结合，弘扬劳动光荣、技能宝贵、创造伟大、精益求精的专业精神、职业精神；引导学生树立正确的世界观、人生观和价值观，努力成为德智体美劳全面发展的社会主义建设者和接班人；将知识技能上的"成长"和精神上的"成长"有机结合起来，同步实现专业知识学习与道德情操修为的统一。

本书在编写过程中围绕高职高专培养技能型人才的目标和要求，根据教学基本规律，以"必须、够用"为原则，强化基本理论及基本概念，兼顾高职高专学生知识接受能力，弱化了某些不易理解的公式推导过程及应用性较差的内容，力求做到重点突出、内容精简；注重与前期无机化学及后期专业核心课程的衔接，避免不必要的重复及知识脱节；在保持物理化学内容系统性与科学性的同时，理论联系实际，将教学内容与职业需求结合，实现"以服务为宗旨、以就业为导向"的职业教育办学方针。

为贯彻实施国家文化数字化战略，本书除传统的电子课件、习题、课外拓展阅读外，还配有大量数字化资源，部分章节设有动画演示，方便学生课后复习，扫描书中二维码即可观看。同时，本书还配有在线开放课程，支持教师进行线上教学及学生自学。本书力求打造立体化、多元化、数字化教学资源，打通纸质教材与数字化教学资源之间的通道，为混合式教学改革提供保障。

本书由昆明冶金高等专科学校李瑛娟和李冬丽担任主编。参加本书编写的有：李冬丽编写绪论、项目 1 和项目 2；保思敏编写项目 3 和项目 4；李瑛娟编写项目 5 和项目 7；王鹏编写项目 6 和项目 8；朱琳编写项目 9。全书由李冬丽统稿。本书参考了一些文献资料，在此向有关作者表示衷心的感谢！

由于编者水平所限，书中不妥之处，敬请读者批评指正。

编　者

2023 年 6 月

目　　录

0 绪 论

物理化学是在物理和化学两门学科基础上发展起来的。它以丰富的化学现象和体系为对象，大量采纳物理学的理论成就与实验技术，探索、归纳和研究化学的基本规律和理论，构成化学科学的理论基础。物理化学的水平在相当大程度上反映了化学发展的深度。

0.1 物理化学的基本内容

物理化学的研究内容较多，包括化学热力学、量子化学、统计热力学、化学动力学、界面现象与胶体化学等。同时，可以概括地把物理化学的基本内容分为化学热力学、化学动力学和物质结构三类。

0.1.1 化学热力学

化学热力学研究的是物质系统在各种条件下的物理和化学变化中所伴随着的能量变化，从而对化学反应的方向和进行的程度做出准确的判断。

化学热力学的核心理论归纳起来主要包括：所有的物质都具有能量，能量是守恒的，各种化学实验能量可以相互转化；事物总是自发地趋向于平衡态；处于平衡态的物质系统可用几个客观测量描述。化学热力学是建立在三个基本定律基础上发展起来的。热力学第一定律阐明内能、热量和功之间的转化关系，是能量守恒定律的另一种表述。热力学第二定律指明与宏观热现象有关的一切过程的不可逆性质，热量只能自动地从热物体流到冷物体，而不是相反。熵是热力学中衡量系统状态无规则性的一个状态变量。对一个变化着的孤立系统而言，其熵总是增加的。热力学第三定律是绝对零度不能达到原理。

热力学第一定律、第二定律和第三定律是热力学所根据的基本规律，从这些定律出发，用数学方法加以演绎推论，就可以得到描述物质体系平衡的热力学函数及函数间的相互关系，再结合必要的热化学数据，解决化学变化、物理变化的方向和限度。

0.1.2 化学动力学

化学动力学也称为反应动力学和化学反应动力学，对化工生产有着决定性的影响。化学动力学的研究对象是性质随时间的改变而改变的非平衡动态体系。研究领域涵盖了分子反应动力学、催化动力学、基元反应动力学、宏观动力学、微观动力学等方面。化学动力学是研究化学过程进行的速率和反应机理的物理化学分支学科。

化学热力学是计算达到反应平衡时反应进行的程度或转化率，而化学动力学则是从一种动态的角度观察化学反应，研究反应系统转变所需要的时间，以及这之中涉及的微观过程。无论是化学热力学，还是化学动力学，其研究基础均是统计力学、量子力学和分子运动理论。

0.1.3　物质结构

物质结构是物理化学的另一个分支，是运用物理学的理论和实验方法研究物质内部的结构，从而阐明化学现象的本质及结构与性能之间的关系。研究物质结构，有助于理解化学变化的内因，预见在适当的外因作用下，物质的结构可能发生的变化。

结构化学和量子化学是物质结构的研究内容，根据高职高专的人才培养目标及教学要求，本书不对物质结构部分进行介绍。

0.2　物理化学的研究方法和学习方法

0.2.1　物理化学的研究方法

物理化学的研究方法除必须遵循的一般科学方法外，因其研究对象具有特殊性，故可分为热力学方法、统计力学方法、量子力学方法、化学动力学方法等。鉴于本书不对物质结构部分进行介绍，本书中主要应用的是热力学方法。

热力学方法以很多质点构成的客观体系为研究对象，以热力学第一定律和第二定律为基础，经过严密的逻辑推理，得出某些热力学函数，用于判断和解决化学反应的方向和平衡，以及能量交换问题。处理问题时，一般采取宏观研究方法。在不知道体系的微观运动和变化细节情况下，只要分析体系起始和终了状态，通过宏观热力学量的改变就可以推导出很多普遍性的结论。热力学方法是研究化学的最基本方法，可以成功运用于化学平衡，相平衡，反应热效应，电化学等方面的研究。

0.2.2　物理化学的学习方法

物理化学的学习方法区别于无机化学、有机化学，它不仅只是用化学反应方程式，而是主要运用状态函数来描述反应物系的物理变化和化学变化。物理化学有 G、P、H、S、U、V、F、T 八个相互联系紧密的状态函数。搞懂它们之间的关系对学好物理化学至关重要，而推导能力的培养是很必要的。

与其他自然学科相比，初学者往往感觉物理化学相对较难，基本概念、基础理论较多，有些概念非常抽象，不好理解，但也是有规可循的，在学习中可以采用以下方法进行学习。

（1）学会学习、善于总结。物理化学的概念及公式虽多，但归纳起来无非就是几个主要的定律和几条主要的公式，从主要的定律和主要的公式可以推导衍生出很多其他的公式和结论。学习物理化学要充分理解各章节中的基本概念和基础理论，课上学会记笔记，集中自己的注意力，提高听课效率，课后及时归纳和总结所学知识点。

（2）打牢数学基础。学习物理化学，打牢数学基础是必不可少的。任何一门科学，数学运用越多，就表示越成熟、越完善。在物理化学的学习中要求掌握必要的数学推导诸如微分、积分、全微分等知识，才能对物理化学中的几个基础公式互相推导，并做到融会贯通。

（3）重视习题练习。学习物理化学，习题练习非常重要。做习题是巩固课堂所学，加深对理论知识的理解，掌握解题规律的重要环节，有助于学习者培养独立思考的能力和解决问题的能力。习题练习前首先要确保对基本概念的理解，然后将题目分类，了解每种类型的解决方法，反复练习，遇到困难时参与小组讨论，尝试看问题的不同角度或解决问题的方法。

（4）理论联系实践。学习过程中，要注重理论联系实践，认真准备和完成物化实验以及实验报告，认真分析实验中的现象和实验数据，以便形成物理概念，这有助于对理论知识的认识及巩固。加强与同学和老师间的交流，共同探讨学习中遇到的难题，提高自己分析问题和解决问题的能力。

项目 1　气　　体

学习目标

(1) 掌握理想气体状态方程及其有关计算；
(2) 掌握道尔顿分压定律和阿马格分体积定律在混合气体中的应用；
(3) 理解真实气体的 p、V、T 行为；
(4) 了解真实气体与理想气体产生偏差的原因；
(5) 了解真实气体状态方程的应用。

自然界中，物质存在固态、液态和气态这三种基本物理状态。固态是物质存在的一种热力学平衡状态，与液体和气体相比固体的体积和形状相对固定，质地比较坚硬。液体具有流动性，把它放在固定形状的容器中它就有固定形状。当液态物质分子间的范德华力被打破时，物质由液态变为气态；当液态物体分子间热运动减小，小到分子间化学键可以形成，从而化学键在分子间占主导地位时，液体变为固体。气体是一种流体，它可以流动、变形、扩散，其体积不受限制。气态物质的原子或分子间的距离很大，相互之间可以自由运动。气态物质的原子或分子的动能相对较高。

物质从一种状态变化为另一种状态的过程称为物态变化。例如，物质由液态变为固态的过程称为凝固，物质由固态变为液态的过程称为熔化；物质由气态变为液态的过程称为液化，物质由液态变为气态的过程称为气化；物质由气态变为固态的过程称为凝华，物质由固态变为气态的过程称为升华。

研究物质状态及其变化规律是对宏观事物认识的基础。在物质的三种基本物理状态中，气体宏观性质的变化规律相对简单，物理化学中存在大量与气体有关的规律和理论。本章将重点讨论气体的宏观性质与气体的物质的量之间的变化规律，为后续项目的学习打牢基础。

任务 1.1　理 想 气 体

1.1.1　理想气体状态方程

气体具有多种宏观性质，对于一定量的纯气体，体积、温度和压力是三个最基本的性质。对于气体混合物，组成也是最基本性质之一。实际生产中这些性质可以直接测得，常作为化工过程控制的主要指标和其他性质研究的基础。

气体的体积是描述被划定范围的气体所占有的空间大小，用符号 V 表示，单位是 m^3。单位物质的量的气体所占的体积称为气体摩尔体积，用符号 V_m 表示，单位是 m^3/mol。气体单位物质的量与气体体积的关系为：

$$V_m \overset{\text{def}}{=\!=} \frac{V}{n}$$

式中，n 为物质的量，单位为 mol。

气体的温度是指气体温度数值大小，反映气体的冷热程度。常用的温度分为摄氏温度和热力学温度。摄氏温度用符号 t 表示，单位是℃；热力学温度用符号 T 表示，单位为 K（开尔文）。两者的关系为：

$$T = t + 273.15$$

物理化学中多采用热力学温度，本书所有公式中的温度均指热力学温度。

气压泛指气体对某一点施加的流体静力压强，气体压力产生的原因是大量气体分子对容器壁的持续的、无规则撞击产生的。压力用符号 p 表示，法定计量单位是 Pa（帕斯卡）。有时人们习惯用大气压（atm）作为压力单位，它们之间的关系为：1 atm = 101.325 kPa。

对于一定量的纯物质，只要 p、V、T 中任意两个量确定，第三个量即随之确定，此时就认为物质处于一定的状态。联系 p、V、T 之间关系的方程称为状态方程。

从 17 世纪中期，人们就开始研究低压下（$p < 1$ MPa）气体的 p、V、T 之间的关系，通过大量实验，归纳出各种低压气体都服从同一个状态方程：

$$pV = nRT \tag{1-1}$$
$$pV_m = RT \tag{1-2}$$

式中，R 为摩尔气体常数，经实验测定 $R = 8.314$ J/(mol·K)，R 与气体种类无关。式(1-1)和式(1-2)称为理想气体状态方程。

因为 $n = \dfrac{m}{M}$，所以式(1-1)可表示为：

$$pV = \frac{m}{M}RT \tag{1-3}$$

$$pM = \frac{m}{V}RT = \rho RT \tag{1-4}$$

式中，m 为气体质量，kg；M 为气体摩尔质量，kg/mol；ρ 为气体密度，kg/m³。

例 1-1

某一敞口烧瓶中盛有空气，要使其量减少 1/4，需要把温度从 298 K 提高到多少？

例 1-1 解析

例 1-2

用管道输送乙烯，当输送压力为 150 kPa，温度为 25 ℃时，管道内乙烯的密度为多少？

例 1-2 解析

1.1.2　理想气体模型

理想气体状态方程是通过研究低压下气体的行为导出的，但不同气体在适用理想气体状态方程时多少存在些偏差，压力越低，偏差越小，在极低的压力下理想气体状态方程能够较为准确地描述气体的行为。极低的压力说明分子间的距离非常大，分子间的相互作用非常小；同时，分子本身所占有的体积与气体所具有的非常大的体积相比可以忽略不计，所以可以将分子近似地看作是没有体积的质点。因此，根据极低压力下气体的行为，抽象提出了理想气体的概念。理想气体在微观上满足以下两个特征：

（1）分子之间没有相互作用力；

（2）分子本身不占有体积。

理想气体必须具备的这两个特征，实际上就构成了理想气体的微观模型，即理想气体是一种分子本身没有体积、分子间也没有相互作用力的气体。实际上理想气体只是一种假象的气体，绝对的理想气体是不存在的。但把较低压力下的气体作为理想气体处理，运用理想气体状态方程解决低压气体的 p、V、T 关系，有着重要的实际意义。

1.1.3　摩尔气体常数

理想气体状态方程中摩尔气体常数 R 的值可以通过实验测得。当压力趋于零时，真实气体能严格服从理想气体状态方程，因此压力趋于零时，测定一定量的气体的 p、V、T 数据，代入理想气体状态方程便能计算出 R 的数值。由于压力趋于零时气体的 p、V、T 数据难以测准，R 的值通常采用外推法得到。图 1-1 表示了一些气体在 273.15 K 下的 pV_m-p 图。按照波义耳定律，理想气体的 pV_m 应不随 p 而变化，如图 1-1 中虚线所示。而真实气体在不同的 p 下其 pV_m 值不同，且不同真实气体的 pV_m-p 等温线也有差异，如图 1-1 中实线所示。但在 $p \rightarrow 0$ 时，pV_m 值却趋于同一个数值 2271.10 Pa·m³/mol，由此可得：

$$R = \frac{\lim\limits_{p \rightarrow 0}(pV_m)_T}{T} = \frac{2271.10 \ \text{Pa} \cdot \text{m}^3/\text{mol}}{273.15 \ \text{K}}$$

$$= 8.314 \ \text{Pa} \cdot \text{m}^3/(\text{K} \cdot \text{mol}) = 8.314 \ \text{J}/(\text{mol} \cdot \text{K})$$

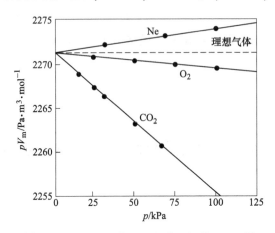

图 1-1　273.15 K 时 Ne、O_2 和 CO_2 的 pV_m-p 图

在其他温度条件下进行类似的测定，得到的 R 数值完全相同。该测定结果表明：在压力趋于零的极限条件下，气体的 pVT 行为均服从 $pV_m=RT$ 的定量关系，R 是一个对各种气体都适用的常数。

思考练习题

1.1-1　填空题

1. 理想气体状态方程的表达式为_____。

2. 理想气体的微观特征是_____。

3. 在 273.15 K，101.325 kPa 下，某理想气体的摩尔质量为 $2.9×10^{-2}$ kg/mol，则该气体的密度 ρ 为_____。

1.1-2　判断题

1. 无论温度与压强为多少，遵从 $pV=nRT$ 的气体称为理想气体。　　　　　　　（　　）

2. 当压力趋于无穷大时真实气体能严格服从理想气体状态方程。　　　　　　　（　　）

3. 真实气体只有在较高温度和较低压力的情况下才接近理想气体。　　　　　　（　　）

1.1-3　单选题

1. 以下哪种情况下，真实气体的 p、V、T 行为与理想气体相近_____。

A. 高温低压　　　　　　B. 高温高压　　　　　　C. 低温低压　　　　　　D. 低温高压

2. 关于理想气体，以下说法正确的是_____。

A. 理想气体能严格遵守气体实验定律

B. 实际气体在温度不太高、压强不太大的情况，可看成理想气体

C. 实际气体在温度不太低、压强不太大的情况下，可看成理想气体

D. 所有的实际气体任何情况下，都可以看成理想气体

3. 一定质量的理想气体，在某一平衡状态下的压强、体积和温度分别为 p_1、V_1、T_1，而在另一平衡状态下的压强、体积和温度分别为 p_2、V_2、T_2，下列关系成立的是_____。

A. $p_1=2p_2$，$V_1=V_2$，$T_1=2T_2$　　　　　　B. $p_1=p_2$，$V_1=2V_2$，$T_1=1/2T_2$

C. $p_1=p_2$，$V_1=1/2V_2$，$T_1=2T_2$　　　　　　D. $p_1=2p_2$，$V_1=2V_2$，$T_1=2T_2$

4. 压力不变时，将某理想气体温度升高 1 倍，则体积变为原来的_____。

A. 2 倍　　　　　　B. 0.5 倍　　　　　　C. 1.5 倍　　　　　　D. 2.5 倍

1.1-4　问答题

1. 什么是理想气体，理想气体状态方程在什么情况下可以使用，气体常数值如何确定？

2. 理想气体是否存在，什么情况下真实气体的 p、V、T 行为可以用 $pV=nRT$ 进行描述？

3. 为什么要建立理想气体模型？

1.1-5　习题

1. 体积为 0.2 m^3 的钢瓶中盛有 0.89 kg 的 CO_2 气体，当温度为 30 ℃ 时，钢瓶内的压力为多少？

2. 在标准状态下（0 ℃，100 kPa），$5.0×10^{-3}$ kg 的某种气体体积为 $4.0×10^{-3}$ m^3，该气体的摩尔质量为多少？

3. 某空气压缩机每分钟吸入 100 kPa、30 ℃ 的空气 41.2 m^3，而排出 90 ℃ 的空气 26.0 m^3。试求压缩后空气的压力为多少。

4. 当温度为 360 K，压力为 9.6×10⁴ Pa 时，0.400 L 的丙酮蒸汽质量为 0.744 g。求丙酮的相对分子质量。

5. 某一抽成真空的球形容器，质量为 25.0000 g。充有 277.15 K 的水后，总质量为 125.0000 g。改充 298.1 K、13.33 kPa 的某种碳氢化合物气体后，总质量变为 25.0163 g。试估算该气体的摩尔质量。

任务 1.2　理想气体混合物

含有两种或两种以上有效组分，或虽属非有效组分但其含量超过规定限量的气体称为气体混合物。在现实生活和生产实践中，人们常遇到气体混合物。将几种不同的纯理想气体混合在一起，便形成理想气体混合物。本模块主要讨论理想气体混合物的 p、V、T 关系。

1.2.1　混合物的组成

与纯物质相比，混合物多了组成变量。表示组成变量的方法很多，这里主要介绍最常用的两种。

（1）摩尔分数 x 或 y。定义任意组分 i 的摩尔分数为：

$$x_i \ (\text{或} \ y_i) \stackrel{\text{def}}{=\!=} \frac{n_i}{\sum\limits_i n_i} \tag{1-5}$$

即任意组分 i 的摩尔分数等于 i 的物质的量与混合物的总物质的量之比，其量纲为 1。显然，$\sum\limits_i x_i = 1$ 或 $\sum\limits_i y_i = 1$。本书用 y 表示气体混合物的摩尔分数，用 x 表示液体混合物的摩尔分数，以便区分。

（2）质量分数 w。定义任意组分 i 的质量分数为：

$$w_i \stackrel{\text{def}}{=\!=} \frac{m_i}{\sum\limits_i m_i} \tag{1-6}$$

即任意组分 i 的质量分数等于 i 的质量与混合物的总质量之比，其量纲为 1。显然，$\sum\limits_i w_i = 1$。

1.2.2　理想气体状态方程对理想气体混合物的应用

混合物没有固定的摩尔质量，混合物的摩尔质量随着所含组分以及组成而变化，称为平均摩尔质量，用符号 $\overline{M}$ 表示，单位是 kg/mol。其计算公式为：

$$\overline{M} \stackrel{\text{def}}{=\!=} \sum\limits_i y_i M_i \tag{1-7}$$

式中，$\overline{M}$ 为混合物的平均摩尔质量，kg/mol；i 为混合物中任意一个组分；y_i 为组分 i 的物质的量分数，量纲为 1；M_i 为组分 i 的摩尔质量，kg/mol。

混合物的平均摩尔质量等于各组分的摩尔分数与其摩尔质量的乘积之和。对于混合气体，理想气体状态方程可表示为：

$$pV=nRT=\frac{mRT}{\overline{M}} \tag{1-8}$$

同时有

$$\overline{M}=\frac{\sum_i m_i}{\sum_i n_i} \tag{1-9}$$

和

$$\rho=\frac{p\overline{M}}{RT} \tag{1-10}$$

式中，m_i 为组分 i 的质量，kg；ρ 为混合物的密度，kg/m^3。

利用上述式子同样可以对混合物进行相关计算。

> **例 1-3**
>
> 25 ℃时，将一混合气体（含摩尔分数为 70% 的 N_2 和摩尔分数为 30% 的 O_2）充入一抽真空的密闭容器中，充入气体质量为 1 kg 时，压强达到 100 kPa。试计算该混合气体的平均摩尔质量，密度及容器的体积分别为多少。

例 1-3 解析

1.2.3　道尔顿分压定律

在任何容器内的气体混合物，如果各组分之间不发生化学反应，则每一种气体都均匀地分布在整个容器内，它所产生的压强和它单独占有整个容器时所产生的压强相同。各组分气体占有和混合气体相同体积时所产生的压力称为分压，用符号 p_i 表示。混合气体中所有组分气体共同作用于容器壁单位面积上的压力称为总压，用符号 p 表示。

当气体混合物压强较低时，英国科学家道尔顿（Dalton）通过总结大量实验数据，归纳出混合气体中，组分气体的分压与总压的关系为：混合气体的总压等于各组分气体的分压之和，即：

$$p=p_1+p_2+\cdots=\sum p_i \tag{1-11}$$

式(1-11)称为道尔顿分压定律。

理想气体定律同样适用于气体混合物。若混合气体中各组分气体的物质的量之和为 n，温度 T 时，混合气体的体积为 V，总压为 p，则：

$$pV=nRT$$

若以 p_i 表示混合气体中组分气体 i 的分压，n_i 表示物质的量，V 为混合气体的体积，温度 T 时，则：

$$p_iV=n_iRT$$

两式相除可得：

$$p_i=\frac{n_i}{n}p=y_ip \tag{1-12}$$

混合气体中各组分气体的分压等于组分气体的摩尔分数乘以总压。这一关系为分压定律的另一种表达式。道尔顿分压定律原则上只适用于理想气体混合物，不过对于低压下的真实气体也可近似适用。

压力相对较高时，真实气体分子之间的相互作用不可忽略，此时混合物中某气体的分压将不等于它单独存在时的压力，故分压定律不再适用。

> **例 1-4**
>
> 某容器中含有 NH_3、O_2、N_2 等气体的混合物。取样分析后，其中 $n(NH_3) = 0.320$ mol，$n(O_2) = 0.180$ mol，$n(N_2) = 0.700$ mol。混合气体的总压 $p = 133.0$ kPa。试计算各组分气体的分压。

例 1-4 解析

1.2.4 阿马格分体积定律

气体混合物中，任一组分 i 单独存在于气体混合物所处的温度、压强条件下所占有的体积称为组分 i 的分体积，用符号 V_i 表示。

对理想气体混合物，除道尔顿分压定律外，还有与之相对应的阿马格（Amagat）分体积定律。该定律为理想气体混合物的总体积等于各组分气体的分体积之和，即：

$$V = V_1 + V_2 + \cdots = \sum V_i \tag{1-13}$$

若混合气体中各组分气体的物质的量之和为 n，温度 T 时，混合气体的总体积为 V，总压为 p，则：

$$pV = nRT \tag{1-14}$$

若以 V_i 表示混合气体中组分气体 i 的分体积，n_i 表示物质的量，p 为混合气体的压强，温度 T 时，则：

$$pV_i = n_iRT \tag{1-15}$$

式(1-14)和式(1-15)相除，得：

$$V_i = \frac{n_i}{n}V = y_iV \tag{1-16}$$

混合气体中各组分气体的分体积等于组分气体的摩尔分数乘以总体积，这一关系为分体积定律的另一种表达式。与道尔顿分压定律相同，分体积定律也是理想气体的定律，真实气体只有在低压下才可近似适用。

> **例 1-5**
>
> 某一体积为 4 dm^3 的容器中装有 NH_3、O_2、N_2 三种气体的混合物。取样分析后，其中 $n(NH_3) = 0.320$ mol，$n(O_2) = 0.180$ mol，$n(N_2) = 0.700$ mol。试计算各组分气体的分体积。

例 1-5 解析

思考练习题

1.2-1 填空题

1. _____气体混合物适用于分压定律和分体积定律。

2. 空气的体积分数分别为：$\varphi(O_2) = 21\%$，$\varphi(N_2) = 78\%$，$\varphi(Ar) = 1\%$。则空气的平均摩尔质量

为_____。

3. 在 300 K、100 kPa 下，测得某一理想气体混合物中组分 B 的摩尔分数为 0.35，则 B 的分压 p_B 为_____。

1.2-2 判断题

1. 分压定律和分体积定律只有理想气体适用。   （ ）
2. 混合物具有固定的摩尔质量，不会随着混合物所含组分以及组成而变化。   （ ）
3. 混合气体中，任意组分的分压与该组分的摩尔分数相等。   （ ）

1.2-3 单选题

1. 一定温度下，某容器中含有质量相同的 H_2、N_2、O_2 和 He 的气体混合物，该混合气体中分压最小的是_____。

A. H_2 B. N_2 C. O_2 D. He

2. 密度的国际单位是_____。

A. kg/mL   B. g/mL   C. kg/m^3 D. g/m^3

3. 某理想气体混合物中含有 0.5 mol 的气体 A 和 0.5 mol 的气体 B，恒温时向混合气体中充入 0.5 mol 的理想气体 C，则总压_____，A 的分压_____，B 的分压_____。

A. 变大   B. 变小   C. 不变   D. 无法判断

1.2-4 问答题

1. 什么是混合气体的平均摩尔质量，气体的平均摩尔质量和摩尔分数有什么联系？
2. 理想气体混合物的密度与混合气体的平均摩尔质量有什么关系？
3. 分压定律和分体积定律的内容是什么？试用数学式表示出来。
4. 分压定律和分体积定律的适用范围是什么？

1.2-5 习题

1. 试计算甲烷在标准状态（273.15 K，101.325 kPa）下的密度。
2. 某气体混合物的压力为 100 kPa，其中水蒸气的分压为 20 kPa，求每 100 mol 该混合气体所含水蒸气的质量。
3. 某理想气体混合物中，各组分的体积分数为：$\varphi(O_2)=21\%$，$\varphi(N_2)=78\%$，$\varphi(CO_2)=1\%$。试计算 25 ℃、100 kPa 时该混合气体的密度。
4. 298.15 K 时将电解水得到的 H_2 和 O_2 的混合物气体 36.0 g 通入 60 L 的真空容器中。试计算 H_2 和 O_2 的分压各为多少。

任务 1.3 真 实 气 体

分压定律和分体积定律都是理想气体的定律，真实气体只有在低压下才近似遵守这些定律，在温度较低、压力较高情况下，真实气体如果应用这些定律，将会产生较大偏差，压力增大偏差随之增大。若要准确计算真实气体，特别是压力较大时真实气体的 p、V、T 值，理想气体状态方程就不再适用。为此需要研究真实气体的 p、V、T 关系。

1.3.1 真实气体对理想气体的偏差

真实气体并不严格服从理想气体状态方程。真实气体的 pVT 行为与理想气体的偏离程度不仅随压力的改变而变化，并且同样条件下，性质不同的真实气体与理想气体的偏离程度也有较大差异。只有当压力趋于零时，真实气体的行为才趋于理想气体。真实气体对理想气体产生偏差的原因主要体现在两方面。

（1）理想气体本身不占有体积，然而真实气体的分子体积不可忽略，只有在高温低压下由于气体十分稀薄，气体本身的体积与它运动的空间相比可以忽略不计。在低温高压下，不能忽略气体本身的体积。

（2）理想气体分子之间没有相互作用力，而真实气体分子之间在一般条件下是有相互吸引作用的。当温度较高时，由于分子剧烈运动，分子运动的动能较大，分子之间的相互作用力便可忽略不计。当压力较低时，由于气体密度较小，分子间距较大，分子之间的引力也可忽略不计。但是在高压或低温下分子间的作用力却不能忽略。

为了定量描述真实气体对理想气体的偏差，引入压缩因子的概念，用符号 Z 表示，量纲为 1。其计算公式为：

$$Z \stackrel{\text{def}}{=} \frac{pV}{nRT} \quad \text{或} \quad Z \stackrel{\text{def}}{=} \frac{pV_{\mathrm{m}}}{RT} \tag{1-17}$$

（1）理想气体 $pV_{\mathrm{m}} = RT$，$Z = 1$。

（2）当 $Z > 1$ 时，$pV_{\mathrm{m}} > RT$，说明同温同压下真实气体的体积比理想气体状态方程式计算的结果要大，即真实气体的可压缩性比理想气体要小。

（3）当 $Z < 1$ 时，$pV_{\mathrm{m}} < RT$，说明同温同压下真实气体的体积比理想气体状态方程式计算的结果要小，即真实气体的可压缩性比理想气体要大。

1.3.2　范德华方程

除了压缩因子外，处理真实气体的方法还有很多种。描述真实气体的状态方程已提出上百种，各真实气体状态方程所适用的气体种类、压力范围、计算结果与实测值之间的差异各不相同。这里重点介绍具有代表性的范德华（van der Waals）方程。

范德华在前人研究的基础上，考虑到真实气体与理想气体行为的偏差，对理想气体进行了修正：首先是不把气体分子看成质点，而是具有一定的体积，为此计算可变压缩的空间时，需要减去气体分子本身所占有的体积；其次是考虑到气体分子间的相互作用力，分子间的排斥力使得分子本身占有一定的体积，分子间的相互吸引力使得气体内部的分子之间具有内压力，从而减小了气体对外壁的压力，所以状态方程里的气体压力需要加上内压力。即在理想气体状态方程的体积和压力项上分别提出两个修正因子 a 和 b，使得该状态方程适用于多数真实气体。范德华方程为：

$$\left(p + \frac{a}{V_{\mathrm{m}}^2}\right)(V_{\mathrm{m}} - b) = RT \quad \text{或} \quad \left(p + \frac{an^2}{V^2}\right)(V - nb) = nRT \tag{1-18}$$

式中，a、b 为范德华常数，其数值与气体的种类有关，a 和 b 的单位分别是 $\mathrm{Pa \cdot m^6/mol^2}$ 和 $\mathrm{m^3/mol}$。值得注意的是，当压力和体积单位改变时，这些常数的数值也会发生改变。表 1-1 列出了部分气体的范德华常数。

从气体的范德华常数不难看出，越易液化的气体，其 a 值越大，故可用 a 值衡量分子间引力的大小。当压力不太大（几兆帕以下）时，采用范德华方程可以得到较好的计算结果；当压力较高时，范德华方程的计算结果与实验值存在较大的偏差，这是由于范德华模型过于简单，且范德华常数 a、b 的值并不能在较宽的温度、压力范围内保持不变。尽管如此，范德华方程至今仍然有重要的理论和实际意义。

表 1-1　某些气体的范德华常数

气体	$a/Pa \cdot m^6 \cdot mol^{-2}$	$b/m^3 \cdot mol^{-1}$	气体	$a/Pa \cdot m^6 \cdot mol^{-2}$	$b/m^3 \cdot mol^{-1}$
He	0.00346	0.0237×10^{-3}	Ar	0.235	0.0398×10^{-3}
H_2	0.0247	0.0266×10^{-3}	CO_2	0.364	0.0427×10^{-3}
O_2	0.138	0.0381×10^{-3}	NH_3	0.423	0.0371×10^{-3}
N_2	0.141	0.0391×10^{-3}	H_2O	0.553	0.0305×10^{-3}
CO	0.151	0.0399×10^{-3}	CH_3OH	0.965	0.0067×10^{-3}
CH_4	0.228	0.0428×10^{-3}	C_6H_6	1.824	0.0154×10^{-3}

例 1-6

0.5 mol N_2在 273.15 K 时的体积为 35.15×10^{-6} m^3。试比较理想气体状态方程和范德华方程计算出的气体的压力大小。

例 1-6 解析

1.3.3　其他重要方程举例

除范德华方程外，还有一些其他描述真实气体行为的状态方程，这里简要介绍其中的几个较为重要的状态方程。

1.3.3.1　维里方程

维里方程是纯经验方程，用无穷级数表示。一般有以下两种形式：

$$pV_m = RT \left(1 + \frac{B}{V_m} + \frac{C}{V_m^2} + \frac{D}{V_m^3} + \cdots \right) \tag{1-19}$$

$$pV_m = RT(1 + B'p + C'p^2 + D'p^3 + \cdots) \tag{1-20}$$

式中，B、B' 称为第 2 维里系数；C、C' 称为第 3 维里系数；D、D' 称为第 4 维里系数。但式(1-16)和式(1-17)中所对应的维里系数的数值和单位均不相同，其值通常由实测的 pVT 数据拟合得出。当压力 $p \to 0$，体积 $V_m \to \infty$ 时，维里方程还原为理想气体状态方程。虽然维里方程表示成无穷级数，可以根据需要选用一定数量的维里系数，但实际上通常只使用最前面的几项，压力适用至几兆帕的中压范围。

1.3.3.2　R-K 方程

R-K（Redlich-Kwong）方程为：

$$\left[p + \frac{a}{T^{\frac{1}{2}} V_m (V_m - b)} \right] (V_m - b) = RT \tag{1-21}$$

式中，a、b 为常数，但与范德华常数不同。R-K 方程适用于烃类等非极性气体，且适用的 T、p 范围较宽，而对极性气体则精度较差。

1.3.3.3　B-W-R 方程

B-W-R（Benedict-Webb-Rubin）方程为：

$$p = \frac{RT}{V_m} + \left(B_0 RT - A_0 - \frac{C_0}{T^2}\right)\frac{1}{V_m^2} + (bRT - a)\frac{1}{V_m^3} + a\alpha\frac{1}{V_m^6} +$$

$$\frac{c}{T^2 V_m^3}\left(1 + \frac{\gamma}{V_m^2}\right)e^{-\frac{\gamma}{V_m^2}} \tag{1-22}$$

式(1-22)为 8 参数状态方程，通常情况下，方程中的参数越多，方程的计算精准度越高。式中，A_0、B_0、C_0、a、b、c、α、γ 均为常数。B-W-R 方程适用于碳氢化合物及其混合物的计算，不仅适用于气相，也适用于液相。

思考练习题

1.3-1 填空题

1. 用压缩因子 Z 讨论实际气体时，若 Z _____ 1，表示该气体不易压缩；若 Z _____ 1，表示该气体较易压缩。

2. 一般来说，用压缩因子计算_____气体，准确度较高。

3. 范德华方程对理想气体作的修正之一是不把气体分子看成_____，而是看成具有一定体积，计算可被压缩的空间时，必须减去气体分子本身所占有的体积。

1.3-2 判断题

1. 在范德华方程中，用常数 a 修正分子间的引力大小。 （ ）

2. 气体在一定温度和压力下若压缩因子 $Z \neq 1$，则该气体与理想气体存在一定的偏差。 （ ）

3. 范德华方程中，范德华常数的数值与气体的种类无关。 （ ）

4. 一般来说，参数状态方程中，参数越多，方程的计算精确度越高。 （ ）

1.3-3 单选题

1. R-K 方程适用于_____。

A. 非极性气体　　　B. 极性气体　　　C. 惰性气体　　　D. 所有气体

2. 有关维里方程，下列说法不正确的是_____。

A. 维里方程的数学表达式有两种

B. 维里系数都是温度的函数，并与气体的本性有关

C. 气体 $p \to 0$，体积 $V_m \to \infty$ 时，维里方程还原为理想气体状态方程

D. 维里方程中的维里系数值不能由实测的 p、V、T 数据拟合得到

3. 有关范德华方程，下列说法有误的是_____。

A. 范德华常数 a 和 b 可由实测的 p、V、T 数据拟合得到

B. 范德华常数 a 和 b 可以通过气体的临界参数求得

C. 范德华方程充分考虑了温度对范德华常数 a 和 b 值的影响

D. 范德华方程是一种简化了的真实气体的数学模型

1.3-4 问答题

1. 范德华方程对理想气体状态方程做了哪些修正？

2. 压缩因子小于 1 的气体，是否容易压缩？

3. 真实气体和理想气体有什么区别和联系？

1.3-5 习题

1. CO_2气体在 313.15 K 时的摩尔体积为 0.381 dm^3/mol。设 CO_2为范德华气体，试计算其压力，并比较其与实验值的相对误差。（实验值为 5066.3 kPa）

2. 利用表 1-1 中的范德华常数，试计算 4 MPa 时，150 g $H_2(g)$ 在 40 dm^3 容器中的温度为多少？

3. 将 1.00 mol $CO_2(g)$ 在 323.15 K 时充入 0.5 dm^3 的容器中，试用理想气体状态方程和范德华方程计算容器中的压力，并用相对误差表示其计算结果与实测压力 4.16 MPa 间的差异。

任务1.4　实验：摩尔气体常数的测定

1.4.1　实验目的

（1）掌握理想气体状态方程式和分压定律的应用；
（2）熟悉分析天平和气压计的使用；
（3）学会一种测定气体常数的方法；
（4）掌握实验数据的处理方法。

1.4.2　实验原理

理想气体状态方程式 $pV=nRT$ 可表示为：

$$R=\frac{pV}{nT} \tag{1}$$

式（1）表示一定量的理想气体的压力 p 和体积 V 的乘积与气体的物质的量 n 和绝对温度 T 的乘积之比为一常数，即气体常数 R。因此，对一定量的气体，若能在一定的温度和压力条件下，测出其所占体积，则气体常数即可求得。

本实验采用锌与盐酸反应，生成一定量的氢气。其反应式为：

$$Zn+2HCl =\!=\!=\!= ZnCl_2+H_2\uparrow \tag{2}$$

在一定的温度 T 和压力 p 下，用排水集气法收集并测量被置换出的氢气的体积 $V(H_2)$。

由于氢气是在水面上收集的，氢气的分压 $p(H_2)$ 与水的饱和蒸气压 $p(H_2O)$ 有关，根据分压定律得：

$$p(H_2)=p-p(H_2O) \tag{3}$$

式中，p 为大气压，可由气压计读出。

假定在实验条件下，氢气服从理想气体行为，可根据气态方程式计算出摩尔气体常数，即：

$$R=\frac{p(H_2)V(H_2)}{n(H_2)T}=\frac{M(Zn)p(H_2)V(H_2)}{m(Zn)T} \tag{4}$$

式中，氢气的物质的量可根据锌的质量和相对原子质量，再由反应式计算出来。由于 $p(H_2)$、$V(H_2)$、$m(Zn)$、T 均可由实验测得，这样根据式（4）即可求得气体常数 R 的值。

1.4.3　实验仪器与原料

实验仪器：分析天平、气压计、精密温度计、量筒（10 mL）、产生和测定氢气体积的装置。

实验原料：6 mol/L HCl、锌片。

1.4.4　实验步骤

（1）锌片的称量。取一小片锌在电子天平上称重，其质量需在 20～30 mg 之间（锌片不要过重，以免产生的氢气的体积超过量气管的测量限度），记录锌片的质量。

（2）实验装置气密性的检查。实验装置如图 1-2 所示。在水准瓶中加入适量的水，将水准瓶微微上下移动，使水准瓶和量气管两个液面在同一水平面上，且应在 0 刻度附近。塞紧支管试管上的胶塞。将水准瓶下移约在量气管 30 刻度左右，此时可见量气管的液面下降，但下降一小段就不再下降。继续观察几分钟，确认液面不再下降，说明实验装置不漏气，可以继续下面操作（若液面继续下降，甚至降到水准瓶的高度，说明实验装置漏气，须查明原因并改正后方能进行下面操作）。

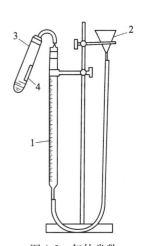

图 1-2　气体常数
测定装置图
1—量气管；2—漏斗；
3—试管（反应器）；4—铝片

（3）装入锌片及盐酸。取下胶塞，用长颈漏斗向支管试管中加入 5 mL 6 mol/L HCl，避免 HCl 粘到试管壁上。将锌片蘸少量水，用玻璃棒沿试管壁将其送入试管，使其粘到试管壁上（注意：锌片不能与盐酸相接触）。

（4）测量氢气的体积。将试管与胶塞紧密连接，调节漏斗高度，使之与量气管液面在同一水平面上，并稳定在 0 刻度附近（必要时再次检查实验装置是否漏气），记录此时的量气管液面刻度读数 V_1。轻轻摇动试管（但不要将其取下），使锌片落入盐酸中，由于锌与盐酸反应生成氢气产生压力，会使量气管的液面不断下降。反应停止后，待试管冷却到室温，调节两个液面在同一水平面上，读取此时量气管液面刻度读数 V_2（注意：随着反应进行，要随时将漏斗慢慢向下移动，使量气管内液面和漏斗中液面基本在同一平面上，以防止量气管中气体压力过高，而使气体漏出）。

（5）测量并记录实验温度 T 和大气压 p。

1.4.5　数据记录与处理

1.4.5.1　实验数据记录

记录表格：

实　验　序　号	1	2	3
锌片质量 $m(\mathrm{Zn})$/g			
V_1/mL			
V_2/mL			
氢气的体积 $V(\mathrm{H_2})$/mL			
室温 T/K			
大气压 p/Pa			
T 时的饱和水蒸气 $p(\mathrm{H_2O})$/Pa			
氢气的分压 $p(\mathrm{H_2})$/Pa			
摩尔气体常数 R/Pa·m³·(K·mol)⁻¹			
R（平均）/Pa·m³·(K·mol)⁻¹			

1.4.5.2　实验数据处理

按照气体状态方程计算摩尔气体常数。

1.4.6　思考题

（1）为什么必须检查实验装置是否漏气，实验中曾两次检查实验装置是否漏气，哪次相对更重要？

（2）在读取量气管液面刻度时，为什么要使漏斗和量气管两个液面在同一水平面上？

本章小结

拓展阅读

项目 2　热力学第一定律

学习目标

（1）了解热力学方法的特点，正确理解热力学基本概念；

（2）掌握状态函数的意义及其全微分性质；

（3）掌握热力学第一定律并能运用于物理化学过程；

（4）熟练掌握理想气体在等温、等容、等压和绝热过程中的 ΔU、ΔH、Q、W 计算。

热力学是从 18 世纪末期发展起来的理论，主要是研究功与热量之间的能量转换。是物理化学的重要内容之一。热力学的应用范围很广，生活中处处可见。比如，空调与冰箱的制冷系统、汽车火车的内燃机、电饭锅中的加热装置、微波炉加热装置、太阳能加热装置、高压锅、天然气灶及一些简单的热传导等。它们的基础都是热力学。同时，利用热力学计算来改善获得最高的"热传递效率"，不仅节约成本、降低能耗，还能带来环境效益。

热力学的主要内容是热力学第一定律和热力学第二定律。通过热力学第一定律计算化学反应的热效应；通过热力学第二定律解决化学反应的方向与限度及与平衡有关的问题。本项目将讨论热力学第一定律及其应用，重点解决各种变化过程中能量转换的计算问题。热力学两个定律在化学过程及与化学有关的物理过程中的应用就形成了化学热力学。化学热力学方法有以下几个特点：

（1）热力学的研究对象是大量粒子的集合体，得到的结论具有统计性质，但不适用于个别分子、原子或离子。

（2）热力学方法既不考虑物质的内部结构，也不考虑反应进行的机理。

（3）热力学不包含时间因素，故无法解决有关的反应速率问题。

任务 2.1　基本概念

2.1.1　系统和环境

热力学把相互联系的物质区分为系统与环境两个部分。系统（又称为体系或物系）是所研究的对象。例如研究某反应器内所发生的化学变化时，该反应器内的全部物质（从反应物到产物）就是系统。环境又称为外界，是系统以外与之密切相关的那部分物质。

系统与环境之间通过界面隔开，这个界面可以是实际存在的，也可以是假象的，实际上并不存在的。例如，CO_2 和 O_2 的混合气体中，若以 CO_2 为系统，则 O_2 为环境，此时两者间并没有真实的界面。

系统与环境之间的联系包括两者之间的物质交换和能量交换（热和功），根据系统与环境的相互关系，可以把系统分为敞开系统、封闭系统和隔离系统。

（1）敞开系统（开放系统）是指与环境间既有能量交换又有物质交换的系统。例如，一个敞口的盛有一定量水的广口瓶，就是敞开系统。这是因为此时瓶内既有水的不断蒸发和气体的溶解（物质交换），又可以有水和环境间的热量交换。

（2）封闭系统是指与环境只有能量交换却没有物质交换的系统。例如，对盛有水的广口瓶上再加一个塞子，即成为封闭系统。这是因为水的蒸发和气体的溶解只限制在瓶内进行，体系和环境间仅有热量交换。

（3）隔离系统（孤立系统）是指与环境既无物质交换又无能量交换的系统。例如，将水盛在加塞的保温瓶（杜瓦瓶）内，即为孤立系统。如果一个体系不是孤立系统，只要把与此体系有物质和能量交换的那一部分环境统统加到这个体系中，组成一个新体系，则此新体系就变成孤立系统了。

自然界中的一切事物都是相互联系、相互影响的，所以真正的隔离系统是不存在的。但当事物之间的联系或影响可以忽略不计时，便可将系统看成是隔离系统。

本书若未特别指明，所述系统均为封闭系统。

2.1.2 状态和状态函数

2.1.2.1 状态和状态函数

热力学系统的状态是系统的物理性质和化学性质的综合表现，系统的性质决定于状态。只有在平衡态下，系统的性质才能确定，所以这里说的状态指的是平衡状态，即平衡态。而平衡态应是在一定条件下系统的各种性质不随时间变化的状态。系统的平衡态指的是处于以下四种平衡时的状态。

（1）热平衡。系统内部温度相同。当系统不绝热时，系统的温度等于环境的温度；当系统内存在绝热壁隔开时，绝热壁两侧温差不会引起两侧状态的变化，所以两侧的温度差异不再是确定系统是否处于平衡态的条件。

（2）力平衡。系统内部压力相同。当系统在具有活塞的气缸中（活塞无质量，且与器壁无摩擦）时，系统与环境的压力相同。当系统内存在刚性壁隔开时，刚性壁两侧压差不会引起两侧状态的变化，所以两侧的压力差异不再是确定系统是否处于平衡态的条件。

（3）化学平衡。化学反应达到某种限度时，系统内化学反应中各组分均不随时间而改变。

（4）相平衡。相变化达到某种限度时，系统内各个相的组成及数量均不随时间而改变。

一般来说，系统的平衡态是热力学上的平衡态，即在系统特定温度和压力下最可能稳定的状态。例如，在 100 kPa 下，将液态水加热至 100 ℃，系统的热力学平衡态应是气态水。

系统的宏观性质，如温度 T、压力 p、体积 V、密度 ρ、定压热容 C_p、热力学能 U、焓 H、熵 S 等均取决于状态，它们的数值均是状态函数，所以将这些物理量通通称为状态函数。状态函数的特点如下。

（1）状态一定，状态函数值一定。

（2）状态发生变化，状态函数值随之发生变化。状态函数的变化值只取决于系统的始态和终态，而与如何实现这一变化所经历的具体步骤无关。例如，系统由始态 1 变化至末态 2，系统的某一状态函数 Y 的值由 Y_1 变为 Y_2，则该状态函数的差值（改变值）$\Delta Y = Y_2 - Y_1$。

（3）无论经历的变化有多复杂，只要系统恢复到原状态，状态函数就随之恢复到原来的数值，即状态函数的改变量为零。

（4）状态函数的微变用全微分表示。

系统的某个物理量具备上述特征，则该物理量就一定是状态函数。

2.1.2.2 广度性质和强度性质

物质的性质分为宏观性质和微观性质，热力学中讨论的是系统的宏观性质，通常简称性质。系统的宏观性质，按其值是否与系统中所含物质的量的关系可分为广延性质和强度性质两类。

广延性质的数值与物质的数量成正比，如体积 V、定压热容 C_p 等。当体系被分割为多个部分时，广延性质的数值具有加和性。

强度性质的数值与物质的数量无关，如温度 T、压力 p、密度 ρ、黏度 η 等。强度性质没有加和性。

需要指出的是，两个广延性质的比值为强度性质，如质量除以体积得到密度；广延性质除以物质的数量得到的是强度性质，如摩尔体积 $V_m = V/n$。

2.1.3 过程和途径

系统从始态变化到末态称为过程。实现这一过程所经历的具体步骤称为途径。某一过程可以由多种不同的途径来实现，而每一途径又可由多个步骤组成。过程注重的是变化发生的条件，按照过程发生的条件，可将过程分为以下几种。

（1）恒温过程。系统状态发生变化时，系统和环境的温度相等且恒定不变的过程，即 $T_系 = T_环 = $ 常数。

（2）恒外压过程。在变化过程中，系统的压力可以发生变化，而环境的压力始终恒定不变的过程，即 $p_环 = $ 常数。

（3）恒压过程。在变化过程中，系统与环境的压力始终恒定不变的过程，即 $p = p_环 = $ 常数。

（4）恒容过程。在变化过程中，系统的体积始终不变的过程，即 $V = $ 常数。

（5）绝热过程。系统与环境之间没有热交换的过程。绝对的绝热过程并不存在，但若是过程（如燃烧反应、中和反应）进行得特别迅速，系统来不及与环境进行热交换，则可近似看作绝热过程。

（6）循环过程。系统由某一状态出发，经历一系列变化后又回到原来状态的过程。对于循环过程，因系统的始态与终态相同，所以状态函数的该变量为零。

$$\boxed{\text{思考练习题}}$$

2.1-1 填空题

1. 平衡态指的是在一定条件下系统的各种性质_____的状态。

2. 系统处于平衡态需要满足的四个条件是系统内部处于_____、_____、_____和_____。

3. 封闭系统的特点是_____。

4. 根据物质和能量的交换情况，系统可以分为_____、_____、_____三类。

2.1-2 判断题

1. 状态函数改变，状态一定发生变化；状态改变，所有状态函数也都改变。　　　　（　　）

2. 与环境有化学作用的系统是敞开系统。　　　　　　　　　　　　　　　　　（　　）

3. 系统是人为划定的研究对象。　　　　　　　　　　　　　　　　　　　　（　　）

4. 封闭系统是主要研究对象，其特征是有物质交换而没有能量交换。　　　　（　　）

5. 一个途径可以通过多个过程来完成。　　　　　　　　　　　　　　　　　（　　）

2.1-3 单选题

1. 下列各组物理量中都是状态函数的是_____。

A. T、p、V、Q　　　　　B. m、V_m、C_p、ΔV　　　　　C. T、p、V、n　　　　　D. T、p、U、W

2. 下列说法有误的是_____。

A. 真正的隔离系统是不存在的

B. 敞开系统的特征是有能量交换却无物质交换

C. 广延性质具有加和性

D. 广延性质的数值与系统中物质的量无关

3. 以下不属于状态函数特征的是_____。

A. 状态一定，状态函数值有可能发生变化

B. 状态发生变化，状态函数值也发生变化

C. 状态函数的变化值只取决于变化的始末态

D. 无论经历什么变化，只要系统恢复原状态，状态函数的变化值为零

2.1-4 问答题

1. 状态函数的基本特征是什么？

2. 根据系统与环境之间的关系，系统可分为哪几类，每一类的特点是什么？

3. 如何定义广延性质和强度性质，各自具有什么特点？

4. 热力学平衡包含哪些内容？

5. 恒外压过程和恒压过程是否相同？阐述原因。

任务 2.2　热力学第一定律

热力学第一定律即能量守恒定律，它表示系统的热力学状态发生变化时系统的热力学能与过程的热和功的关系。在热力学第一定律中，有三个重要的概念，即功、热和热力学能。

2.2.1　热和功

2.2.1.1　热

热力学中，系统与环境之间交换的能量有两种形式，即热和功。系统与环境之间由于温差而交换的能量称为热，用符号 Q 表示，单位为 J 或 kJ。热力学中规定，系统从环境吸热，$Q>0$；系统向环境放热，$Q<0$。

热是系统在其状态发生变化的过程中与环境交换的能量，因而热总是与系统所进行的

具体过程相联系的，没有过程就没有热。因此，热是途径函数，不是系统的状态函数，不具有全微分性质。微量的热记作 δQ，不能用 dQ 表示；同理，一定量的热记作 Q，而不能记作 ΔQ。所以，如果只知道始末态，而不知道过程的具体途径，是无法计算过程的热，也不能任意假设途径求算过程的实际热。

热是过程中系统与环境交换的能量。系统内不同部分间交换的能量就不应再称为热。

2.2.1.2　功

功是除热以外，系统与环境之间其他各种形式交换的能量，用符号 W 表示，单位为 J 或 kJ。热力学中规定，环境对系统做功，$W>0$；系统对环境做功，$W<0$。

动画：功

同热一样，功也是与过程相关的量，是途径函数，而非状态函数，不具有全微分性质。微量的功用 δW 表示，一定量的热记作 W，而不能记作 ΔW。同热一样，如果只知道始末态，而不知道过程的具体途径，是无法计算过程的功，也不能任意假设途径求算实际过程的功。热力学将功分为两大类。

A　体积功

在一定的环境压力下，系统的体积发生变化而与环境交换的能量。体积功（膨胀功）用符号 W 表示，定义式为：

$$\delta W \overset{\text{def}}{=\!=} -p_{环}\,dV \tag{2-1}$$

若系统的体积从 V_1 变至 V_2，则体积功为：

$$W = -\int_{V_1}^{V_2} p_{环}\,dV \tag{2-2}$$

式(2-2)为体积功的计算通式，可计算任何过程的体积功。

（1）恒容过程，$dV=0$，体积功为零，即：

$$W = -\int_{V_1}^{V_2} p_{环}\,dV = 0$$

（2）自由膨胀过程（体系向真空膨胀的过程），$p_{环}=0$，体积功为零，即：

$$W = -\int_{V_1}^{V_2} p_{环}\,dV = 0$$

（3）恒外压过程，$p_{环}=$ 常数，体积功为：

$$W = -\int_{V_1}^{V_2} p_{环}\,dV = -p_{环}(V_2-V_1) = -p_{环}\,\Delta V$$

（4）恒压过程，$p=p_{环}=$ 常数，体积功为：

$$W = -\int_{V_1}^{V_2} p_{环}\,dV = -p(V_2-V_1) = -p\Delta V$$

（5）可逆过程，$p_{环}=p\pm dp$，体积功为：

$$W = -\int_{V_1}^{V_2} p_{环}\,dV = -\int_{V_1}^{V_2}(p\pm dp)\,dV = -\int_{V_1}^{V_2} p\,dV$$

B　非体积功

除了体积功以外的一切其他形式的功，如机械功、电功、表面功等。体积功用符号 W' 表示。

　　若体系发生变化时，既做体积功又做非体积功，则总功为体积功与非体积功之和。在化学热力学中，如未特别说明，涉及的功均为体积功。

例 2-1

　　1 mol 某理想气体从 298.15 K、0.025 m³的始态，经下面四个过程变至298.15 K、0.01 m³的终态：

例 2-1 解析

　　（1）恒温可逆膨胀；

　　（2）向真空膨胀；

　　（3）恒外压膨胀，外压与终态压力相同；

　　（4）恒温下，先恒定外压为始态压力，体系由始态膨胀至 0.05 m³，再在恒定外压为终态压力下，体系膨胀至 0.1 m³。

　　试求系统所做的体积功分别为多少，并对计算结果进行比较。

例 2-2

　　2 mol 的理想气体在 0 ℃、100 kPa 下分别经以下三种途径膨胀到压强为 30 kPa：

例 2-2 解析

　　（1）恒定环境压力 $p_{环}$＝30 kPa；

　　（2）先反抗 50 kPa 的恒外压膨胀到中间态，再反抗 30 kPa 的恒外压膨胀至终态；

　　（3）一堆米粒代替 100 kPa 的压强，每次拿走一粒米，直至压强降为30 kPa。

　　试求不同途径下系统与环境交换的功。若采用上述三种途径，将气体从终态恒温压缩至始态，系统与环境交换的功又为多少？

动画：膨
胀压缩

2.2.2　可逆过程与不可逆过程

　　可逆过程是指热力学系统在状态变化时经历的一种理想过程。某一系统经过某一过程，由状态 1 变成状态 2 之后，如果能使系统和环境都完全复原（即系统回到原来的状态，同时消除了原来过程对环境所产生的一切影响，环境也复原），则这样的过程就称为可逆过程。可逆过程也可简单理解为：某过程之后，系统恢复原状的同时，环境也恢复了原状，并且环境中无任何能量的耗散。如例 2-2 中出现的恒温无限次膨胀和无限次压缩过程就是可逆过程。

　　反之，如果用任何方法都不能使系统和环境完全复原，则称为不可逆过程。如例 2-2 中出现的恒温一次膨胀、二次膨胀及一次压缩、二次压缩过程都是不可逆过程。

　　可逆过程具有以下特点：

　　（1）可逆过程是以无限小的变化进行的，整个过程是由一连串非常接近于平衡态的状态所构成，因此可逆即意味着平衡。

　　（2）在反向的过程中，用同样的步骤，循着原来的过程逆向进行，可以使系统和环境完全恢复到原来的状态，而无任何耗散效应（无任何热和功的交换）。

（3）过程可以随意向两个方向进行。

（4）等温可逆膨胀（系统对外做功）过程中系统对环境做最大功，在等温可逆压缩过程中环境对系统做最小功。

可逆过程是一种假想的理想化过程，实际上并不存在。但在一定的条件和要求下，可以把可逆过程当作实际过程的近似和简化。例如，液体在其沸点时的蒸发，固体在其熔点时的熔化，可逆电池在外加电动势与电池电动势近似相等情况下的充电与放电等。可逆过程是实际过程的理论极限，可逆过程的讨论，在热力学中有着重要的意义。通过可逆过程与实际过程的比较，可以确定提高可逆过程效率的可能性。更重要的是，理想的可逆过程的引入及其与实际的不可逆过程的区分，是表述热力学第二定律、引入熵和熵增加原理的依据。

2.2.3　热力学能

热力学能也称内能，是静止的封闭系统在一定状态下所具有的能量值，用符号 U 表示，单位为 J。热力学研究宏观静止的系统，不涉及系统整体的势能和整体的动能，故热力学能包括系统中物质分子的平动能、转动能、振动能、电子运动能及核能等。

在确定的状态下，热力学能的值一定。热力学能是状态函数，若系统状态发生改变，其值的改变量由系统的始、末态决定，而与变化途径无关。例如，若始态时系统的热力学能值为 U_1，末态时热力学能值为 U_2，则热力学能的改变值 $\Delta U = U_2 - U_1$。热力学能是广度量，具有加和性。

纯物质单相封闭系统的内能是温度和体积的函数，即 $U = f(T, V)$；而理想气体的内能只是温度的函数，与压力和体积无关，即 $U = f(T)$。

2.2.4　热力学第一定律

热力学第一定律的本质是能量守恒定律，即能量不能无中生有，也不能无形消失。

对封闭系统来说，若系统从环境吸收的热为 Q，同时从环境得到功 W，则系统的热力学能改变量 ΔU 的计算公式为：

$$\Delta U = Q + W \tag{2-3}$$

式（2-3）是热力学第一定律的数学表达式，其微分式为：

$$dU = \delta Q + \delta W \tag{2-4}$$

由热力学第一定律可知：

（1）封闭系统状态改变所引起的热力学能变化，可以通过过程的功和热求得。

（2）隔离系统时，因 $Q = 0$，$W = 0$，$\Delta U = 0$，故隔离系统中发生的所有过程，其热力学能不变。

（3）绝热过程时，因 $Q = 0$，$\Delta U = W$，故绝热过程的功等于过程的热力学能变。

例 2-3

系统从环境接受了 60 kJ 的功，热力学能增加了 100 kJ，系统吸收或放出了多少热量？若系统在膨胀过程中对环境做了 50 kJ 的功，同时吸收 150 kJ 的热，系统热力学能变为多少？

例 2-3 解析

例2-4

始态为25 ℃，200 kPa的5 mol某理想气体，经 a、b 两种不同的途径到达相同的末态。途径 a 先经绝热膨胀到 -28.57 ℃，100 kPa，步骤的功 $W_a = -5.57$ kJ；再恒容加热到压力200 kPa的末态，步骤的热 $Q_a = 25.42$ kJ。途径 b 为恒压加热过程。求途径 b 的 W_b 和 Q_b。

例2-4解析

思考练习题

2.2-1　填空题

1. 系统吸热50 kJ，并对环境做了30 kJ的功，则系统的热力学能变化值为_____。

2. 常压下，300 K时，物质的量为2 mol的某固体物质完全升华过程的体积功 $W=$_____。

3. 25 ℃下，1 mol理想气体由始态15 dm³恒温膨胀至末态体积50 dm³，若过程为自由膨胀，则 $W=$_____，$Q=$_____；若过程为恒定100 kPa外压膨胀，则 $W=$_____，$Q=$_____。

4. 在可逆过程中，系统对环境做_____功。

2.2-2　判断题

1. Q 和 W 不是体系的性质，与过程有关，所以 $Q+W$ 也由过程决定。　　　　　　（　　）

2. 循环过程的所有状态函数的改变量为零。　　　　　　　　　　　　　　　　　（　　）

3. 热不可能从低温物体传向高温物体。　　　　　　　　　　　　　　　　　　　（　　）

4. 功可以全部转化为热，但热不能全部转化为功。　　　　　　　　　　　　　　（　　）

5. 绝热过程的热为零。　　　　　　　　　　　　　　　　　　　　　　　　　　（　　）

2.2-3　单选题

1. 关于热和功，下面的说法中，不正确的是_____。

A. 功和热只出现于系统状态变化的过程中，只存在于系统和环境间的界面上

B. 只有在封闭系统发生的过程中，功和热才有明确的意义

C. 功和热不是能量，而是能量传递的两种形式，可称之为被交换的能量

D. 在封闭系统发生的过程中，如果内能不变，则功和热对系统的影响必互相抵消

2. 功和热_____。

A. 都是途径函数，无确定的变化途径就无确定的数值

B. 都是途径函数，对应某一状态有一确定值

C. 都是状态函数，变化量与途径无关

D. 都是状态函数，始、终态确定其值也确定

3. 某绝热封闭体系在接受了环境所做的功之后，其温度_____。

A. 一定升高　　　　B. 一定降低　　　　C. 一定不变　　　　D. 不一定改变

4. 对热力学能的意义，下列说法中正确的是_____。

A. 只有理想气体的热力学能是状态的单值函数

B. 对应于某一状态的热力学能是不可测定的

C. 当理想气体的状态改变时，热力学能一定改变

D. 体系的热力学能即为体系内分子之间的相互作用势能

5. 体系接受环境做功为160 J，热力学能增加了200 J，则体系_____。

A. 吸收热量 40 J　　　B. 吸收热量 360 J　　　C. 放出热量 40 J　　　D. 放出热量 360 J

6. 热力学第一定律写成 $dU = \delta Q - pdV$ 时，它适用于_____。

A. 理想气体的可逆过程　　　　　　　　B. 封闭体系的任一过程

C. 封闭体系只做体积功过程　　　　　　D. 封闭体系的定压过程

7. 一封闭系统从 A 态出发，经一循环过程后又回到 A 态，下列为零的是_____。

A. Q　　　　　　　　B. W　　　　　　　　C. $Q + W$　　　　　　　　D. $Q - W$

2.2-4　问答题

1. 什么是状态函数，状态函数有什么特征？

2. 广延性质和强度性质有什么区别和联系？

3. 气体体积功的计算式 $W = -\int_{V_1}^{V_2} p_{环} dV$ 中，为什么要用环境的压力，在什么情况下可用体系的压力？

2.2-5　习题

1. 2 mol、298.15 K、1 MPa 的某理想气体反抗 0.2 MPa 的恒外压膨胀到 298.15 K、0.2 MPa。求此过程的功为多少。

2. 在 101.325 kPa 下，1 mol 某理想气体由 20 dm³ 膨胀到 30 dm³，吸收热量 1200 J。求该过程的 W 和 ΔU。

3. 系统从相同的始态经 a、b 两不同的途径到达相同的末态，若途径 a 的 $Q_a = 2.078$ kJ，$W_a = -4.157$ kJ；途径 b 的 $Q_b = 0.0692$ kJ。试求途径 b 的 W_b。

4. 1 mol 理想气体由 202.65 kPa、10 dm³ 恒容升温，压强增大到 2026.5 kPa，再恒压压缩至体积为 1 dm³。求整个过程的 Q、W 和 ΔU。

任务 2.3　焓

在化工生产中经常遇到计算恒容或恒压且不做非体积功过程的热，本任务引入恒容热和恒压热的概念，并定义一个新的热力学状态函数——焓。

2.3.1　恒容热

恒容且非体积功为零的过程中系统与环境交换的热称为恒容热，用符号 Q_V 表示，单位为 J。

过程恒容且不做非体积功，$dV = 0$，$W' = 0$，根据热力学第一定律可知：

$$Q_V = \Delta U \quad 或 \quad \delta Q_V = dU \tag{2-5}$$

式(2-5)表明，过程的恒容热等于系统内能的改变量。由于内能是状态函数，内能的变化量只取决于体系的始态和终态，而与经历的途径无关。因此，恒容热同样只取决于体系的始态和终态，与具体的途径无关。

2.3.2　恒压热

多数冶金过程、热处理过程均是在敞开、暴露的空气中进行的，恒压过程比恒容过程更为常见。恒压且非体积功为零的过程中系统与环境交换的热称为恒压热，用符号 Q_p 表示，单位为 J。

过程恒压且不做非体积功，$p = p_{环} = $ 常数，$W' = 0$，根据热力学第一定律可得：

$$dU = \delta Q_p + \delta W$$

$$dU = \delta Q_p - p_{环}dV = \delta Q_p - d(pV)$$

故有
$$\delta Q_p = dU + d(pV) = d(U + pV) \tag{2-6}$$

热力学计算中，经常会遇到 $U + pV$ 这个量，方便起见，将它称为焓，用符号 H 表示，即：

$$H = U + pV \tag{2-7}$$

由于 U、p、V 都是系统的状态函数，所以在同一状态下 $U + pV$ 也是状态函数，即焓也是状态函数。结合式(2-6)，有：

$$\delta Q_p = dH \quad 或 \quad Q_p = \Delta H \tag{2-8}$$

式(2-8)表明，过程的恒压热等于过程焓的改变量。由于焓是状态函数，焓的变化量只取决于体系的始态和终态，与经历的途径无关。因此，恒压热同样只取决于体系的始态和终态，而与具体的途径无关。

归纳起来，虽然热不是状态函数，从确定的始态变到确定的终态，如果途径不同，热也就不同。然而式(2-5)中 $Q_V = \Delta U$ 和式(2-8)中 $Q_p = \Delta H$ 表明，当不同的途径满足恒容非体积功为零或恒压非体积功为零的条件时，不同途径的热分别和过程的热力学能变、焓变相等，所以不同途径的恒容热和恒压热不再与途径有关。这就是盖斯定律。

2.3.3　焓

焓的定义式为：

$$H \overset{\text{def}}{=\!=} U + pV$$

式中的压力与体积的乘积并不是体积功。此式表明，系统的焓等于系统的热力学能与系统的压力体积的加和，因此焓的单位为 J。焓的特点如下。

（1）焓是状态函数，当系统的状态一定时，系统的焓具有唯一确定的值；当系统的状态发生变化时，系统的焓变仅取决于始、末态，而与变化的途径无关。即：

$$\Delta H = H_2 - H_1 = (U_2 + p_2 V_2) - (U_1 + p_1 V_1)$$
$$= (U_2 - U_1) + (p_2 V_2 - p_1 V_1)$$
$$= \Delta U + \Delta(pV)$$

若为恒压过程，上式变为：

$$\Delta H = \Delta U + p\Delta V \tag{2-9}$$

（2）由于热力学能 U 的绝对值目前还不能测定，所以焓 H 的绝对值也不能测定。

（3）U 是广度量，pV 也是广度量，因此焓是广度量，但摩尔焓 $H_m = H/m$ 是强度量。

（4）虽然焓的单位与热力学能的单位相同（都是 J 或 kJ），但焓没有明确的物理意义，它不像热力学能那样有具体的意义，它代表系统状态的一个量，实际过程只需知道焓的变化量即可。

（5）对于一定量的理想气体，热力学能只是温度的函数，即 $U = f(T)$。因为 $H = U + pV = f(T) + nRT$，所以一定量理想气体的焓也只是温度的函数，与体积或压力无关，即温度不变，焓不变。

例 2-5

例 2-5 解析

在 373 K、101.325 kPa 下 1 mol 水全部蒸发为水蒸气，已知水的摩尔汽化热为 40.7 kJ/mol。试求：

(1) 该过程的 Q、W、ΔU 和 ΔH。

(2) 若改为在 373 K、101.325 kPa 下 1 mol 水向真空蒸发，变为同温同压下的水蒸气，则过程的 Q、W、ΔU 和 ΔH 又为多少？（假设水蒸气可视为理想气体）

思考练习题

2.3-1　填空题

1. 理想气体恒温可逆压缩时，过程的 Q _____ 0，W _____ 0，ΔU _____ 0，ΔH _____ 0。

2. 理想气体的热力学能只是_____的函数。

3. 在封闭系统且不做非体积功的恒压过程中，系统与环境交换的热等于系统_____的变化值。

2.3-2　判断题

1. 只有在特定条件下过程的 $\Delta H = Q_p$，$\Delta U = Q_V$。　　　　　　　　　（　　）

2. 焓的定义式 $H = U + pV$ 是在定压条件下推导出来的，所以只有定压过程才有焓变。　　（　　）

3. 焓的增加量 ΔH 等于该过程中体系从环境吸收的热量。　　　　　　　　（　　）

2.3-3　单选题

1. 下列物理量中哪些是强度性质_____。

A. U　　　　　　　　B. H　　　　　　　　C. Q　　　　　　　　D. T

2. 使一过程的 $\Delta H = Q_p$ 应满足的条件是_____。

A. 恒温、恒容且不做非体积功的过程

B. 恒容绝热过程

C. 恒温、恒压且不做非体积功的过程

D. 可逆绝热过程

3. 关于焓的性质，下列说法中正确的是_____。

A. 焓是系统内含的热能，所以常称它为热焓

B. 焓是能量，它遵守热力学第一定律

C. 系统的焓值等于内能加体积功

D. 焓的增量只与系统的始末态有关

4. 关于焓变，下列表述不正确的是_____。

A. $\Delta H = Q$ 适用于封闭体系等压只做功的过程

B. 对于常压下的凝聚相，过程中 $\Delta H \approx \Delta U$

C. 对任何体系等压只作体积功的过程 $\Delta H = \Delta U - W$

D. 对实际气体的恒容过程 $\Delta H = \Delta U + V\Delta p$

5. 当体系将热量传递给环境之后，体系的焓_____。

A. 必定减少　　　　　　B. 必定增加　　　　　　C. 必定不变　　　　　　D. 不一定改变

2.3-4 问答题

1. 为什么无非体积功的等压过程的热只取决于系统的始末态?

2. $\Delta U = Q_V$、$\Delta H = Q_p$ 表示什么意义,作用是什么,适用条件是什么?

3. 焓的特点是什么?

2.3-5 习题

1. 450 g 水蒸气在 101.325 kPa、100 ℃条件下液化为水,已知每克水在该条件下汽化为水蒸气时需要吸收 2255 J 的热量。试求该过程的 W、Q、ΔU 和 ΔH。

2. 2 mol 某理想气体由始态 100 kPa、50 dm³,先恒容加热使压力升高到 200 kPa,再恒压冷却使体积缩小至 25 dm³。试求整个过程的 W、Q、ΔU 和 ΔH。

3. 在 25 ℃,$p^{\ominus}$ 下,单位反应 $C(s) + 1/2O_2(g) \rightarrow CO(g)$ 若经过以下两条途径:(1) 等温等压下的化学反应,已知单位反应放热 110.52 kJ/mol;(2) 若反应在原电池中进行,对环境作电功 60.15 kJ/mol。试求两途径的 W、Q、ΔU 和 ΔH。

4. 1 mol 理想气体,在 298.15 K 从 1000 kPa 可逆膨胀到 100 kPa。试计算该过程的 W、Q、ΔU 和 ΔH。

任务 2.4 热容和热量计算

2.4.1 热容

当一系统由于加给一微小的热量 δQ 而温度升高 dT 时,$\delta Q / dT$ 这个量即是热容,用符号 C 表示,单位为 J/K。其计算公式为:

$$C = \frac{\delta Q}{dT} \tag{2-10}$$

若未特别说明,热容指的是在不发生相变化、化学变化和非体积功为零时 δQ 与 dT 的比值。热容一般主要应用纯物质的热容。热容是广延量,与物质的数量有关。因此,引入比热容和摩尔热容两个强度量。

1 kg 物质所具有的热容称为比热容(或质量热容),用符号 c 表示,单位为 J/(K·kg)。比热容等于热容与质量之比,即:

$$c = \frac{C}{m} \tag{2-11}$$

1 mol 物质所具有的热容称为摩尔热容,用符号 C_m 表示,单位为 J/(K·mol)。摩尔热容等于热容与物质的量之比,即:

$$C_m = \frac{C}{n} = \frac{\delta Q}{n dT} = \frac{\delta Q_m}{dT} \tag{2-12}$$

式中,Q_m 为 1 mol 物质所吸收的热,J/mol。

按照加热时是恒压还是恒容,将摩尔热容区分为定压摩尔热容和定容摩尔热容。

(1) 定压摩尔热容。在不做非体积功的定压过程中,1 mol 物质的热容称为定压摩尔热容,符号用 $C_{p,m}$ 表示。其计算公式为:

$$C_{p,m} = \frac{1}{n} \frac{\delta Q_p}{dT} = \frac{\delta Q_{p,m}}{dT} = \frac{dH_m}{dT} \tag{2-13}$$

（2）定容摩尔热容。在不做非体积功的定容过程中，1 mol 物质的热容称为定容摩尔热容，符号用 $C_{V,m}$ 表示。其计算公式为：

$$C_{V,m} = \frac{1}{n}\frac{\delta Q_V}{dT} = \frac{\delta Q_{V,m}}{dT} = \frac{dU_m}{dT} \tag{2-14}$$

2.4.2　热容与温度的关系

热容是温度的函数。常见的 $C_{p,m}$ 与温度的经验关系式表示为：

$$C_{p,m} = a + bT + cT^2 \tag{2-15}$$
$$C_{p,m} = a + bT + c'T^{-2} \tag{2-16}$$
$$C_{p,m} = a + bT + cT^2 + dT^3 \tag{2-17}$$

式中，a、b、c、c'、d 均为系数经验常数，具有不同的单位，与物种、物态及适用温度范围有关。

为了便于计算，引入平均定压摩尔热容 $\overline{C}_{p,m}$，其计算公式为：

$$\overline{C}_{p,m} = \int_{T_1}^{T_2} \frac{C_{p,m}}{T_2 - T_1}dT \tag{2-18}$$

温度不同，物质的平均摩尔定压热容也不相同。

2.4.3　理想气体的热容

在一般计算中，若温度变化不大，常将理想气体的定压摩尔热容 $C_{p,m}$ 和定容摩尔热容 $C_{V,m}$ 视为不变。对于 1 mol 理想气体，由式(2-18)和式(2-14)可得：

$$dH_m = C_{p,m}dT, \quad dU_m = C_{V,m}dT$$

代入焓的定义式和微分式，得：

$$H_m = U_m + pV_m = U_m + RT$$
$$dH_m = dU_m + RdT$$

得：

$$C_{p,m}dT = C_{V,m}dT + RdT$$

整理后得：

$$C_{p,m} - C_{V,m} = R$$

（1）对单原子分子理想气体（如 He、Ar 等），有：

$$C_{V,m} = \frac{3}{2}R, \quad C_{p,m} = \frac{5}{2}R$$

（2）对双原子分子理想气体（如 O_2、N_2 等），有：

$$C_{V,m} = \frac{5}{2}R, \quad C_{p,m} = \frac{7}{2}R$$

（3）对理想气体混合物，有：

$$C_p = \sum_i n_i C_{p,m}(i) \tag{2-19}$$

即理想气体混合物的定压热容等于该混合物中各组分气体的摩尔定压热容与其在混合物中的物质的量的乘积之和。式(2-19)可用于低压下真实气体的近似计算。

2.4.4　热量计算

2.4.4.1　恒温过程

理想气体的热力学能和焓只是温度的函数，对理想气体恒温过程，有：

$$\Delta U = 0, \quad \Delta H = 0$$

根据热力学第一定律，则有：

$$\Delta U = Q + W = 0$$
$$Q = -W$$

2.4.4.2　恒压过程

恒压热等于过程焓的改变量，即 $Q_p = \Delta H$。对于系统的微小变化有 $\delta Q_p = \mathrm{d}H$。结合定压摩尔热容的定义式(2-13)，有：

$$\delta Q_p = \mathrm{d}H = nC_{p,\mathrm{m}}\mathrm{d}T \tag{2-20}$$

当系统的温度由 T_1 变至 T_2 时，对式(2-20)积分得：

$$Q_p = \Delta H = \int_{T_1}^{T_2} nC_{p,\mathrm{m}}\mathrm{d}T \tag{2-21}$$

若 $C_{p,\mathrm{m}}$ 可视为常数，则：

$$Q_p = \Delta H = nC_{p,\mathrm{m}}(T_2 - T_1) \tag{2-22}$$

式(2-22)可用于无相变、无化学变化和非体积功为零的封闭系统的恒压变温过程热的计算。

2.4.4.3　恒容过程

恒容热等于过程热力学能的改变量，即 $Q_V = \Delta U$。对于系统的微小变化有 $\delta Q_V = \mathrm{d}U$。结合定容摩尔热容的定义式(2-14)，有：

$$\delta Q_V = \mathrm{d}U = nC_{V,\mathrm{m}}\mathrm{d}T \tag{2-23}$$

当系统的温度由 T_1 变至 T_2 时，对式(2-23)积分得：

$$Q_V = \Delta U = \int_{T_1}^{T_2} nC_{V,\mathrm{m}}\mathrm{d}T \tag{2-24}$$

若 $C_{V,\mathrm{m}}$ 可视为常数，则：

$$Q_V = \Delta U = nC_{V,\mathrm{m}}(T_2 - T_1) \tag{2-25}$$

式(2-25)可用于无相变、无化学变化和非体积功为零的封闭系统的恒容变温过程热的计算。

例 2-6

试计算 1 kg 常压下的 $CO_2(g)$ 从 300 K 恒压加热到 800 K 时所需的 Q。已知 CO_2 的定压摩尔热容为 $C_{p,\mathrm{m}} = 26.8 + 42.7\times10^{-3}T - 14.6\times10^{-6}T^2$。

例 2-6 解析

思考练习题

2.4-1　填空题

1. 同温下，理想气体的 $C_{p,\mathrm{m}}$ 和 $C_{V,\mathrm{m}}$ 满足的关系式为_____。

2. $C_{p,m}$ 和 $C_{V,m}$ 的数值与温度和压强有关，其中_____对热容的影响较小。

3. 在通常温度下，若温度变化不大，双原子分子理想气体的 $C_{p,m}$ =_____, $C_{V,m}$ =_____。

4. 对于非体积功为零的恒压变温过程，恒压热的计算公式为_____。

5. 对于非体积功为零的恒容变温过程，恒容热的计算公式为_____。

2.4-2　判断题

1. 在实际工作中，常采用平均热容来近似计算变温过程的热。　　　　　　　（　　）

2. 对于气态物质，$C_p - C_V = nR$。　　　　　　　　　　　　　　　　　（　　）

3. 只有特定条件下过程的 $\Delta H = Q_p$，$\Delta U = Q_V$。　　　　　　　　　　（　　）

4. 在标准压力下加热某物质，温度由 T_1 上升到 T_2，则该物质吸收的热量为 $Q = \int_{T_1}^{T_2} C_p \mathrm{d}T$，在此条件下应存在 $\Delta H = Q$ 的关系。　　　　　　　　　　　　　　　　　　　（　　）

5. 同一物质在同温下的 $C_{p,m}$ 与 $C_{V,m}$ 是不相等的。　　　　　　　　　（　　）

6. 凝聚态物质的恒容热与恒压热近似相等。　　　　　　　　　　　　　　（　　）

2.4-3　单选题

1. 下述说法中，正确的是_____。

A. 热容 C 不是状态函数

B. 热容 C 与途径无关

C. 恒压热容 C_p 不是状态函数

D. 恒容热容 C_V 不是状态函数

2. 高温下臭氧的摩尔等压热容 $C_{p,m}$ 为_____。

A. 6R　　　　　　　　B. 6.5R　　　　　　　　C. 7R　　　　　　　　D. 7.5R

3. 关于热容，下述说法中，错误的是_____。

A. 摩尔热容是 1 mol 的物质所具有的热容

B. 定压摩尔热容和定容摩尔热容的应用条件相同

C. 比热容等于热容除以质量

D. 真实气体、液体和固体的热容都与温度有关

2.4-4　问答题

1. 简述热容、比热容和摩尔热容的概念。物质的热容与哪些因素有关?

2. 定压摩尔热容和定容摩尔热容有什么区别和联系?

3. 试推导理想气体定压摩尔热容和定容摩尔热容之间的关系。

2.4-5　习题

1. 计算常压下，1 mol 的 $O_2(g)$ 从 298 K 加热到 398 K 所吸收的热量为多少? 已知 $O_2(g)$ 在 273 K 到 3000 K 的温度范围内定压摩尔热容服从下列关系:

$$C_{p,m} = 28.17 + 6.297 \times 10^{-3} T - 0.7494 \times 10^{-6} T^2$$

2. 某理想气体 $C_{V,m}$ 为 1.5R，现有 5 mol 该气体恒容升温 50 ℃。求该过程的 W、Q、ΔU 和 ΔH。

3. 1 mol 某理想气体从 300 K、100 kPa 的始态，首先恒定外压压缩至平衡态，再恒容升温至 370 K、250 kPa 的终态。已知气体的 $C_{V,m}$ 为 20.92 J/(K·mol)。求该过程的 W、Q、ΔU 和 ΔH。

任务 2.5　热力学第一定律的应用

2.5.1　理想气体单纯状态变化过程中的应用

2.5.1.1　恒温过程

理想气体的热力学能和焓只是温度的函数，对于理想气体恒温过程，有:

$$\Delta U = 0, \quad \Delta H = 0, \quad Q = -W$$

（1）理想气体恒温可逆过程：

$$W = -\int_{V_1}^{V_2} p\mathrm{d}V = -nRT\ln\frac{V_2}{V_1} = nRT\ln\frac{p_2}{p_1} \tag{2-26}$$

（2）理想气体恒温恒外压过程：

$$W = -\int_{V_1}^{V_2} p_环 \mathrm{d}V = -p_环(V_2 - V_1) = -p_环 nRT\left(\frac{1}{p_2} - \frac{1}{p_1}\right) \tag{2-27}$$

2.5.1.2　恒压过程

系统没有相变化、没有化学变化及非体积功为零，$p_1 = p_2 = p_环 = $常数，则：

$$W = -\int_{V_1}^{V_2} p_环 \mathrm{d}V = -p(V_2 - V_1)$$

若理想气体的摩尔热容为常数，则：

$$\Delta U = \int_{T_1}^{T_2} nC_{V,m}\mathrm{d}T = nC_{V,m}(T_2 - T_1)$$

$$Q_p = \Delta H = \int_{T_1}^{T_2} nC_{p,m}\mathrm{d}T = nC_{p,m}(T_2 - T_1)$$

2.5.1.3　恒容过程

系统没有相变化、没有化学变化及非体积功为零，$V = $常数，则：

$$W = 0$$

若理想气体的摩尔热容为常数，则：

$$\Delta H = \int_{T_1}^{T_2} nC_{p,m}\mathrm{d}T = nC_{p,m}(T_2 - T_1)$$

$$Q_V = \Delta U = \int_{T_1}^{T_2} nC_{V,m}\mathrm{d}T = nC_{V,m}(T_2 - T_1)$$

2.5.1.4　绝热过程

A　理想气体绝热过程

封闭系统的绝热过程，$Q = 0$，根据热力学第一定律，有：

$$\Delta U = W$$

若理想气体的摩尔热容为常数，则：

$$W = \Delta U = nC_{V,m}(T_2 - T_1) \tag{2-28}$$

式（2-28）表明，若环境对系统做功，系统热力学能增加，系统温度必然升高；反之，则系统温度降低。因此，绝热压缩能使系统温度升高，而绝热膨胀，则可获得低温。

B　理想气体绝热可逆过程

理想气体绝热可逆压缩过程，$Q = 0$，$W = -p\mathrm{d}V$，根据热力学第一定律，有：

$$\mathrm{d}U = \delta Q + \delta W = -p\mathrm{d}V \tag{2-29}$$

根据 $\mathrm{d}U = nC_{V,m}\mathrm{d}T$ 及 $p = \dfrac{nRT}{V}$，代入式（2-29）可得：

$$nC_{V,m}\mathrm{d}T = -\frac{nRT}{V}\mathrm{d}V$$

整理后得：

$$C_{V,m}\mathrm{d}\ln T + R\mathrm{d}\ln V = 0 \tag{2-30}$$

若理想气体的摩尔热容为常数，当理想气体从 p_1、V_1、T_1 绝热可逆变化至 p_2、V_2、T_2 时，式(2-30)积分得：

$$\left(\frac{T_2}{T_1}\right)^{C_{V,\mathrm{m}}}\left(\frac{V_2}{V_1}\right)^{R}=1 \tag{2-31}$$

将始、末态理想气体状态方程及 $C_{p,\mathrm{m}}-C_{V,\mathrm{m}}=R$ 的表达式代入式(2-31)，可得：

$$\left(\frac{T_2}{T_1}\right)^{C_{p,\mathrm{m}}}\left(\frac{p_2}{p_1}\right)^{-R}=1 \tag{2-32}$$

$$\left(\frac{p_2}{p_1}\right)^{C_{V,\mathrm{m}}}\left(\frac{V_2}{V_1}\right)^{C_{p,\mathrm{m}}}=1 \tag{2-33}$$

式(2-31)~式(2-33)为理想气体绝热可逆压缩过程时，系统的 pVT 变化规律，称为理想气体绝热可逆过程方程式。

若令热容比 γ 为定压摩尔热容与定容摩尔热容的比值，即：

$$\gamma=\frac{C_{p,\mathrm{m}}}{C_{V,\mathrm{m}}} \tag{2-34}$$

分别把式(2-34)代入式(2-31)~式(2-33)，可得理想气体绝热可逆过程方程式的另外三种表达式，即：

$$\left(\frac{T_2}{T_1}\right)\left(\frac{V_2}{V_1}\right)^{\gamma-1}=1 \tag{2-35}$$

$$\left(\frac{T_2}{T_1}\right)\left(\frac{p_2}{p_1}\right)^{\frac{1-\gamma}{\gamma}}=1 \tag{2-36}$$

$$\left(\frac{p_2}{p_1}\right)\left(\frac{V_2}{V_1}\right)^{\gamma}=1 \tag{2-37}$$

理想气体绝热可逆过程的体积功除可用式 $W=\Delta U=nC_{V,\mathrm{m}}(T_2-T_1)$ 求得，也可将压力表示成体积的函数 $p=p_0V_0^{\gamma}/V^{\gamma}$，代入体积功的计算式，得：

$$W=-\int_{V_1}^{V_2}p\mathrm{d}V=-p_0V_0^{\gamma}\int_{V_1}^{V_2}\frac{\mathrm{d}V}{V^{\gamma}} \tag{2-38}$$

式中，p_0、V_0 为系统任一状态下的压力和体积值。式(2-38)积分得：

$$W=\frac{p_0V_0^{\gamma}}{\gamma-1}\left(\frac{1}{V_2^{\gamma-1}}-\frac{1}{V_1^{\gamma-1}}\right) \tag{2-39}$$

若将 $p_0V_0^{\gamma}=p_1V_1^{\gamma}=p_2V_2^{\gamma}$ 及比热容的定义式代入式(2-39)，经整理同样可得：

$$W=nC_{V,\mathrm{m}}(T_2-T_1)$$

2.5.1.5　凝聚态的 pVT 变化过程

固态或液态物质不仅其体积受压力及温度的影响较小，而且其热力学能和焓受压力的影响也较小。因此，对于纯凝聚态物质封闭系统的 pVT 变化过程，当压力变化不大时，有：

$$W\approx0$$

$$Q\approx\Delta U\approx\Delta H\approx\int_{T_1}^{T_2}nC_{p,\mathrm{m}}\mathrm{d}T \tag{2-40}$$

例 2-7

试计算 101.325 kPa，78 ℃（乙醇的沸点）下，1 m³ 的乙醇蒸气完全变成液体的 ΔU 和 ΔH。

已知乙醇的汽化热为 39.7 kJ/mol。

例 2-7 解析

例 2-8

具有无摩擦活塞的绝热气缸内有 5 mol 双原子理想气体，压力为 1013.25 kPa，温度为 298.2 K。

（1）该气体绝热可逆膨胀至 101.325 kPa，试计算系统所做的功。

（2）若外压从 1013.25 kPa 骤减至 101.325 kPa，试计算系统膨胀所做的功为多少。

例 2-8 解析

2.5.2　相变过程中的应用

物质系统中物理、化学性质完全相同，与其他部分具有明显分界面的均匀部分称为相。与固、液、气三态对应，物质有固相、液相、气相。物质从一种相转变为另一种相的过程称为相变。

相变前的始态通常是热力学平衡态，也可以是亚稳态。当条件发生变化（如加热或冷却，加压或减压等）或亚稳态失稳时，物质系统则发生相变化，达到新的平衡态即末态。纯物质的相变通常是在恒定压力、恒定温度且不做非体积功的条件下进行的，如在大气压力下液体的蒸发和固体的熔化等。相变前后系统的体积也随之发生变化，故在相变化同时系统与环境之间必然有热和功的交换。此时的相变热为恒压热，在数值上等于相变焓，即 $Q_p = \Delta H$。

2.5.2.1　相变焓

若质量为 m，物质的量为 n 的物质 B 在恒定的压力和温度下由 α 相转变为 β 相，即：

$$\text{B}(\alpha) \longrightarrow \text{B}(\beta) \tag{2-41}$$

式(2-41)过程的焓变称为相变焓，写作 $\Delta_\alpha^\beta H$，单位为 J 或 kJ。将 1 mol 物质的相变焓称为摩尔相变焓，写作 $\Delta_\alpha^\beta H_m$，单位为 J/mol 或 kJ/mol。物理化学中主要用摩尔相变焓，其计算公式为：

$$\Delta_\alpha^\beta H_m = \frac{\Delta_\alpha^\beta H}{n}$$

（1）熔化：固态→液态，摩尔熔化焓写作 $\Delta_{fus} H_m$；

（2）蒸发：液态→气态，摩尔蒸发焓写作 $\Delta_{vap} H_m$；

（3）升华：固态→气态，摩尔升华焓写作 $\Delta_{sub} H_m$；

（4）相变：α 相→β 相，摩尔相变焓写作 $\Delta_\alpha^\beta H_m$。

焓是状态函数，同样条件下物质由 α 相变为 β 相的摩尔相变焓 $\Delta_\alpha^\beta H_m = -\Delta_\beta^\alpha H_m$，故有：

（1）凝固：液态→固态，摩尔凝固焓写作 $\Delta_l^s H_m = -\Delta_s^l H_m = -\Delta_{fus} H_m$；

（2）凝结：气态→液态，摩尔凝结焓写作 $\Delta_g^l H_m = -\Delta_l^g H_m = -\Delta_{vap} H_m$；

（3）凝华：气态→固态，摩尔凝华焓写作 $\Delta_g^s H_m = -\Delta_s^g H_m = -\Delta_{sub} H_m$。

摩尔相变焓是基础热数据，物质在某些条件下的摩尔相变焓的数据可以从化学、化工手册中查到，但在使用这些数据时需要注意以下几个方面。

（1）晶型转变方向。使用相变焓数据时要注意晶型转变的方向，同样温度和压强条件下，方向不同，相变焓的数值相同，但符号相反。

（2）相变焓的单位。物质的计量单位与相变焓的物质基准单位要统一。

（3）相变温度。相变焓是温度和压强的函数，但在压强变化范围不大时，压强的影响可以忽略，因此必须重视温度对相变焓的影响，使用相变焓的数据时要注意与实际相变温度一致。

2.5.2.2　相变焓与温度的关系

化学、化工手册中查到的相变焓数据，通常是纯物质在熔点下的熔化焓和在正常沸点下的蒸发焓数据。当需要其他温度下的相变焓数据时，可以通过已知温度下的相变焓及相变前后两种相的热容随温度变化的函数关系进行计算。例如，已知 T_1、p_1 下，物质 B 由 α 相变为 β 相的摩尔相变焓为 $\Delta_\alpha^\beta H_m(T_1)$，又有 α 相和 β 相的摩尔定压热容 $C_{p,m}(\alpha)$ 和 $C_{p,m}(\beta)$ 随温度变化的函数关系。求 T_2、p_2 时的 $\Delta_\alpha^\beta H_m(T_2)$。其设计途径如下：

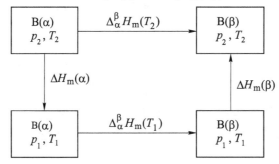

焓是状态函数，根据状态函数的特征

$$\Delta_\alpha^\beta H_m(T_2) = \Delta H_m(\alpha) + \Delta_\alpha^\beta H_m(T_1) + \Delta H_m(\beta) \tag{2-42}$$

又因　　　$\Delta H_m(\alpha) = \int_{T_2}^{T_1} C_{p,m}(\alpha)\,dT$，$\Delta H_m(\beta) = \int_{T_1}^{T_2} C_{p,m}(\beta)\,dT$

故　　　$$\Delta H_m(\alpha) + \Delta H_m(\beta) = \int_{T_2}^{T_1} C_{p,m}(\alpha)\,dT + \int_{T_1}^{T_2} C_{p,m}(\beta)\,dT$$

$$= \int_{T_1}^{T_2} \left[C_{p,m}(\beta) - C_{p,m}(\alpha) \right]dT \tag{2-43}$$

令 $\Delta C_{p,m} = C_{p,m}(\beta) - C_{p,m}(\alpha)$，与式（2-43）一同代入式（2-42），得：

$$\Delta_\alpha^\beta H_m(T_2) = \Delta_\alpha^\beta H_m(T_1) + \int_{T_1}^{T_2} \Delta C_{p,m}\,dT \tag{2-44}$$

若 $C_{p,m}$ 为常数，则式（2-44）可以写为：

$$\Delta_\alpha^\beta H_m(T_2) = \Delta_\alpha^\beta H_m(T_1) + \Delta C_{p,m}(T_2 - T_1) \tag{2-45}$$

式（2-44）和式（2-45）为由一个温度下的摩尔相变焓求算另一温度下摩尔相变焓的计算公式。

例 2-9

冰（H_2O, s）在 100 kPa 下的熔点为 0 ℃，此条件下的摩尔熔化焓 Δ_{fus} $H_m = 6.012$ kJ/mol。已知 -10~0 ℃ 范围内过冷水（H_2O, l）和冰的摩尔定压热容分别为：$C_{p,m}(H_2O, l) = 76.28$ J/(mol·K)，$C_{p,m}(H_2O, s) = 37.20$ J/(mol·K)。求常压及 -10 ℃ 下过冷水结冰的摩尔凝固焓。

例 2-9 解析

2.5.2.3 相变过程的体积功及热力学能变

A 相变过程的体积功

若系统在等温、等压且非体积功为零的条件下由 α 相转变为 β 相，则过程的体积功为：

$$W = -p(V_\beta - V_\alpha) \tag{2-46}$$

若 β 为气相，α 为凝聚相（固相或液相），气相体积 $V_g \gg V_1$，故：

$$W = -p(V_\beta - V_\alpha) \approx -pV_g \tag{2-47}$$

若气相可视为理想气体，则有：

$$W = -pV_g = nRT \tag{2-48}$$

B 相变过程的热力学能变

在等温、等压且分体积功为零的相变过程中，根据恒压热及热力学第一定律，有：

$$\Delta_\alpha^\beta U = Q_p - p(V_\beta - V_\alpha) = \Delta_\alpha^\beta H - p(V_\beta - V_\alpha) \tag{2-49}$$

若 β 为气相，α 为凝聚相（固相或液相），气相体积 $V_g \gg V_1$，故：

$$\Delta_\alpha^\beta U = \Delta_\alpha^\beta H - pV_g \tag{2-50}$$

若气相可视为理想气体，则：

$$\Delta_\alpha^\beta U = \Delta_\alpha^\beta H - nRT \tag{2-51}$$

2.5.3 化学变化过程中的应用

2.5.3.1 标准摩尔反应焓

A 摩尔反应焓

一定温度、压力下，化学反应中生成的产物的焓与反应掉的反应物的焓之差称为反应焓，用符号 $\Delta_r H$ 表示。

当反应系统发生了 1 mol 反应时，化学反应的恒压反应热和恒容反应热分别称为反应的摩尔反应焓和摩尔热力学能变，分别用 $\Delta_r H_m$ 和 $\Delta_r U_m$ 表示，单位为 J/mol 或 kJ/mol。其中，符号中的下标 r 表示化学反应。摩尔反应焓的计算公式为：

$$\Delta_r H_m = \sum_i v_i H_i \tag{2-52}$$

式中，v_i 为反应方程式中任一物质 i 的化学计量数；H_i 为反应方程式中任一物质 i 的偏摩尔焓。

在恒温恒压且非体积功为零的条件下，对某一化学反应有：

$$\Delta_r H_m = \Delta_r U_m + p\Delta_r V_m \tag{2-53}$$

式中，$\Delta_r V_m$ 为恒温恒压下系统体积的变化量。

对于既没有气体参与反应，也没有气体生成的凝聚系统反应，因反应前后系统体积变化很小，式(2-53)可变为：

$$\Delta_r H_m = \Delta_r U_m \tag{2-54}$$

对于反应物和产物中有气体的反应，因 $V_g \gg V_1$（或 V_s），故可将 $\Delta_r V_m$ 视为反应过程中气体体积的变化量。若将气体视为理想气体，则式(2-53)可变为：

$$\Delta_r H_m = \Delta_r U_m + RT \sum_i v_i(g) \tag{2-55}$$

式中，$\sum_i v_i(g)$ 为反应方程式中气体物质化学计量数的代数和。

B　标准摩尔反应焓

一定温度下各自处在纯态及标准压力（$p^\ominus = 100$ kPa）下的反应物，反应生成同样温度下各自处在纯态及标准压力下的产物，这一过程的摩尔反应焓称为标准摩尔反应焓，用符号 $\Delta_r H_m^\ominus$ 表示，单位为 J/mol 或 kJ/mol。

标准摩尔反应焓的计算公式为：

$$\Delta_r H_m^\ominus = \sum_i v_i H_m^\ominus(i) \tag{2-56}$$

式中，$H_m^\ominus(i)$ 为反应方程式中任一物质 i 的标准摩尔焓。

物质的标准摩尔焓值尚无法得知，因此无法用式(2-56)进行有关计算。为了解决这一问题，对反应物和产物均选用同样的基准，除规定了物质的标准摩尔生成焓，对有机物还规定了标准摩尔燃烧焓，并由此计算化学反应的标准摩尔反应焓。

2.5.3.2　标准摩尔生成焓

在一定温度 T 和标准压强下，由稳定单质生成 1 mol 指定相态物质 i 时的焓变，称为物质 i 在温度 T 时的标准摩尔生成焓，用符号 $\Delta_f H_m^\ominus(i, 相态, T)$ 表示，单位为 J/mol 或 kJ/mol。其中，符号中的下标 f 表示生成反应。

应用标准摩尔生成焓时需要注意如下内容。

（1）标准摩尔生成焓定义中的"稳定单质"指的是在指定条件下最稳定的状态。例如：

1）稀有气体的稳定单质为单原子气体，如 $He(g)$、$Ne(g)$ 等；

2）氢、氧、氮、氟、氯的稳定单质为双原子气体 $H_2(g)$、$O_2(g)$、$N_2(g)$、$F_2(g)$、$Cl_2(g)$；

3）溴和汞的稳定单质为液态 $Br_2(l)$ 和 $Hg(l)$；

4）其余元素的稳定单质均为固态，但要注意碳的稳定态是石墨，硫的稳定态为正交硫，磷的稳定态为白磷。

（2）稳定态单质的标准摩尔生成焓等于零。

（3）物质的聚集状态不同，则标准摩尔生成焓也不同，查表时应注意。

（4）标准摩尔生成焓没有规定温度。书后附表 1 中列出了一些物质在 298.15 K 下的标准摩尔生成焓数据。本书如未特别说明，标准摩尔生成焓皆指 298.15 K 下的数据。

由一定温度下某反应的反应物及产物的标准摩尔生成焓，便可以计算出在该温度下反应的标准摩尔反应焓。

通常情况下，化学反应的全部反应物及全部产物均可由相同种类、相同数量的单质生成。例如：

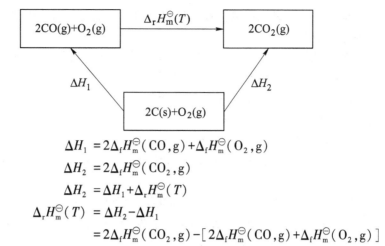

$$\Delta H_1 = 2\Delta_f H_m^{\ominus}(CO, g) + \Delta_f H_m^{\ominus}(O_2, g)$$

$$\Delta H_2 = 2\Delta_f H_m^{\ominus}(CO_2, g)$$

因
$$\Delta H_2 = \Delta H_1 + \Delta_r H_m^{\ominus}(T)$$

故
$$\Delta_r H_m^{\ominus}(T) = \Delta H_2 - \Delta H_1$$
$$= 2\Delta_f H_m^{\ominus}(CO_2, g) - [2\Delta_f H_m^{\ominus}(CO, g) + \Delta_f H_m^{\ominus}(O_2, g)]$$

推广至任意化学反应与生成反应的关系，其关系如下：

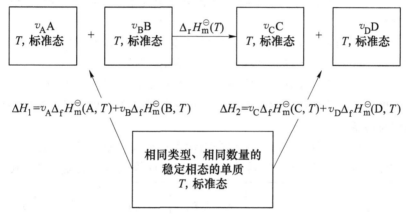

同理可得：

$$\Delta_r H_m^{\ominus}(T) = \Delta H_2 - \Delta H_1$$
$$= [v_C\Delta_f H_m^{\ominus}(C, T) + v_D\Delta_f H_m^{\ominus}(D, T)] - [v_A\Delta_f H_m^{\ominus}(A, T) + v_B\Delta_f H_m^{\ominus}(B, T)]$$

可简写为：

$$\Delta_r H_m^{\ominus}(T) = \sum_i v_i\Delta_f H_m^{\ominus}(i, T) \tag{2-57}$$

式（2-57）为一定温度下由标准摩尔生成焓计算标准摩尔反应焓的计算公式。此式表明，一定温度下化学反应的标准摩尔反应焓，等于该温度下反应前后各物质的标准摩尔生成焓与其化学计量数的乘积之和。

例 2-10

已知反应 $3Fe_2O_3(s) + H_2(g) \rightarrow 2Fe_3O_4(s) + H_2O(l)$ 在常温常压下进行。试用标准摩尔生成焓求该反应的反应焓，并判断反应属于放热反应还是吸热反应。

例 2-10 解析

2.5.3.3 　标准摩尔燃烧焓

很多有机物不能直接由单质生成，其标准摩尔生成焓难以测得。但有机物一般容易燃烧，燃烧副反应少，摩尔燃烧焓数值较大且测定的准确度高，因此可以利用燃烧焓来计算反应的标准摩尔反应焓。

在一定温度 T 和标准压强下，1 mol 指定相态物质 i 与氧气完全氧化成指定产物的焓变，称为物质 i 在温度 T 时的标准摩尔燃烧焓，用符号 $\Delta_c H_m^{\ominus}(i, 相态, T)$ 表示，单位为 J/mol 或 kJ/mol。其中，符号中的下标 c 表示燃烧。

应用标准摩尔燃烧焓时需要注意如下内容。

（1）完全氧化成指定产物是指物质中的 C、H、P、S 等分别被氧化为稳定产物 $CO_2(g)$、$H_2O(l)$、$P_2O_5(s)$、$SO_2(g)$ 等。若化合物中有金属元素，则被氧化成正常价的氧化物。

（2）指定燃烧（氧化）产物和氧气的标准摩尔燃烧焓为零。

（3）物质的聚集状态不同，则标准摩尔燃烧焓也不同，查表时应注意，比如：$\Delta_c H_m^{\ominus}(H_2O, l) = 0$，$\Delta_c H_m^{\ominus}(H_2O, g) \neq 0$。

（4）标准摩尔燃烧焓没有规定温度。书后附表中列出了一些有机物在 298.15 K 下的标准摩尔燃烧焓数据。

（5）由稳定单质直接完全燃烧生成产物的反应，反应的标准摩尔反应焓等于反应物的标准摩尔燃烧焓，同时也等于产物的标准摩尔生成焓，即：
$$\Delta_r H_m^{\ominus}(T) = \Delta_c H_m^{\ominus}(反应物, 相态, T) = \Delta_f H_m^{\ominus}(产物, 相态, T)$$

由一定温度下某反应的反应物及产物的标准摩尔燃烧焓，便可以计算出在该温度下反应的标准摩尔反应焓。

有机化学反应中，全部反应物和全部产物均含有相同数量的 C、H 或其他原子。所有反应物和产物完全燃烧后均得到同样数量的 CO_2、H_2O 等规定的燃烧产物，其关系如下：

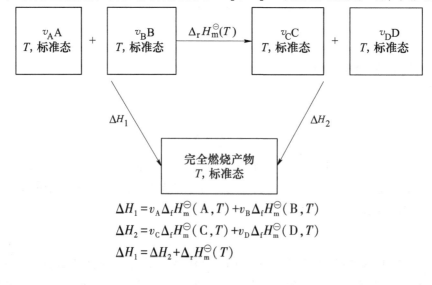

$$\Delta H_1 = v_A \Delta_f H_m^{\ominus}(A, T) + v_B \Delta_f H_m^{\ominus}(B, T)$$
$$\Delta H_2 = v_C \Delta_f H_m^{\ominus}(C, T) + v_D \Delta_f H_m^{\ominus}(D, T)$$

因为
$$\Delta H_1 = \Delta H_2 + \Delta_r H_m^{\ominus}(T)$$
所以
$$\begin{aligned}\Delta_r H_m^{\ominus}(T) &= \Delta H_1 - \Delta H_2 \\ &= [v_A \Delta_f H_m^{\ominus}(A, T) + v_B \Delta_f H_m^{\ominus}(B, T)] - [v_C \Delta_f H_m^{\ominus}(C, T) + v_D \Delta_f H_m^{\ominus}(D, T)]\end{aligned}$$

可简写为：
$$\Delta_r H_m^{\ominus}(T) = -\sum_i v_i \Delta_c H_m^{\ominus}(i, T) \tag{2-58}$$

式(2-58)为一定温度下由标准摩尔燃烧焓计算标准摩尔反应焓的计算公式。此式表明，一定温度下化学反应的标准摩尔反应焓，等于该温度下反应前后各物质的标准摩尔燃烧焓与其化学计量数的乘积之和的负值。

例 2-11

已知 298 K 时，乙烯的标准摩尔燃烧焓数值为 $\Delta_c H_m^\ominus(C_2H_4, g) = -1411.0$ kJ/mol。试求 298 K 时乙烯的标准摩尔生成焓。

例 2-11 解析

2.5.3.4　标准摩尔反应焓随温度的变化——基尔霍夫公式

利用物质的标准摩尔生成焓或标准摩尔燃烧焓可以计算 298.15 K 时化学反应的标准摩尔反应焓。但是在实际生产和科学研究中，所遇到的反应往往是在各种温度下进行的，因此需要找出标准摩尔反应焓与温度之间的关系，才能计算出某一化学反应在任意温度下的标准摩尔反应焓。

设气体反应 $v_A A(g) + v_B B(g) \rightarrow v_C C(g) + v_D D(g)$ 分别在 T_1 和 T_2 下进行，若 $T_1 = 298.15$ K。求该反应在 T_2 下进行时反应的标准摩尔反应焓，其关系如下：

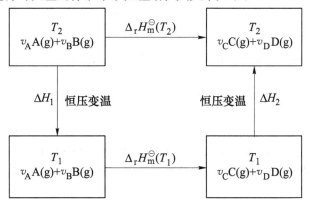

由恒压热的计算公式可知：

$$\Delta H_1 = \int_{T_2}^{T_1} [v_A C_{p,m}(A) + v_B C_{p,m}(B)]dT = -\int_{T_1}^{T_2} [v_A C_{p,m}(A) + v_B C_{p,m}(B)]dT$$

$$\Delta H_2 = \int_{T_1}^{T_2} [v_C C_{p,m}(C) + v_D C_{p,m}(D)]dT$$

$$\Delta_r H_m^\ominus(T_2) = \Delta H_1 + \Delta_r H_m^\ominus(T_1) + \Delta H_2$$

$$= \Delta_r H_m^\ominus(T_1) + \int_{T_1}^{T_2} [v_C C_{p,m}(C) + v_D C_{p,m}(D) - v_A C_{p,m}(A) - v_B C_{p,m}(B)]dT$$

令　　　　$$\Delta_r C_{p,m} = v_C C_{p,m}(C) + v_D C_{p,m}(D) - v_A C_{p,m}(A) - v_B C_{p,m}(B)$$

则：

$$\Delta_r H_m^\ominus(T_2) = \Delta_r H_m^\ominus(T_1) + \int_T^{T_2} \Delta_r C_{p,m} dT \qquad (2-59)$$

当反应 $T_1 = 298.15$ K，$T_2 = T$ 时，式(2-59)可变为：

$$\Delta_r H_m^\ominus(T) = \Delta_r H_m^\ominus(298.15 \text{ K}) + \int_{298.15 \text{ K}}^T \Delta_r C_{p,m} dT \qquad (2-60)$$

式(2-60)为基尔霍夫公式的定积分式。只要知道 $\Delta_r H_m^{\ominus}$（298.15 K）和反应中各物质的 $C_{p,m}$，就可以由式(2-60)求出任意温度 T 时反应的 $\Delta_r H_m^{\ominus}(T)$。

应用基尔霍夫公式时要注意：

（1）若温度变化范围较大，反应中各物质的 $C_{p,m}$ 是温度的函数，要将 $C_{p,m}$ 与温度的关系式代入式（2-60），再进行积分计算；

（2）反应中各物质在 298.15 K 及 T 之间不能发生相变，若发生相变，则 $C_{p,m}$ 为非连续函数，积分要分段进行，同时要增加相应的相变焓。

例 2-12

已知 $CH_3COOH(g)$、$CH_4(g)$ 和 $CO_2(g)$ 的平均摩尔定压热容 $\overline{C}_{p,m}$ 分别为 52.3 J/(mol·K)、37.7 J/(mol·K) 和 31.4 J/(mol·K)。试由书后附表 1 中化合物的标准摩尔生成焓计算 500 K 时下列反应的标准摩尔反应焓。

$$CH_3COOH(g) + O_2(g) \longrightarrow CH_4(g) + CO_2(g)$$

例 2-12 解析

思考练习题

2.5-1 填空题

1. 相变过程中若相变后的 β 相和相变前的 α 相都为凝聚相（液或固），则相变过程的体积功 $W = \underline{\hspace{2cm}}$。

2. 标准状态下的反应 $H_2(g) + Cl_2(g) = 2HCl(g)$，其 $\Delta_r H_m^{\ominus} = -184.61$ kJ/mol，由此可知 $HCl(g)$ 的标准摩尔生成焓为 $\underline{\hspace{2cm}}$。

3. 物质由一个相转变为另一个相的过程称为 $\underline{\hspace{2cm}}$。

4. 1 mol 单原子理想气体从 400 K 经历（1）恒压膨胀，（2）绝热膨胀到达相同的末态温度 300 K，两过程的热力学能和焓的变化分别为 $\Delta U_1 = \underline{\hspace{1.5cm}}$，$\Delta H_1 = \underline{\hspace{1.5cm}}$；$\Delta U_2 = \underline{\hspace{1.5cm}}$，$\Delta H_2 = \underline{\hspace{1.5cm}}$。

2.5-2 判断题

1. 一个绝热过程 $Q = 0$，但体系的 ΔT 不一定为零。　　　　　　　　　　（　　）

2. 绝热过程 $Q = 0$，而 $\Delta H = Q$，因此 $\Delta H = 0$。　　　　　　　　　　（　　）

3. 处于两相平衡的 1 mol $H_2O(l)$ 和 1 mol $H_2O(g)$，由于两相物质的温度和压力相等，因此在相变过程中 $\Delta U = 0$，$\Delta H = 0$。　　　　　　　　　　　　　　　　　　　　（　　）

4. 对标准态的温度没有具体规定，通常是选在 25 ℃，标准压强的数值规定为 100 kPa。　　（　　）

5. 石墨的标准摩尔燃烧焓即 $CO_2(g)$ 的标准摩尔生成焓。　　　　　　　　（　　）

6. 25 ℃时 $H_2(g)$ 的标准摩尔燃烧焓等于 25 ℃时 $H_2O(g)$ 的标准摩尔生成焓。　（　　）

2.5-3 单选题

1. 下述说法正确的是 $\underline{\hspace{2cm}}$。

A. 水的生成热即是氧气的燃烧热

B. 水蒸气的生成热即是氧气的燃烧热

C. 水的生成热即是氢气的燃烧热

D. 水蒸气的生成热即是氢气的燃烧热

2. 戊烷的标准摩尔燃烧焓为 -3520 kJ/mol，$CO_2(g)$ 和 $H_2O(l)$ 的标准摩尔生成焓分别为 -395 kJ/mol 和 -286 kJ/mol，则戊烷的标准摩尔生成焓为 $\underline{\hspace{2cm}}$。

A. 2839 kJ/mol　　　　B. −2839 kJ/mol　　　　C. 171 kJ/mol　　　　D. −171 kJ/mol

3. 某一化学反应的 $\Delta_r C_{p,m}<0$，则该反应的 $\Delta_r H_m^{\ominus}$ 随温度的升高而_____。

A. 增大　　　　　　　　B. 减小　　　　　　　　C. 不变　　　　　　　　D. 无法确定

4. $C_6H_6(1)$ 在刚性绝热容器中燃烧，则_____。

A. $\Delta U=0$，$\Delta H<0$，$Q=0$　　　　　　　　B. $\Delta U=0$，$\Delta H>0$，$W=0$

C. $\Delta U\neq0$，$\Delta H=0$，$Q=0$　　　　　　　　D. $\Delta U=0$，$\Delta H\neq0$，$W=0$

2.5-4　问答题

1. 简述什么是相变焓。

2. 什么是标准摩尔生成焓和标准摩尔燃烧焓，"标准"的含义是什么，哪些物质的标准摩尔生成焓或标准摩尔燃烧焓为零？

3. 什么样的化学反应热效应受温度的影响不大？

4. 某化学反应 $\Delta_r C_{p,m}<0$，则该过程的焓变随温度如何变化？

5. 在什么情况下化学反应的 $\Delta_r H_m^{\ominus}$ 不随温度而变化？

2.5-5　习题

1. 容器内有理想气体，$n=2$ mol，$p=10p^{\ominus}$，$T=300$ K。试求：

（1）在空气中膨胀了 1 dm³，做功多少？

（2）对抗 $1p^{\ominus}$ 恒定外压膨胀到容器内压力为 $1p^{\ominus}$，做了多少功？

（3）膨胀时外压总比气体压力小 dp，问容器内气体压力降到 $1p^{\ominus}$ 时，气体做多少功？

2. 分别应用书后附表 1 中有关物质的标准摩尔生成焓和标准摩尔燃烧焓数据，计算 298 K 时下列反应的标准摩尔反应焓：

$$2CH_3OH(1)+O_2(g)\longrightarrow HCOOCH_3(1)+2H_2O(1)$$

3. 求反应 $CO(g)+H_2O(g)\rightarrow CO_2(g)+H_2(g)$ 在 473 K 时的恒压反应热。

4. 求下列反应分别在 298 K 和 400 K 恒温恒压（100 kPa）下进行时，两过程的 W、Q、$\Delta_r U_m$ 和 $\Delta_r H_m$。

$$CO(g)+2H_2(g)\longrightarrow CH_3OH(g)$$

5. 1 mol O_2（理想气体）的 $C_{p,m}=29.355$ J/(mol·K)，处于 293 K，采用不同途径升温至 586 K。试求：

（1）定容过程；

（2）定压过程；

（3）绝热过程的 Q、ΔH、W、ΔU。

任务 2.6　实验：反应速率常数的测定

2.6.1　实验目的

（1）学会用氧弹量热计测定有机物燃烧热的方法；

（2）明确燃烧热的定义，了解恒压燃烧热与恒容燃烧热的差别；

（3）掌握用雷诺曲线法校正所测温差的方法。

2.6.2　实验原理

物质的标准摩尔燃烧热（焓）$\Delta_c H_m^{\ominus}$ 是指 1 mol 物质在标准压力下完全燃烧所放出的热量。在恒容条件下测得的 1 mol 物质的燃烧热称为恒容摩尔燃烧热 $Q_{V,m}$，数值上等于这个燃烧反应过程的热力学能变化 $\Delta_r U_m$；恒压条件下测得的 1 mol 物质的燃烧热称为恒压摩

尔燃烧热 $Q_{p,m}$，数值上等于这个燃烧热反应过程的摩尔焓变Δ_rH_m，化学反应热效应通常是用恒压热效应Δ_rH_m 来表示。若参加燃烧反应的是标准压力下的 1 mol 物质，则恒压热效应$\Delta_rH_m^{\ominus}$ 即为该有机物的标准摩尔燃烧热$\Delta_cH_m^{\ominus}$。

若把参加反应的气体与生成的气体作为理想气体处理，则存在下列关系：

$$Q_{p,m} = Q_{V,m} + \sum v_i(g)RT \qquad (1)$$

式中，$\sum v_i(g)$ 指燃烧反应计量方程式中气体物质 i 的计量系数之代数和。

本实验所用测量仪器为氧弹量热计。量热反应测量的基本原理是能量守恒定律。热是一个很难测定的物理量，热量的测定往往表现为温度的改变，而温度却很容易测量。在盛有定量水的容器中，样品的物质的量为 n mol，放入密闭氧弹，充氧，然后使样品完全燃烧，放出的热量传给水及仪器各部件，引起温度上升。设系统（包括内水桶、氧弹、测温器件、搅拌器和水）的总热容为 C（即量热计及水每升高 1 K 所需吸收的热量），假设系统与环境之间没热交换，燃烧前后的温度分别为 T_1、T_2，则此样品的恒容摩尔燃烧热为：

$$Q_{V,m} = -C(T_2 - T_1) \qquad (2)$$

式中，C 为仪器的总热容，单位为 J/K。

但是，由于一方面氧弹量热计不可能完全绝热，热漏在所难免，因此燃烧前后温度的变化不能直接用测到的燃烧前后的温度差来计算，必须经过合理的雷诺校正才能得到准确的温差变化；另一方面，多数物质不能自燃，必须借助电流引燃点火丝，引起物质的燃烧，因此式（2）左边必须把点火丝燃烧所放热量考虑进去，即：

$$-nQ_{V,m} - m_{点火丝}Q_{点火丝} = C\Delta T \qquad (3)$$

式中，$Q_{点火丝}$ 为点火丝的燃烧热，$Q_{点火丝} = -6694.4$ J/g；ΔT 为校正后的温度升高值。

仪器热容 C 的求法是用已知燃烧焓的物质（本实验用苯甲酸），放在量热计中燃烧，测其始、末温度，经雷诺校正后，按式（3）即可求出 C。

2.6.3　实验仪器与原料

（1）实验仪器：氧弹量热计 1 套、容量瓶（1000 mL）1 个、氧气钢瓶 1 个、氧气减压阀 1 个、台秤 1 台、电子天平 1 台（0.0001 g）、数字式贝克曼温度计、0～100 ℃温度计、万用电表、扳手、压片机 1 台。

（2）实验原料：苯甲酸（分析纯）、萘（分析纯）、燃烧丝、棉线。

2.6.4　实验步骤

（1）量热计的水及仪器当量（即总热容量）的测定。量热计的热容量就是与其量热体系具有相同热容量的水的质量（以克计）。量热计热容量表数值上等于量热体系温度升高 1 ℃所需的热量。量热体系指在实验过程中发生的热效应所能分布到的部分，包括量热容器，氧弹的全部以及搅拌器，温度计的一部分。

量热计热容量用已知燃烧热值的苯甲酸，在氧弹内用燃烧的方法测定。试样的测定应与热容量的测定在完全相同的条件下进行。当操作条件有变化时，如更换或修理热量计上的零件，更换温度计，室温与上次测定热容量时的室温相差超过 5 ℃及热量计移到别处等，均应重新测定热容量。

1）样品压片：在台秤上粗称苯甲酸约 0.9~1.0 g，用压片机压成片，取约 10 cm 长的燃烧丝和棉线各一根，分别在电子天平上准确称重；用棉线把燃烧丝绑在苯甲酸片上，准确称重。

2）氧弹充氧：将氧弹的弹头放在弹头架上，把燃烧丝的两端分别紧绕在氧弹头上的两根电极上，把弹头放入弹杯中，拧紧。充氧时，开始先充约 0.5 MPa 氧气，然后开启出口，借以赶出氧弹中的空气。再充入 1 MPa 氧气，充气约 2 min。氧弹放入量热计中，接好点火线。氧弹不应漏气，如有漏气现象，应找出原因，给予修理。

3）调节水温：准备一桶自来水，调节水温约低于外筒水温 1 ℃（也可以不调节水温直接使用）。用量筒取 2500 mL 水注入内筒，水面应淹到氧弹进气阀螺帽高度的 2/3 处，装好搅拌头。

4）测定水当量：将测温探头插入内筒，测温探头和搅拌器均不得接触氧弹和内筒。整个实验分为以下三个阶段。

① 初期：试样燃烧以前的阶段。在这一阶段观测和记录周围环境与量热体系在试验开始温度下的热交换关系。每隔 1 min 读取温度一次，这样连续读取 8~10 组温度，直到读取的温度与上次相差小于 0.01 ℃。

② 燃烧期：燃烧定量的试样，产生的热量传给热量计，使热量计装置的各部分温度达到均匀。在初期的最末一次读取温度的瞬间，按下点火键点火（按住约 1 min 不放），若温度迅速上升，则表明样品已经开始燃烧（如果通电后，温度没有迅速上升，表示点火没有成功，需打开氧弹，检查原因），燃烧过程中每隔 15 s 读取一次温度，直到温度上升明显缓慢为止，这个阶段算作燃烧期。

③ 末期：这一阶段的目的与初期相同，是观察在试验终了温度下的热交换关系。在燃烧期读取最后一次温度后，每隔 1 min 读取温度一次，共读取 8~10 组温度作为实验的末期。

5）停止观测温度后，从热量计中取出氧弹，用放气帽缓缓压下放气阀，在 1min 左右放尽气体，拧开并取下氧弹盖，量出未燃完的引火线长度，计算其实际消耗的质量。随后仔细检查氧弹，如弹中有烟黑或未燃尽的试样微粒，此试验应作废；如未发现这些情况，用蒸馏水洗涤弹内各部分，坩埚和进气阀。

6）用干布将氧弹内外表面和弹盖拭净，最好用热风将弹盖及零件吹干或风干，备用。

（2）试样燃烧热的测定。萘的燃烧热的测定，称取 0.5 g 萘，用上述同样的方法进行测定。

2.6.5　数据记录与处理

2.6.5.1　实验数据记录

记录表格：

苯甲酸							
反应前期（1 min 记录 1 次）		反应中期（15 s 记录 1 次）		反应后期（1 min 记录 1 次）			
时间	温度	时间	温度	时间	温度	时间	温度

原始数据记录:

(1) 燃烧丝质量_____g;棉线质量_____g;苯甲酸样品质量_____g;剩余燃烧丝质量_____g;水温_____℃。

(2) 燃烧丝质量_____g;棉线质量_____g;萘样品质量_____g;剩余燃烧丝质量_____g;水温_____℃。

2.6.5.2　实验数据处理

由实验数据分别求出苯甲酸、萘燃烧前后的 T_1 和 T_2。

$$\Delta T_{苯甲酸} = \underline{\quad\quad} , \quad \Delta T_{萘} = \underline{\quad\quad}$$

用雷诺法校正温差具体方法为:将燃烧前后观察所得的一系列水温和时间关系作图,得一曲线,如图 2-1 所示。

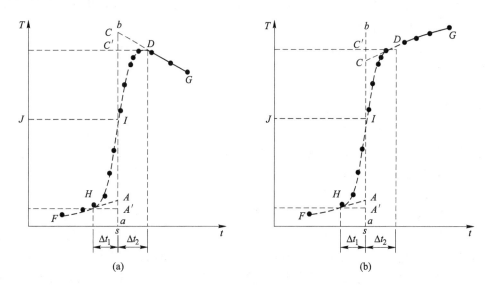

图 2-1　雷诺法校正温差图

(a) 外筒温度低于内筒温度;(b) 外筒温度高于内筒温度

在图 2-1 (a) 中,H 点意味着燃烧开始,热传入介质;D 点为观察到的最高温度值;从相当于室温的 J 点作水平线交曲线于 I,过 I 点作垂线 ab,再将 FH 线和 GD 线延长并分别交 ab 线于 A、C 两点,其间的温度差值即为经过校正的 ΔT。图 2-1 (a) 中 AA' 为开始燃烧到温度上升至室温这一段时间 Δt_1 内,由环境辐射和搅拌引进的能量所造成的升温,故应予扣除。CC' 为由室温升到最高点 D 这一段时间 Δt_2 内,热量计向环境的热漏造成的温度降低,计算时必须考虑在内。故可认为 A、C 两点的差值较客观地表示了样品燃烧引起的升温数值。

在某些情况下,热量计的绝热性能良好,热漏很小,而搅拌器功率较大,不断引进的能量使得曲线不出现极高温度点,如图 2-1 (b) 所示。校正方法相似。

作苯甲酸和萘燃烧的雷诺温度校正后,由 ΔT 计算体系的热容量和萘的恒容燃烧热 Q_V,并计算其恒压燃烧热 Q_p;再用公式法计算体系的热容量和萘的恒容燃烧热 Q_V,并计算其恒压燃烧热 Q_p。最后分别比较测定结果的相对百分误差。

2.6.6　实验注意事项

（1）试样在氧弹中燃烧产生的压力可达 14 MPa。因此在使用后应将氧弹内部擦干净，以免引起弹壁腐蚀，减小其强度。

（2）氧弹、量热容器、搅拌器在使用完毕后，应用干布擦去水迹，保持表面清洁、干燥。

（3）内筒中加 2500 mL 水后若有气泡逸出，说明氧弹漏气，设法排除。

（4）搅拌时不得有摩擦声。

（5）测定样品萘时，内筒水要更换且需调温。

（6）氧气遇油脂会爆炸。因此氧气减压器、氧弹及氧气通过的各个部件，各连接部分不允许有油污，更不允许使用润滑油。如发现油垢，应用乙醚或其他有机溶剂清洗干净。

（7）坩埚在每次使用后，必须清洗和除去碳化物，并用纱布清除黏着的污点。

2.6.7　思考题

（1）搅拌太慢或太快有何影响？

（2）实验中哪些因素容易造成误差，最大误差是哪种，提高本实验的准确度应该从哪方面考虑？

（3）说明恒容热和恒压热的关系。

本章小结

拓展阅读

项目 3　热力学第二定律

热力学第一定律反映了过程的能量守恒，但不违背热力学第一定律的过程并非都能自动进行。例如，把冰块放入热水，热量就会自发从热水转移到冰块，冰块升温融化的同时热水降温，最终二者温度相等；但如果让一杯水中的一部分水降温，热量转移给另一部分水，使得一部分水自动结冰，另一部分水自动升温成为热水，虽然符合能量守恒定律，但却不可能发生。也就是从某一状态到另一状态存在着自动进行的方向问题，而热力学第二定律正是为了解决过程的方向和限度问题而提出的。

任务 3.1　热力学第二定律

3.1.1　自发过程

自发过程是指不需要外力帮助，任其自然就能发生的过程。举例如下。

（1）高温物体向低温物体的传热过程。物体 A 的温度为 T_1，物体 B 的温度为 T_2，$T_1 > T_2$。两物体接触后，有热量从物体 A 自动地流向物体 B，直到两物体的温度相等。其逆过程，即热量从 T_2 的物体 B 流向 T_1 的物体 A，使高温物体 A 的温度更高，低温物体 B 的温度更低的过程，不可能自动发生，需要借助于制冷机才能够实现。

（2）高压气体向低压气体的扩散过程。在一带有隔板的刚性容器中分别充入温度相同的同种气体，隔板两边气体压力分别为 p_1 和 p_2，$p_1 > p_2$ 抽去隔板，使气体混合，高压气体会自动向低压气体发生扩散，直至压力相等。其逆过程，即初始压力为 p_2 的气体流向初始压力为 p_1 的气体，使容器中一部分气体的压力更高、另一部分气体的压力更低的过程，不可能自动发生，需要借助于压缩机消耗环境的功才能够实现。

（3）溶质自高浓度向低浓度的扩散过程。两容器中分别盛有温度相同、浓度 c_1 和 c_2 的同种溶液，$c_1 > c_2$，两容器用虹吸管相连通后，溶质会自动地从较高浓度的容器通过虹吸管扩散到较低浓度的容器，直到两容器中溶质的浓度相等为止。其逆过程，即使一个容器中溶质的浓度更高，另一个容器中溶质的浓度更低的过程，不可能自动发生，需通过反渗透处理才能够实现。

（4）化学反应过程。在一定温度下，一定量的 Zn 可以自动地将 $CuSO_4$ 溶液中 Cu^{2+} 的还原成 Cu，而 Zn 变成 Zn^{2+}，直到反应达到平衡为止：

$$Zn + CuSO_4 \longrightarrow Cu + ZnSO_4$$

在同样条件下，其逆过程，即 Cu 与 Zn^{2+} 变成 Cu^{2+} 和 Zn 的过程，却不可能自动发生，需借助于电解池消耗环境的功才能够实现：

从这些例子可以看出，自发过程的共同特征：一切自发的过程都是有方向性的，其逆过程需要消耗环境的功才能够进行。总而言之，自发过程是热力学的不可逆过程。

3.1.2　卡诺循环和卡诺定律

3.1.2.1　热机效率

热力学第二定律的确立与提高热机效率的研究有密切关系。蒸汽机虽然在 18 世纪就已发明，但它从初创到广泛应用，经历了漫长的年月。1765 年和 1782 年，瓦特两次改进蒸汽机的设计，使蒸汽机的应用得到了很大发展，但是效率仍不高。如何进一步提高机器的效率就成了当时工程师和科学家共同关心的问题。

将内能转变成功的机器统称为热机，如蒸汽机以及后来出现的汽轮机、燃气轮机、内燃机、喷气发动机等。热机的工作过程可以看作是一个在两个热源之间的循环工作过程，如图 3-1 所示。热机的工作介质（水、蒸汽）从高温热源（锅炉，温度为 T_1）获得热量（$Q_1 > 0$），向低温热源（一般为大气，温度为 T_2）放热（$Q_2 < 0$），同时对环境做功（$W < 0$），从而完成一个工作循环。在一次循环过程中，工作介质对环境所做的功的绝对值与从高温热源所吸收的热量的比值称为热机效率，用 η 表示，其计算公式为：

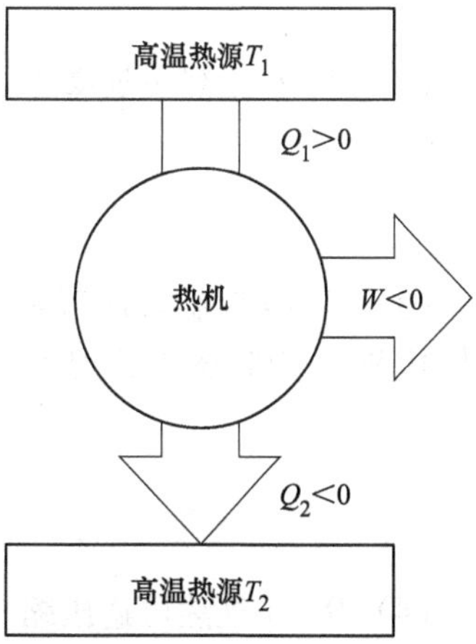

$$\eta = \frac{|W|}{Q_1} = \frac{-W}{Q_1} = \frac{Q_1 + Q_2}{Q_1} = 1 + \frac{Q_2}{Q_1} \tag{3-1}$$

图 3-1　热机工作原理示意图

显然，热机效率越高，消耗同样的燃料所得到的功就越多，能源的利用就越经济合理。因此，随着技术的改进，热机将热转化为功的比例也不断增加。那么，当热机被改进得十分完美，即成为一个理想热机时，从高温热源吸收的热量能不能全部变为功呢？如果不能，热机效率的极大值究竟是多少呢？卡诺研究了这个问题，他提出的定律为最终建立热力学第二定律准备了条件。

3.1.2.2　卡诺循环

1824 年，法国工程师卡诺（Carnot）设计了一部理想热机，称为卡诺热机。卡诺热机以理想气体为工作介质，在一个具有无质量、无摩擦活塞的气缸中，在两个定温热源间通过一个由两个恒温可逆和两个绝热可逆过程组成的可逆循环过程工作。卡诺热机的循环工作过程称为卡诺循环，如图 3-2 所示。

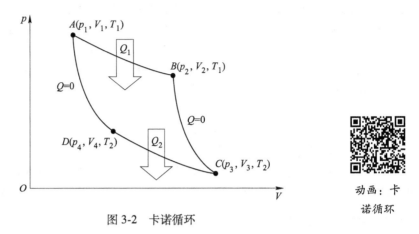

图 3-2　卡诺循环

动画：卡诺循环

（1）$A \to B$ 恒温可逆膨胀。工作介质与高温热源接触，从高温热源吸热 Q_1，对外做功 W_1，由始态 A 恒温可逆膨胀到状态 B。此过程中，有：

$$\Delta U_1 = 0$$

$$Q_1 = -W_1 = nRT_1 \cdot \ln \frac{V_2}{V_1}$$

（2）$B \to C$ 绝热可逆膨胀。工作介质由状态 B 绝热可逆膨胀到状态 C。此过程中，有：

$$Q = 0$$

$$W_2 = \Delta U_2 = n \int_{T_1}^{T_2} C_{V,m} \mathrm{d}T$$

（3）$C \to D$ 恒温可逆压缩。工作介质与低温热源接触，向低温热源放热 Q_2，环境对系统做功 W_2，由状态 C 恒温可逆压缩到状态 D。此过程中，有：

$$\Delta U_3 = 0$$

$$Q_2 = -W_3 = nRT_2 \cdot \ln \frac{V_4}{V_3}$$

（4）$D \to A$ 绝热可逆压缩。工作介质由状态 D 绝热可逆压缩回到初始状态 A。此过程中，有：

$$Q = 0$$

$$W_4 = \Delta U_4 = n \int_{T_2}^{T_1} C_{V,m} \mathrm{d}T$$

对于整个循环而言，系统总的热力学能变为：

$$\Delta U = \Delta U_1 + \Delta U_2 + \Delta U_3 + \Delta U_4 = n \int_{T_1}^{T_2} C_{V,m} \mathrm{d}T + n \int_{T_2}^{T_1} C_{V,m} \mathrm{d}T = 0$$

系统与环境交换的热量为：

$$Q = Q_1 + Q_2 = nRT_1 \cdot \ln \frac{V_2}{V_1} + nRT_2 \cdot \ln \frac{V_4}{V_3}$$

系统与环境交换的总功为：

$$W = W_1 + W_2 + W_3 + W_4 = -nRT_1 \cdot \ln \frac{V_2}{V_1} - nRT_2 \cdot \ln \frac{V_4}{V_3}$$

因为 $B \rightarrow C$ 过程和 $D \rightarrow A$ 过程均为理想气体绝热可逆过程，所以根据理想气体绝热可逆过程方程，有：

$$T_1 V_2^{\gamma-1} = T_2 V_3^{\gamma-1}$$
$$T_1 V_1^{\gamma-1} = T_2 V_4^{\gamma-1}$$

两式相除，得：

$$\frac{V_2}{V_1} = \frac{V_3}{V_4}$$

根据热机效率定义式(3-1)可推出卡诺热机的效率为：

$$\eta = \frac{-W}{Q_1} = 1 + \frac{Q_2}{Q_1} = 1 + \frac{nRT_2 \cdot \ln \frac{V_4}{V_3}}{nRT_1 \cdot \ln \frac{V_2}{V_1}} = 1 - \frac{T_2}{T_1}$$

所以，卡诺热机效率公式为：

$$\eta = 1 - \frac{T_2}{T_1} \tag{3-2}$$

式(3-2)表明，卡诺热机的工作效率 η 只与两个热源的温度 T_1 和 T_2 有关。T_1 与 T_2 差值越大，η 越大；T_1 与 T_2 差值越小，η 越低；当时 $T_1 = T_2$ 时，$\eta = 0$。

3.1.2.3 卡诺定律

因卡诺循环是可逆循环，每一步骤均可逆，而可逆过程系统对环境做功最多，所以卡诺热机是可逆热机，效率最高。因此，卡诺指出，在相同的两个高低温热源间工作的所有热机，以卡诺热机的效率最高。这就是著名的卡诺定律。

从卡诺定律出发，还可以得到以下两个推论。

（1）在温度确定的两个高低温热源之间工作的所有可逆热机，其效率与卡诺热机相等；而工作于温度确定的两个高低温热源之间的不可逆热机，其效率一定小于可逆热机效率。

（2）可逆热机的效率只取决于两个高低温热源的温度，与工作介质无关。加大热机两个热源的温度差是提高卡诺热机效率的唯一途径。

卡诺从理论上证明了热机效率的极限，为提高热机效率提供了科学依据。热力学第二定律的建立，在一定程度上受到了卡诺定律的启发，反过来又证明了卡诺定律的正确性。

3.1.3 热力学第二定律

在研究热功转换的基础上，热力学第二定律于 19 世纪中叶被提出。与热力学第一定律一样，热力学第二定律也是人类长期实践经验的总结。热力学第二定律有很多种表述方式，各种表述方式之间都存在着密切的内在联系，其中人们最常引用的是下面两种表述法。

（1）克劳修斯（Clausius）表述法（1850 年）："不可能把热从低温物体传递给高温物

体而不引起其他变化。"

（2）开尔文（Kelvin）表述法（1851年）："不可能从单一热源吸热使之完全转变为功而不引起其他变化。"

19世纪工业革命后，蒸汽机大量推广，人们为了提高热机的工作效率又试图制造一种机器，它能从空气、海洋等现成的巨大单一热源中不断吸热，使之完全转变为功而不产生其他变化，这类机器被称为第二类永动机。第二类永动机虽然并不违背热力学第一定律，但是所有的尝试都以失败告终。因此，奥斯特瓦尔德（Ostwald）又将开尔文表述法简述为："第二类永动机是不可能制成的。"

热力学第二定律的表述形式尽管有各种不同，但都反映了实际宏观过程的单向性，即不可逆性这一自然界的普遍规律。若克劳修斯说法可违反，即热能自动从低温流向高温，那么就可以从高温吸热，向低温放热而做功，同时低温所得到的热又能自动流回高温，于是低温热源复原，等于只从单一的高温热源吸热做功而无其他变化。所以说，违反克劳修斯说法，必违反开尔文说法。克劳修斯说法反映了传热过程的不可逆性，开尔文说法表述了功转变为热这一过程的不可逆性，这两种表述方式在本质上一致，是完全等效的。

3.1.4　熵函数

3.1.4.1　可逆过程的热温商及熵函数的定义

对于一个卡诺循环，根据式(3-1)和式(3-2)可得：

$$\eta = 1 + \frac{Q_2}{Q_1} = 1 - \frac{T_2}{T_1} \tag{3-3}$$

整理式(3-3)并移项，得：

$$\frac{Q_1}{T_1} + \frac{Q_2}{T_2} = 0 \tag{3-4}$$

对于无限小的卡诺循环则有：

$$\frac{\delta Q_1}{T_1} + \frac{\delta Q_2}{T_2} = 0 \tag{3-5}$$

比值 $\frac{Q_i}{T_i}$ 或 $\frac{\delta Q_i}{T_i}$ 称为过程的热温商（$i = 1, 2, \cdots$）。式(3-4)和式(3-5)表明，卡诺循环过程的热温商之和等于0。

设有任意一个可逆循环（见图3-3），循环过程可用无数条无限接近的绝热可逆线（图中虚线）和恒温可逆线（图中实线）把它分成许多首位相接的小卡诺循环，前一个循环的绝热可逆膨胀线就是下一个循环的绝热可逆压缩线，两个过程的功正好抵消，当这些恒温、绝热可逆过程趋于无穷小时，就会使众多小卡诺循环的总效应与任意可逆循环的封闭圆环曲线的总效应相当。而对于这些无限小的小卡诺循环中的每一个都有关系，其关系式为：

$$\frac{\delta Q_1}{T_1} + \frac{\delta Q_2}{T_2} = 0, \ \frac{\delta Q_3}{T_3} + \frac{\delta Q_4}{T_4} = 0, \ \frac{\delta Q_5}{T_5} + \frac{\delta Q_6}{T_6} = 0, \cdots \tag{3-6}$$

将式(3-6)中各式相加，得：

$$\frac{\delta Q_1}{T_1} + \frac{\delta Q_2}{T_2} + \frac{\delta Q_3}{T_3} + \frac{\delta Q_4}{T_4} + \cdots = 0$$

或

$$\sum_i \left(\frac{\delta Q_i}{T_i}\right)_r = 0 \tag{3-7}$$

式中，r 代表可逆。

如图 3-4 所示，如果将任意可逆循环看作是由两个可逆过程 α 和 β 组成，则：

$$\int_A^B \left(\frac{\delta Q}{T}\right)_{r\alpha} + \int_B^A \left(\frac{\delta Q}{T}\right)_{r\beta} = 0 \tag{3-8}$$

$$\int_A^B \left(\frac{\delta Q}{T}\right)_{r\alpha} = \int_A^B \left(\frac{\delta Q}{T}\right)_{r\beta} \tag{3-9}$$

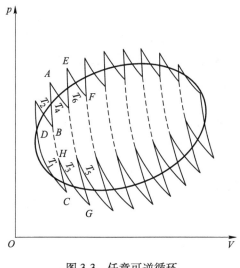

图 3-3　任意可逆循环

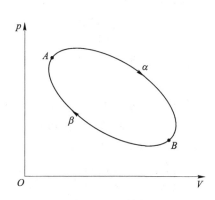

图 3-4　可逆循环

式(3-8)和式(3-9)表明，任意可逆过程的热温商取决于过程的始态、终态，而与变化所经历的途径无关。因此，$\int_A^B \left(\frac{\delta Q}{T}\right)_r$ 具备状态函数的性质。克劳修斯把这个状态函数命名为熵，用符号 S 表示，单位是 J/K。

熵是广度性质的状态函数，具有加和性。设始态 A 和终态 B 的熵分别为 S_A 和 S_B，则：

$$\Delta S = S_B - S_A = \int_A^B \left(\frac{\delta Q}{T}\right)_r \quad \text{或} \quad \Delta S = S_B - S_A = \sum_A^B \left(\frac{\delta Q}{T}\right)_r \tag{3-10}$$

对微小变化过程，则可写成微分的形式，即：

$$dS = \left(\frac{\delta Q}{T}\right)_r \tag{3-11}$$

熵是状态函数，与热力学能、焓等一样，是系统的性质，所以熵变只决定于过程的始态、终态，与所经途径无关。式(3-11)称为熵变的定义式，它表明熵变等于可逆过程的热温商之和，因此确定的始态、终态之间发生的熵变可以通过可逆过程的热温商求得。

3.1.4.2　不可逆过程的热温商

根据卡诺定律，在温度确定的两个高低温热源之间工作的不可逆热机的效率 η_{ir}（ir 代表不可逆）一定小于可逆热机效率 η_r，即：

$$\eta_{ir} < \eta_r \tag{3-12}$$

根据热机效率式(3-2)，有：

$$\eta_{ir} = \left(1 + \frac{Q_2}{Q_1}\right)_{ir}$$

$$\eta_r = \left(1 + \frac{Q_2}{Q_1}\right)_r = 1 - \frac{T_2}{T_1}$$

因此

$$\left(1 + \frac{Q_2}{Q_1}\right)_{ir} < 1 - \frac{T_2}{T_1}$$

即：

$$\left(\frac{Q_1}{T_1} + \frac{Q_2}{T_2}\right)_{ir} < 0 \tag{3-13}$$

式（3-13）表明，在两个温度确定的高低温热源之间工作的不可逆热机的热温商之和小于零。同时，也可将这个结论推广到含有多个热源的任意不可逆循环过程，即：

$$\sum_i \left(\frac{\delta Q_i}{T_i}\right)_{ir} < 0 \tag{3-14}$$

式(3-14)表明，任意不可逆循环的热温商之和小于零。

如图 3-5 所示，设有一个循环过程 AB，α 过程（$A \rightarrow B$）为不可逆过程，β 过程（$B \rightarrow A$）为可逆过程，所以循环 AB 为不可逆过程，则：

$$\sum_i \left(\frac{\delta Q_i}{T_i}\right)_{ir} = \sum_A^B \left(\frac{\delta Q}{T}\right)_{ir,\alpha} + \int_B^A \left(\frac{\delta Q}{T}\right)_{r,\beta} < 0$$

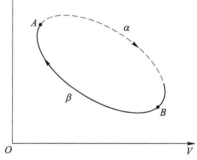

图 3-5　不可逆循环

因为 β 过程（$B \rightarrow A$）为可逆过程，则其逆过程也可逆。根据式(3-10)，若 $A \rightarrow B$ 经可逆过程完成，其熵变应等于该过程的热温商，即：

$$\Delta S_{A \rightarrow B} = S_B - S_A = \int_A^B \left(\frac{\delta Q}{T}\right)_{r,A \rightarrow B} = -\int_B^A \left(\frac{\delta Q}{T}\right)_{r,\beta}$$

所以

$$\sum_A^B \left(\frac{\delta Q}{T}\right)_{ir,\alpha} < \Delta S_{A \rightarrow B} \tag{3-15}$$

式(3-15)表明，不可逆过程的热温商之和小于系统的熵变。应当注意，不能把式(3-15)理解为可逆过程的熵变大于不可逆过程的熵变。熵是状态函数，无论过程是否可逆，只要过程的始态和终态确定，熵变就相同。不可逆过程的熵变也要通过可逆过程热温商来衡量，在具体计算不可逆过程的熵变 ΔS 时，也要通过设计可逆过程来实现。不可逆过程的热温商不能代表该不可逆过程的熵变，它不等于该过程的熵变，而是小于该过程熵变。

3.1.4.3　热力学第二定律的数学表达式——克劳修斯不等式

将式(3-10)和式(3-15)合并，得：

$$\Delta S_{A \to B} \begin{cases} > \sum_A^B \dfrac{\delta Q}{T} & (\text{不可逆}) \\ = \sum_A^B \dfrac{\delta Q}{T} & (\text{可逆}) \end{cases} \tag{3-16}$$

式(3-16)称为克劳修斯不等式,该式描述封闭系统中任意过程的熵变与热温商在数值上的相互关系。当系统发生一个确定的状态变化时,具体进行的过程(即途径)可以千差万别,但归结起来可分为可逆过程和不可逆过程两大类。各过程的始、终态相同,其熵变必定相同。在数值上,熵变等于可逆过程的热温商而大于不可逆过程的热温商。因此,克劳修斯不等式表明,封闭系统中不可能发生熵变小于热温商的过程。可以证明,这一叙述与"第二类永动机不可能实现"的说法等价,所以,克劳修斯不等式可以作为热力学第二定律的数学表达形式。

当系统发生状态变化时,只要设法求得该变化的熵变和过程的热温商,通过比较二者的大小,就可知道过程是否可逆。因此,克劳修斯不等式可以作为封闭系统中任一过程是否可逆的判别依据。

3.1.4.4 熵增加原理及熵判据

A 熵增加原理

任一系统在绝热情况下,因 $\delta Q = 0$,则 $\sum_A^B \dfrac{\delta Q}{T} = 0$,根据克劳修斯不等式可得:

$$\begin{cases} \Delta S_{绝热} > 0 \text{ 或 } dS_{绝热} > 0 & (\text{不可逆}) \\ \Delta S_{绝热} = 0 \text{ 或 } dS_{绝热} = 0 & (\text{可逆}) \end{cases} \tag{3-17}$$

式(3-17)表明,在绝热情况下,系统发生不可逆过程时,熵值增加;系统发生可逆过程时,熵值不变;在绝热情况下,系统不可能发生熵值减小的过程。因此,绝热系统的熵值永不减少,这一结论就是熵增加原理。

B 熵判据

隔离系统必然绝热,同理可得:

$$\begin{cases} \Delta S_{隔离} > 0 \text{ 或 } dS_{隔离} > 0 & (\text{不可逆}) \\ \Delta S_{隔离} = 0 \text{ 或 } dS_{隔离} = 0 & (\text{可逆}) \end{cases} \tag{3-18}$$

对于任一隔离系统,由于不受外界干扰,所以隔离系统中发生的不可逆过程必定是自发过程。通常所说的过程的方向,就是指在一定条件下自发过程的方向;可逆意味着平衡,也就是过程的限度。因此,将克劳修斯不等式应用于隔离系统,可作为过程进行的方向和限度的判断依据,即熵判据。

$$\begin{cases} \Delta S_{隔离} > 0 \text{ 或 } dS_{隔离} > 0 & (\text{自发}) \\ \Delta S_{隔离} = 0 \text{ 或 } dS_{隔离} = 0 & (\text{平衡}) \end{cases} \tag{3-19}$$

式(3-19)表明,在隔离系统中,自发过程总是朝着熵值增大的方向进行,直至系统熵值达到最大,即系统达到平衡状态为止。在平衡状态下,系统中的任何过程都是可逆的,熵值不变。隔离系统中过程的限度就是熵值最大的平衡状态。因此,隔离系统的熵值永不减少,这一结论也是熵增加原理。

熵判据虽能判断隔离系统中过程的方向和限度,但真正的隔离系统是不存在的。因此,人们常将系统及与系统有关的环境共同看作是一个大隔离系统,即:

$$\Delta S_{隔离} = \Delta S_{系统} + \Delta S_{环} \tag{3-20}$$

毫无疑问，这个大隔离系统必服从熵增加原理，因此可以用熵判据来判断在这个大隔离系统中的过程是自发还是已达到平衡。应用式(3-19)时，把环境热容视为很大，则环境与系统交换的热不足以引起环境温度的改变，并且无论系统发生的过程是否可逆，系统与环境之间的热交换都可看作是可逆的。因此环境熵变的计算公式为：

$$\Delta S_{环} = -\frac{Q}{T_{环}} \tag{3-21}$$

式中，Q 为系统与环境交换的热，单位为 J 或 kJ；$T_{环}$ 为环境温度，单位为 K。

思考练习题

3.1-1　填空题

1. 系统经可逆循环后，ΔS _____ 0，经绝热不可逆循环后，ΔS _____ 0。（填>、<或=）

2. 在相同的两个高低温热源间工作的所有热机，以_____的效率最高。

3.1-2　判断题

1. 根据热力学第二定律可知，功可以完全转变为热，热不能完全转变为功。　　　（　　）

2. 熵增加的过程不一定是自发过程。　　　（　　）

3. 根据热力学第二定律，不可能把热从低温物体传递给高温物体而不引起其他变化。　　　（　　）

4. 在绝热条件下，趋于平衡的过程系统的熵值不变。　　　（　　）

5. 所有工作于两个一定温度的热源之间的热机，以卡诺热机的效率为最高。　　　（　　）

3.1-3　单选题

1. 以下选项不是状态函数的是_____。

A. W　　　　　　　　B. ΔH　　　　　　　　C. ΔS　　　　　　　　D. ΔU

2. 关于热力学第二定律，下列说法错误的是_____。

A. 热不能自动从低温流向高温

B. 不可能从单一热源吸热做功而无其他变化

C. 第二类永动机是造不成的

D. 热不可能全部转化为功

3. 一个卡诺热机在两个不同温度之间的热源之间运转，当工作物质为气体时，热机效率为 42%，若改用液体工作物质，则其效率应当_____。

A. 减少　　　　　　　B. 增加　　　　　　　C. 不变　　　　　　　D. 无法判断

3.1-4　问答题

1. 理想气体恒温膨胀做功时 $\Delta U=0$，故 $Q=-W$，即膨胀过程中系统所吸收的热全部转化为功，这与热力学第二定律是否有矛盾，为什么？

2. 封闭系统从始态不可逆进行到终态 $\Delta S>0$，若从同一始态可逆进行至同一终态时 $\Delta S=0$。这一说法是否正确，为什么？

3.1-5　习题

1. 某卡诺热机在 373 K 与 298 K 两热源之间工作，若从高温热源吸热 1000 J 则可转化为多少焦耳的功，热机效率为多少，传给低温热源的热为多少？

2. 卡诺热机在 600 K 的高温热源和 300 K 的低温热源之间工作，求：

（1）热机效率 η；

（2）当系统做功 100 kJ，求系统从高温热源吸收的热及向低温热源放出的热。

3. 有一可逆卡诺热机从温度为 750 K 的高温热源吸热 250 kJ，若对外做了 150 kJ 的功，则低温热源的温度应为多少？

任务 3.2　熵变的计算

3.2.1　单纯 p、V、T 变化过程熵变的计算

熵变等于可逆过程的热温商，$\Delta S = \int_A^B \left(\dfrac{\delta Q}{T} \right)_r$ 是计算熵变的基本公式。如果某过程不可逆，由于熵变是状态函数，只需在始、终态之间设计可逆过程来进行计算。

单纯 p、V、T 变化过程包括恒温过程、恒压变温过程、恒容变温过程、绝热过程、p、V、T 都改变的过程及理想气体的混合过程。

3.2.1.1　恒温过程

恒温过程中温度为常数，则：

$$\Delta S_T = \int_A^B \left(\frac{\delta Q}{T} \right)_r = \left(\frac{Q}{T} \right)_r \tag{3-22}$$

式(3-22)对于恒温可逆的单纯 p、V 变化、可逆的相变化均适用。

若为理想气体的恒温过程，则有 $\Delta U = 0$，$Q = -W$，所以

$$\Delta S_T = \left(\frac{Q}{T} \right)_r = \left(\frac{-W}{T} \right)_r = \frac{nRT \ln \dfrac{V_2}{V_1}}{T}$$

$$\Delta S_T = nR \ln \frac{V_2}{V_1} = nR \ln \frac{p_1}{p_2} \tag{3-23}$$

若为凝聚相（液、固体）系统的恒温过程，当 p、V 变化不大时，熵变可忽略不计，即 $\Delta S_T = 0$。

> **例 3-1**
>
> 1 mol 理想气体在 298 K 作恒温膨胀，压强从 1000 kPa 膨胀到 100 kPa，求下面两种不同过程的 ΔS：
>
> (1) 恒温可逆膨胀；
> (2) 向真空自由膨胀。

例 3-1 解析

3.2.1.2　恒压变温过程

对于恒压变温过程，无论过程是否可逆，由于

$$\delta Q_r = \delta Q_p = dH = nC_{p,m} dT$$

所以

$$\Delta S_p = \int_A^B \left(\frac{\delta Q}{T} \right)_r = n \int_{T_1}^{T_2} \frac{C_{p,m} dT}{T} \tag{3-24}$$

通常温度下，可视 $C_{p,m}$ 为常数，则：

$$\Delta S_p = nC_{p,m} \ln \frac{T_2}{T_1} \tag{3-25}$$

式(3-25)对于气体、液体、固体恒压下单纯变温过程均适用。

例 3-2

在标准压力 $p^{\ominus}$ 下，2 mol $H_2(g)$ 由 500 K 向 300 K 的大气散热降温至平衡。已知 $H_2(g)$ 的 $C_{p,\mathrm{m}} = 29.1$ J/(mol·K)，求 $H_2(g)$ 的 ΔS。

例 3-2 解析

3.2.1.3　恒容变温过程

对于恒容变温过程，无论过程是否可逆，由于

$$\delta Q_r = \delta Q_V = \mathrm{d}U = nC_{V,\mathrm{m}}\mathrm{d}T$$

所以

$$\Delta S_V = \int_A^B \left(\frac{\delta Q}{T}\right)_r = n\int_{T_1}^{T_2} \frac{C_{V,\mathrm{m}}\mathrm{d}T}{T} \tag{3-26}$$

通常温度下，可视 $C_{V,\mathrm{m}}$ 为常数，则：

$$\Delta S_V = nC_{V,\mathrm{m}}\ln\frac{T_2}{T_1} \tag{3-27}$$

式(3-27)对于气体、液体、固体恒容下单纯变温过程均适用。

3.2.1.4　绝热过程

对于绝热可逆过程，因为 $\delta Q_r = 0$，所以

$$\Delta S = \int_A^B \left(\frac{\delta Q}{T}\right)_r = 0$$

若绝热过程不可逆，则需在过程的始、终态之间设计一个可逆过程。因由同一始态出发，经绝热可逆过程和绝热不可逆过程，达不到相同的终态，所以绝热不可逆过程的始、终态之间无法设计出绝热可逆途径，而必须另寻找其他可逆过程加以组合。

3.2.1.5　p、V、T 都改变的过程

设系统由始态（p_1，V_1，T_1）变化至终态（p_2，V_2，T_2），且不知过程是否可逆。因熵变为状态函数，只决定于始态和终态，所以可在始态和终态之间设计一条易于计算的可逆途径来完成相同的变化。例如，假设通过一个恒温可逆过程和一个恒容可逆过程组成的途径来完成这个变化，如图3-6所示。

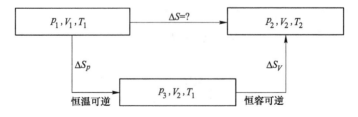

图 3-6　p、V、T 都改变过程的可逆途径设计

$$\Delta S = \Delta S_p + \Delta S_V$$

若为理想气体，根据式(3-23)和式(3-27)，系统熵变为：

$$\Delta S = nR\ln\frac{V_2}{V_1} + nC_{V,\mathrm{m}}\ln\frac{T_2}{T_1} \tag{3-28}$$

同理，若假设途径为一个恒温可逆过程和一个恒压可逆过程的组合，或一个恒压可逆过程和一个恒容可逆过程的组合，则此过程相应的系统熵变分别可表示为：

$$\Delta S = nR\ln\frac{p_1}{p_2} + nC_{p,\mathrm{m}}\ln\frac{T_2}{T_1} \tag{3-29}$$

$$\Delta S = nC_{p,\mathrm{m}}\ln\frac{T_2}{T_1} + nC_{V,\mathrm{m}}\ln\frac{p_1}{p_2} \tag{3-30}$$

在系统的始、终态确定的情况下，式(3-28)~式(3-30)结果相同。

例 3-3

1 mol 理想气体，$C_{p,\mathrm{m}} = \dfrac{7}{2}R$，由 300 K、100 kPa 绝热压缩到 600 K、1000 kPa，求该过程的 ΔS。

例 3-3 解析

3.2.1.6　理想气体的混合过程

设 A、B 两种理想气体发生混合，该过程是不可逆过程。设计一装置，用一个半透膜使混合过程在恒温、恒压下以可逆方式进行。

在恒温、恒压下，有：

$$\frac{V_\mathrm{A}}{V_\mathrm{A}+V_\mathrm{B}} = y_\mathrm{A}, \qquad \frac{V_\mathrm{B}}{V_\mathrm{A}+V_\mathrm{B}} = y_\mathrm{B}$$

熵是广度性质，所以整个系统的熵变可以看作是在混合过程中两气体的熵变之和，即：

$$\Delta_{\mathrm{mix}}S = S_\mathrm{A}+S_\mathrm{B} = n_\mathrm{A}R\ln\frac{V_\mathrm{A}+V_\mathrm{B}}{V_\mathrm{A}} + n_\mathrm{B}R\ln\frac{V_\mathrm{A}+V_\mathrm{B}}{V_\mathrm{B}}$$

故

$$\Delta_{\mathrm{mix}}S = -(n_\mathrm{A}R\ln y_\mathrm{A} + n_\mathrm{B}R\ln y_\mathrm{B}) \tag{3-31}$$

由于 $y_\mathrm{A}<1$，$y_\mathrm{B}<1$，所以 $\Delta_{\mathrm{mix}}S>0$。在混合过程中，系统为恒温、恒压状态，则 $W=0$ 且 $Q=0$，即系统与环境之间既无物质交换又无能量交换，可看作是隔离系统。根据熵增加原理可以判断，此过程为自发过程。

3.2.2　相变过程熵变的计算

相变过程包括可逆相变过程和不可逆相变过程。物质在任一指定温度及其在该温度的饱和蒸气压下发生的相变过程称为可逆相变过程；否则，称为不可逆相变过程。例如，在 100 ℃、100 kPa 下水变为水蒸气是可逆相变过程；过冷水结冰就是不可逆相变过程。

3.2.2.1　可逆相变过程

可逆相变过程是在相平衡条件下的相变，是在恒温、恒压且 $W'=0$ 的条件下进行，有 $\delta Q_\mathrm{r} = \delta Q_\mathrm{p} = \mathrm{d}H$，由式(3-11)得：

$$\Delta_\alpha^\beta S = \frac{n\Delta_\alpha^\beta H_m}{T} \tag{3-32}$$

3.2.2.2　不可逆相变过程

不可逆相变过程的熵变需通过设计可逆途径来进行计算，并且所设计途径中应包含有已知 $\Delta_\alpha^\beta H_m$ 数据相应的可逆相变的可逆过程，即：

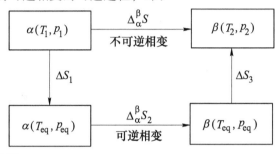

下标 eq 表示相平衡。

> **例 3-4**
>
> 已知冰的摩尔熔化焓 $\Delta_s^l H_m = 6.01 \text{ kJ/mol}$，在 263.15～273.15 K 的热容 $C_{p,m}(H_2O, l) = 75.30 \text{ J/(mol·K)}$，$C_{p,m}(H_2O, s) = 37.60 \text{ J/(mol·K)}$。试计算下列过程的 ΔS：(1) 在 273.15 K，100 kPa 下 1 mol 水结成冰；(2) 在 263.15 K，100 kPa 下 1 mol 水结成冰。

例 3-4 解析

3.2.3　化学反应熵变的计算

3.2.3.1　热力学第三定律

1906 年，德国物理学家能斯特（Nernst）在研究低温条件下物质的变化时，把热力学的原理应用到低温现象和化学反应过程中，发现了一个新的规律，被称为能斯特定律。该定律表述为：当绝对温度趋于零时，凝聚系统的熵在恒温变化过程中的改变趋于零，即：

$$\lim_{T \to 0\text{ K}} \Delta_r S = 0 \tag{3-33}$$

后来一些科学家进一步发现，只有当参加反应的各物质都是纯态完美晶体时，能斯特定理才成立。1912 年，普朗克（Planck）提出热力学第三定律：在 0 K 时，任何纯物质完美晶体的熵值为零，即：

$$S^*(\text{完美晶体}, 0\text{ K}) = 0 \tag{3-34}$$

热力学第三定律也可表述为：绝对零度不可达到。

3.2.3.2　规定摩尔熵和标准摩尔熵

以热力学第三定律中的完美晶体为相对标准，求得的处在一定温度（T）、压强（p）下 1 mol 某聚集态的纯物质 B 的熵值，称为物质 B 的规定摩尔熵，简称规定熵，用符号 $S_m(B, T)$ 表示，单位是 J/(K·mol)。其计算公式为：

$$S_m(B, T) = \frac{S(B, T)}{n} = \frac{1}{n}\left[S(B, T) - S(B, 0\text{ K}) \right] = \frac{1}{n}\left[\int_{0\text{ K}}^{T} \left(\frac{\delta Q}{T} \right)_r - 0 \right] \tag{3-35}$$

$$S_m(B, T) = \frac{1}{n} \int_{0\text{ K}}^{T} \left(\frac{\delta Q}{T} \right)_r \tag{3-36}$$

如果指定的状态为温度 T 时的标准态，则 β 相态的纯物质的规定熵称为标准摩尔熵，用符号 $S_m^{\ominus}(B,\beta,T)$ 表示，单位是 J/(K·mol)。常见物质在 298.15 K 时的标准摩尔熵 $S_m^{\ominus}(B,\beta,298.15\ K)$ 可通过热力学手册查到。

3.2.3.3　化学反应熵变的计算

温度 T 时，对于化学反应 $0 = \sum v_B B$，当反应系统中各物质都处于标准态，反应进度为 1 mol 时，系统的熵变称为反应的标准摩尔反应熵，用符号 $\Delta_r S_m^{\ominus}(T)$ 表示。其计算公式为：

$$\Delta_r S_m^{\ominus}(T) = \sum v_B S_m^{\ominus}(B,\beta,T) \tag{3-37}$$

由于热力学手册中所给的标准摩尔熵均为 298.15 K 时的数据，通过式(3-37)仅可求得 $\Delta_r S_m^{\ominus}$（298.15 K）。若反应在任意温度 T 下进行，并且参与反应的各物质在 298.15 K ~ T 之间无相变，则已知 $\Delta_r S_m^{\ominus}(T_1)$ 与 $\Delta_r S_m^{\ominus}(T_2)$ 的关系为：

$$\Delta_r S_m^{\ominus}(T_2) = \Delta_r S_m^{\ominus}(T_1) + \int_{T_1}^{T_2} \frac{\sum v_B C_{p,m}(B,\beta)}{T} dT \tag{3-38}$$

例 3-5

分别计算 25 ℃ 和 125 ℃ 时，反应 $C_2H_2(g) + 2H_2(g) = C_2H_6(g)$ 的 $\Delta_r S_m^{\ominus}$。

已知在 25 ~ 125 ℃ 时，$C_{p,m}(C_2H_2,g) = 49.29$ J/(K·mol)，$C_{p,m}(H_2, g) = 27.54$ J/(K·mol)，$C_{p,m}(C_2H_6,g) = 65.79$ J/(K·mol)。

例 3-5 解析

3.2.4　熵的物理意义

从各种过程中熵变的计算可以看出，系统体积的增大、压力降低、温度升高、从固体变为液体再变为气体的过程对系统而言是熵增加的过程。

当气体在恒温下压力降低导致体积增大时，内部质点能在更大的空间内运动，因此混乱程度增加，其熵值也增加。

当系统的温度升高时，必然引起系统中质点热运动的加剧，致使分子混乱程度增加，其熵值也是增加。

当系统的相态由固体变为液体再变为气体时，由于固体内部质点基本固定、热运动单纯有序，液体相较固体质点运动空间增大、热运动增强；而气体质点运动空间比固体和液体大得多、热运动也大为增强。因此，从固体到液体再到气体的过程中系统内部质点混乱度依次增加，其熵值也依次增大。

由此可见，混乱度增大的过程是熵值增大的过程。因此，熵是系统内部质点混乱度的量度，这就是熵的物理意义。

思考练习题

3.2-1　填空题

1. 一定量的理想气体在 300 K 由 A 态恒温变化到 B 态，此过程吸热 1000 J，$S = 10$ J/K，据此可判断

此过程为_____过程。（填可逆或不可逆）

2. 在 101.325 kPa 下，1 kg 100 ℃的水蒸气冷凝为同温度下的水，此过程 $\Delta S_{系统}$ _____ 0，若把系统及系统有关的环境一起看作是一个大隔离系统，则 $\Delta S_{总}$ _____ 0。（填>、<或=）

3.2-2　判断题

1. 1 mol 某理想气体，其 $C_{V,m}$ 为常数，由始态 T_1、V_1 绝热可逆膨胀至 V_2，则过程的熵变 $\Delta S > 0$。

（　　）

2. 相变过程的熵变可由 $\Delta S = \dfrac{\Delta H}{T}$ 计算。

（　　）

3. 熵是系统内部质点混乱度的量度。

（　　）

3.2-3　单选题

1. 101.325 kPa 下，10 mol 100 ℃的 $H_2O(l)$ 与 30 mol 0 ℃的 $H_2O(l)$ 在绝热的容器中互相混合，若液体水的 $C_{p,m}$ 可视为常数，则总的熵变为_____。

A. $10C_{p,m}\ln\dfrac{298}{373}$

B. $30C_{p,m}\ln\dfrac{298}{373}$

C. $10C_{p,m}\ln\dfrac{373}{298}+30C_{p,m}\ln\dfrac{373}{298}$

D. $10C_{p,m}\ln\dfrac{298}{373}+30C_{p,m}\ln\dfrac{298}{373}$

2. 求任一不可逆绝热过程的熵变 dS，可以通过_____求得。

A. 始终态相同的可逆绝热过程

B. 始终态相同的可逆恒温过程

C. 始终态相同的可逆非绝热过程

D. B 和 C 均可

3. 在标准压力下，90 ℃的液态水气化为 90 ℃的水蒸气，体系的熵变为_____。

A. $\Delta S_{系统} > 0$　　　　B. $\Delta S_{系统} < 0$　　　　C. $\Delta S_{系统} = 0$　　　　D. 难以确定

3.2-4　问答题

1. 冰在 273 K 下转变为水，熵值增大，则 $\Delta S = \dfrac{Q}{T} > 0$。但又知在 273 K 时冰与水处于平衡状态，平衡条件是 $dS = 0$。上面的说法有些矛盾，如何解释？

2. 在标准压力下，将室温下的水向真空蒸发为同温同压的水蒸气，如何设计可逆过程？

3.2-5　习题

1. 1 mol 金属银在恒容条件下，由 273 K 加热到 303 K，求 ΔS。已知：一直在该温度范围内银的 $C_{V,m} = 24.84$ J/(K·mol)。

2. 1 mol 理想气体（$C_{V,m} = 1.5R$）由 273 K、200 kPa，分别经下列不同过程变化到终态 T_2、p_2。求各过程的 Q、W、ΔU 和 ΔS。

（1）恒压下体积加倍；

（2）加热并反抗 100 kPa 的恒外压至 300 K、100 kPa；

（3）绝热可逆反抗 100 kPa 的恒外压膨胀至平衡。

3. 始态为 $T_1 = 300$ K，$p_1 = 200$ kPa 的 1 mol 某双原子分子理想气体，经下列不同途径变化到 $T_2 = 300$ K，$p_1 = 100$ kPa 的终态，求各步骤及途径的 Q 和 ΔS。

（1）恒温可逆膨胀；

（2）先恒容冷却使压强降至 100 kPa，再恒压加热至 T_2；

（3）先绝热可逆膨胀到使压强降至 100 kPa，再恒压加热至 T_2。

4. 绝热恒容容器中有一绝热耐压隔板，隔板一侧为 2 mol 的 200 K、50 dm³ 单原子分子理想气体 A，另一侧为 3 mol 的 400 K、100 dm³ 双原子分子理想气体 B。今将容器中的隔板撤去，气体 A 与气体 B 混合达到平衡态，求过程的 ΔS。

5. 水在正常凝固点 273 K 时的凝固热为 -6004 J/mol，冰和水的摩尔定压热容分别是 75.30 J/(K·mol) 和 37.60 J/(K·mol)。试求 101.325 kPa、263 K，1 mol 冷水冻结成冰的过程中的 ΔS，并判断此过程是否为自发过程。

6. 计算下述反应在标准压强下，分别在 298.15 K 及 398.15 K 进行时的 $\Delta_r S_m^{\ominus}$。

$$CO(g) + 2H_2(g) \Longrightarrow CH_3OH(g)$$

已知数据如下：

物质	$S_m^{\ominus}(298.15\ K)/J \cdot K^{-1} \cdot mol^{-1}$	$C_{p,m}/J \cdot K^{-1} \cdot mol^{-1}$
$CO(g)$	197.02	29.04
$H_2(g)$	130.70	29.29
$CH_3OH(g)$	237.80	51.25

任务 3.3　亥姆霍兹函数与吉布斯函数

应用熵变判断自发过程的方向和限度仅限于隔离系统，但实际过程很少是在隔离系统内进行的。根据熵判据做判断，除需计算系统的熵变 $\Delta S_{系统}$ 外，还需要计算环境熵变 $\Delta S_{环}$，比较烦琐。因此，对于化学反应和相变过程，直接用熵变作为判据的意义不大。但是，化学反应和相变化一般是在恒温恒容或恒温恒压下进行的。针对这两种特定调节，通过熵这个函数，亥姆霍兹（Helmholtz）和吉布斯（Gibbs）找到了另外两个更实用的、可作为判据的函数——亥姆霍兹函数和吉布斯函数。

3.3.1　亥姆霍兹函数

3.3.1.1　亥姆霍兹函数的导出

假设某封闭系统经历一个恒温过程，根据克劳修斯不等式，有：

$$\Delta S \begin{cases} > \dfrac{Q}{T} & (不可逆) \\[2mm] = \dfrac{Q}{T} & (可逆) \end{cases} \tag{3-39}$$

式中，ΔS 为系统在此过程中的熵变；$\dfrac{Q}{T}$ 为恒温过程的热温商。

根据热力学第一定律 $Q = \Delta U - W$，代入式（3-39）整理可得：

$$\Delta U - T\Delta S \leqslant W \tag{3-40}$$

还可写作：

$$\Delta U - \Delta(TS) \leqslant W \quad 或 \quad \Delta(U - TS) \leqslant W \tag{3-41}$$

定义

$$A = U - TS \tag{3-42}$$

结合式（3-41）和式（3-42），有：

$$\Delta A_T \begin{cases} < W & (不可逆) \\ = W & (可逆) \end{cases} \tag{3-43}$$

A 称为亥姆霍兹函数或亥姆霍兹自由能。因为 U, T, S 都是状态函数，所以 A 也是状态函数，并且是系统的广度性质。A 具有与 U 相同的单位（J/mol 或 kJ/mol），且绝对值无法确定。

式(3-43)表明，系统在恒温可逆过程中所得的功在数值上等于亥姆霍兹函数 A 的增加，而系统在恒温不可逆过程中所得的功大于 A 的增加；反之，系统在恒温可逆过程中所做的功在数值上等于亥姆霍兹函数 A 的减少，而系统在恒温不可逆过程中所做的功小于 A 的减少。因此，亥姆霍兹函数可以理解为恒温条件下系统做功的本领。

3.3.1.2 亥姆霍兹函数判据

在恒温、恒容下，$-\int pdV = 0$，$W = W'$，于是由式(3-43)得：

$$\Delta A_{T,V} \begin{cases} < W' & （不可逆） \\ = W' & （可逆） \end{cases} \tag{3-44}$$

若 $W' = 0$，则式(3-44)又可化为：

$$\Delta A_{T,V} \begin{cases} < 0 & （自发） \\ = 0 & （平衡） \end{cases} \tag{3-45}$$

式(3-45)可作为恒温、恒容且非体积功为零条件下系统变化过程方向和限度的判据，称为亥姆霍兹函数判据。

在恒温、恒容且非体积功为零的条件下，封闭系统中发生的不可逆过程，总是向着系统的亥姆霍兹函数减小的方向进行，直到 A 达到最小值时系统达到平衡状态；在平衡状态下，系统进行的一切过程都是可逆过程，系统的 A 值保持不变；在上述条件下不可能发生亥姆霍兹函数增大的过程。

3.3.2 吉布斯函数

3.3.2.1 吉布斯函数的导出

假设某封闭系统经历一个恒温恒压过程，根据克劳修斯不等式，则依然有：

$$\Delta S \begin{cases} > \dfrac{Q}{T} & （不可逆） \\[2mm] = \dfrac{Q}{T} & （可逆） \end{cases} \tag{3-46}$$

根据热力学第一定律 $Q = U - W$，且 $W = -p\Delta V + W'$ 代入式(3-46)整理可得：

$$\Delta U + p\Delta V - T\Delta S \leqslant W \quad 或 \quad \Delta(U + pV - TS) \leqslant W' \tag{3-47}$$

定义 $$G = U + pV - TS = H - TS = A + pV \tag{3-48}$$

结合式(3-47)和式(3-48)，有：

$$\Delta G_{T,p} \begin{cases} < W' & （不可逆） \\ = W' & （可逆） \end{cases} \tag{3-49}$$

G 称为吉布斯函数或吉布斯自由能。根据吉布斯函数的定义式(3-48)，可知 G 也是状态函数，并且是系统的广度性质。G 具有与 U 相同的单位（J/mol 或 kJ/mol），且绝对值无法确定。

式(3-49)表明，系统在恒温恒压可逆过程中所得的非体积功在数值上等于吉布斯函数

G 的增加，而系统在恒温恒压不可逆过程中所得的非体积功大于 G 的增加；反之，系统在恒温恒压可逆过程中所做的非体积功在数值上等于吉布斯函数 G 的减少，而系统在恒温恒压不可逆过程中所做的非体积功小于 G 的减少。因此，吉布斯函数可以理解为恒温恒压条件下系统做非体积功的能力。

3.3.2.2 吉布斯函数判据

在恒温、恒压下，且 $W'=0$，于是由式（3-49）可转化为：

$$\Delta G_{T,p} \begin{cases} <0 & (\text{不可逆}) \\ =0 & (\text{可逆}) \end{cases} \qquad (3\text{-}50)$$

即：

$$\Delta G_{T,p} \begin{cases} <0 & (\text{自发}) \\ =0 & (\text{平衡}) \end{cases} \qquad (3\text{-}51)$$

式（3-51）可作为恒温、恒压且非体积功为零的条件下系统变化过程方向和限度的判据，称为吉布斯函数判据。

在恒温、恒压且非体积功为零的条件下，系统吉布斯函数减小的过程能够自发地进行，吉布斯函数不变时系统处于平衡状态，不可能发生吉布斯函数增大的过程。

3.3.3 恒温过程 ΔA 与 ΔG 的计算

3.3.3.1 亥姆霍兹函数变的计算

恒温过程中温度为常数。

A 恒温的单纯 p、V、T 变化过程

恒温条件下封闭系统中的任一过程，由亥姆霍兹函数定义式（3-42）有：

$$\Delta A_T = \Delta U - T\Delta S \qquad (3\text{-}52)$$

式中，$T\Delta S$ 为恒温可逆过程热 Q_r。

根据热力学第一定律，有 $\Delta U = Q_r + W_r$，则式（3-52）可转化为：

$$\Delta A_T = W_r \qquad (3\text{-}53)$$

式中，W_r 为恒温可逆过程的总功。

若过程的非体积功为零，则式（3-53）可转化为：

$$\Delta A_T = -\int_{V_1}^{V_2} p\mathrm{d}V \qquad (3\text{-}54)$$

若为理想气体，将 $p = nRT/V$ 代入式（3-54）并积分，得：

$$\Delta A_T = nRT\ln\frac{V_1}{V_2} = nRT\ln\frac{p_2}{p_1} \qquad (3\text{-}55)$$

B 相变过程

可逆相变是在恒温恒压且非体积功为零的条件下进行的，根据式（3-54）得

$$\Delta_\alpha^\beta A = -p\Delta V \qquad (3\text{-}56)$$

对于由凝聚相变为蒸汽相的可逆过程，其凝聚相的体积远远小于蒸汽相的体积因而可以忽略不计，且蒸汽相可视为理想气体，则可化为：

$$\Delta_l^g A = -nRT \quad \text{或} \quad \Delta_s^g A = -nRT \qquad (3\text{-}57)$$

若计算不可逆相变过程，则需要设计可逆途径进行计算。

3.3.3.2 吉布斯函数变的计算

A　恒温的单纯 p、V、T 变化过程

恒温条件下封闭系统中的任一过程，由吉布斯函数定义式(3-48)$G=H-TS$，有：

$$\Delta G_T = \Delta H - T\Delta S \tag{3-58}$$

由定义式(3-48)$G=A+pV$，有：

$$dG = dA + pdV + Vdp \tag{3-59}$$

对恒温且非体积功为零的过程，则 $dA_T = \delta W_r = -pdV$，代入式(3-59)得：

$$dG_T = Vdp \tag{3-60}$$

对式(3-60)进行积分，得：

$$\Delta G_T = \int_{p_1}^{p_2} Vdp \tag{3-61}$$

若为理想气体，将 $V=\dfrac{nRT}{p}$ 代入式(3-61)并积分，得：

$$\Delta G_T = nRT \ln \frac{p_2}{p_1} = nRT \ln \frac{V_1}{V_2} \tag{3-62}$$

由此可见，理想气体恒温过程的 ΔA 和 ΔG 是相等的。

> **例 3-6**
>
> 5 mol 理想气体由 300 K，200 kPa 分别经恒温可逆膨胀和自由膨胀至 300 K、100 kPa。试计算两个过程的 Q、W、ΔU、ΔH、ΔS、ΔA 和 ΔG。

例 3-6 解析

B　相变过程

可逆相变过程是在恒温恒压且非体积功为零的条件下进行的，根据吉布斯函数判据，由式(3-51)得：

$$\Delta_\alpha^\beta G = 0 \tag{3-63}$$

计算不可逆相变过程的 $\Delta_\alpha^\beta G$ 与 $\Delta_\alpha^\beta A$ 类似，同样需要设计可逆途径进行计算。

> **例 3-7**
>
> 已知 263.15 K 时，$H_2O(s)$ 和 $H_2O(l)$ 的饱和蒸气压分别为 552 Pa 和 611 Pa。试计算下列过程的 ΔG。
>
> (1) 在 273.15 K，100 kPa 下 1 mol 水结成冰；
>
> (2) 在 263.15 K，100 kPa 下 1 mol 水结成冰。

例 3-7 解析

C　化学反应过程

根据式(3-58)，恒温条件下的化学反应，有：

$$\Delta_r G_m^\ominus = \Delta_r H_m^\ominus - T\Delta_r S_m^\ominus \tag{3-64}$$

例 3-8

例 3-8 解析

298.15 K，标准状态下，理想气体间进行下列恒温反应：2A(g) + B(g)→C(g)+3D(g)。试求此反应的 $\Delta_r G_m^\ominus$。若反应在 400.15 K 的标准状态下进行，其 $\Delta_r G_m^\ominus$ 又为多少？（298.15 K 时数据见表 3-1）

表 3-1　298.15 K 时热力学数据

物　　质	A(g)	B(g)	C(g)	D(g)
$\Delta_f H_m^\ominus / kJ \cdot mol^{-1}$	0	−40	−30	0
$C_{p,m} / J \cdot K^{-1} \cdot mol^{-1}$	10	50	20	25
$S_m^\ominus / J \cdot K^{-1} \cdot mol^{-1}$	20	70	30	40

D　理想气体混合过程

A、B 两种理想气体在恒温恒压条件下发生混合，有 $\Delta_{mix} H = 0$，则：

$$\Delta_{mix} G = \Delta_{mix} H - T\Delta_{mix} S = -T\Delta_{mix} S$$

根据混合熵计算公式(3-26)，得：

$$\Delta_{mix} G = n_A RT \ln y_A + n_B RT \ln y_B \tag{3-65}$$

因为 $y_A < 1$，$y_B < 1$，所以有 $\Delta_{mix} G < 0$。此过程是恒温恒压且非体积功为零的条件下吉布斯函数减少的过程，所以是自发过程。

思考练习题

3.3-1　填空题

1. 1 mol 液态苯在其指定外压的沸点下，全部蒸发为苯蒸气，则此过程的 ΔS ＿＿＿ 0，ΔG ＿＿＿ 0；液态水在 100 ℃、101.325 kPa 时气化为水蒸气，此过程的 ΔU ＿＿＿ 0，ΔH ＿＿＿ 0，ΔS ＿＿＿ 0，ΔG ＿＿＿ 0。（填 >，< 或 =）

2. 下列过程中 ΔU、ΔH、ΔS、ΔA 和 ΔG 何者为零：

(1) 理想气体自由膨胀过程＿＿＿＿＿＿；

(2) $H_2(g)$ 和 $O_2(g)$ 在绝热的刚性容器中反应生成 H_2O 的过程＿＿＿＿＿＿；

(3) 在 0 ℃、101.325 kPa 时，水结成冰的放热过程＿＿＿＿＿＿。

3.3-2　判断题

1. 在恒温、恒压且非体积功为零的条件下，反应的 $\Delta_r G_m < 0$ 时，若值越小，自发进行反应的趋势也就越强，反应进行得越快。　　　　　　　　　　　　　　　　　　（　　）

2. 封闭体系中，由状态 A 经恒温、恒压过程变化到状态 B，非体积功 $W' = 0$，且有 $W' > \Delta G$ 和 $\Delta G < 0$，则此变化过程一定能发生。　　　　　　　　　　　　　　　（　　）

3. 体系达到平衡时熵值最大，吉布斯函数最小。　　　　　　　　　　　　　（　　）

4. 只有可逆过程的 ΔG 才可以直接计算。　　　　　　　　　　　　　　（　　）

5. 凡是吉布斯函数降低的过程一定都是自发过程。　　　　　　　　　　　　（　　）

3.3-3　单选题

1. 关于亥姆霍兹函数，下面的说法中不正确的是＿＿＿＿＿。

A. 亥姆霍兹函数的值与物质的量成正比

B. 亥姆霍兹函数可以理解为恒温、恒容条件下系统做功的能力

C. 虽然亥姆霍兹函数具有能量的量纲，但它不是能量

D. 亥姆霍兹函数的绝对值不能确定

2. $\Delta G = 0$ 的过程应满足的条件是＿＿＿＿。

A. 恒温恒压且非体积功为零的可逆过程

B. 恒温恒压且非体积功为零的过程

C. 恒温恒压且非体积功为零的过程

D. 可逆绝热过程

3. 关于吉布斯函数，下面的说法中不正确的是＿＿＿＿。

A. $\Delta G \leqslant W'$ 在做非体积功的各种热力学过程中都成立

B. 在恒温恒压且非体积功为零的条件下，对于各种可能的变动，系统在平衡态的吉布斯函数最小

C. 在恒温恒压且非体积功为零时，吉布斯函数增加的过程不可能发生

D. 在恒温恒压下，一个系统的吉布斯函数减少值大于非体积功的过程不可能发生

4. 氢气和氧气在绝热钢瓶中生成水的过程，以下哪个选项是成立的＿＿＿＿。

A. $\Delta S = 0$　　　　B. $\Delta G = 0$　　　　C. $\Delta H = 0$　　　　D. $\Delta U = 0$

5. 在下列过程中，$\Delta G = \Delta A$ 的是＿＿＿＿。

A. 液体等温蒸发　　　　　　　　　　B. 气体绝热可逆膨胀

C. 理想气体在等温下混合　　　　　　D. 等温等压下的化学反应

3.3-4　问答题

1. 一系统在恒温恒压且非体积功为零的条件下，$\Delta G > 0$，则该过程是否不能实现？

2. 改正下列错误：

（1）亥姆霍兹函数是系统做非体积功的能力；

（2）吉布斯函数是系统做非体积功的能力。

3.3-5　习题

1. 1 mol 300 K、100 kPa 的理想气体，在外压恒定为 10 kPa 的条件下，恒温膨胀到体积为原来的 10 倍。试求此过程的 ΔG。

2. 试比较 1 mol 水与 1 mol 水蒸气（可看作理想气体）在 298.15 K 由 100 kPa 增压到 1000 kPa 时的 ΔG。

3. 计算将 8 g He 从 500 K、200 kPa 可逆膨胀至 500 K、100 kPa 的 Q、W、ΔU、ΔH、ΔS、ΔA 和 ΔG。

4. 3 mol 氮气由 300 K，200 kPa 恒温可逆压缩至 1000 kPa，再恒压升温至 400 K，最后经恒容降温至 300 K。试求该过程的 ΔG。

5. 在 273 K、100 kPa 下，将 0.5 mol O_2(g) 和 0.5 mol N_2(g) 在一个刚性密闭容器中混合。试求此过程的 Q、W、ΔU、ΔH、ΔS 和 ΔG，并判断过程是否可逆。

6. 已知水在 373.15 K、101.325 kPa 时的摩尔蒸发焓为 40.64 kJ/mol，$C_{p,m}(H_2O,\ l) = 75.38\ J/(K \cdot mol)$，$C_{p,m}(H_2O,\ g) = 33.60\ J/(K \cdot mol)$。试求 1 mol 水蒸气在 298.15 K、101.325 kPa 下全部恒温、恒压冷凝为水时的 ΔG，并判断过程是否可逆。

7. 1 mol 过冷水在 -5 ℃、100 kPa 下结成冰，计算此过程的 ΔG，并判断过程是否自发进行。已知时水与冰的饱和蒸气压分别为 $p^*(l) = 422\ Pa$ 和 $p^*(s) = 402\ Pa$。

8. 下列反应在 298.15 K、100 kPa 下进行，试计算反应的 $\Delta_r H_m$、$\Delta_r S_m$ 和 $\Delta_r G_m$，并判断反应的热力学可能性。（各物质的标准摩尔熵和标准摩尔生成焓数据见表 3-2）

（1）2C(石墨) + 2H_2(g) → C_2H_4(g)；

（2）$2C(石墨)+3H_2(g)\rightarrow C_2H_6(g)$；

（3）$C_2H_4(g)+H_2O(l)\rightarrow C_2H_5OH(l)$。

表 3-2　各物质的标准摩尔熵和标准摩尔生成焓数据

物　　质	C(石墨)	$H_2(g)$	$C_2H_4(g)$	$C_2H_6(g)$	$H_2O(l)$	$C_2H_5OH(l)$
$S_m^{\ominus}/J\cdot K^{-1}\cdot mol^{-1}$	5.74	130.6	219.4	229.5	69.96	160.7
$\Delta_f H_m^{\ominus}/kJ\cdot mol^{-1}$	0	0	52.28	-84.67	-285.84	-227.7

任务 3.4　热力学基本关系式

在热力学中最常遇到的八个主要状态函数分别是 T、p、V、U、H、S、A 和 G，它们之间最简单的关系可用下面几个公式表示：

$$H=U+pV$$

$$A=U-TS$$

$$G=U-TS+pV=H-TS=A+pV$$

从这几个公式可以看出，八个函数中温度 T、压强 p、体积 V、热力学能 U 和熵 S 是基本函数。焓 H、亥姆霍兹函数 A 和吉布斯函数 G 是复合函数，是基本函数的组合，本身没有物理意义，但在处理实际问题时非常实用。除此之外，应用热力学第一定律和热力学第二定律还可以推出一些很重要的热力学函数之间的关系式。

3.4.1　热力学基本关系式

3.4.1.1　热力学基本关系式

假设某封闭系统在非体积功为零的条件下经历一个微小过程，根据热力学第一定律表达式及热力学第二定律表达式，得：

$$dU=\delta Q+\delta W$$

$$dS=\frac{\delta Q}{T}$$

有

$$dU=TdS-pdV \qquad (3-66)$$

根据 $H=U+pV$，得：

$$dH=dU+pdV+Vdp$$

将式（3-66）代入，得：

$$dH=TdS+Vdp \qquad (3-67)$$

根据 $A=U-TS$，得：

$$dA=dU-TdS-SdT \qquad (3-68)$$

将式（3-56）代入式（3 68），得：

$$dA=-SdT-pdV \qquad (3-69)$$

根据 $G=H-TS$，得：

$$dG=dH-TdS-SdT \qquad (3-70)$$

将式(3-67)代入式(3-70)，得：

$$dG=-SdT+Vdp \qquad (3-71)$$

式(3-66)、式(3-67)、式(3-69)和式(3-71)称为封闭系统的热力学基本关系式。将这些公式积分，可以用来计算单纯 p、V、T 状态变化过程的状态函数 U、H、A 和 G 的变化值。也可以从这些基本关系式出发，推得一些有用的公式。例如，可以推得在一定状态下，1 mol 理想气体的吉布斯函数与温度、压力之间的关系。

例如，对 1 mol 理想气体来说，在恒温条件下，由式(3-71)得：

$$dG=Vdp=\frac{RT}{p}dp \qquad (3-72)$$

若 G_m 为理想气体处于温度 T、压力 p 时的摩尔吉布斯函数，$G_m^\ominus$ 为理想气体处于温度 T、标准压力 $p^\ominus$ 下的标准摩尔吉布斯函数，即当压力从 $p^\ominus$ 变到 p 时，摩尔吉布斯函数相应地从 $G_m^\ominus$ 变成 G_m，将式(3-72)积分得：

$$G_m-G_m^\ominus=RT\ln p-RT\ln p^\ominus$$

整理得：

$$G_m=G_m^\ominus+RT\ln\frac{p}{p^\ominus} \qquad (3-73)$$

3.4.1.2 对应系数关系式

对于只发生单纯 p、V、T 变化的封闭系统，其状态性质可由两个独立变量决定。如将 U 表示成 S、V 的函数，即 $U=f(S,V)$，则利用状态函数的全微分性质有：

$$dU=\left(\frac{\partial U}{\partial S}\right)_V dS+\left(\frac{\partial U}{\partial V}\right)_S dV \qquad (3-74)$$

将式(3-74)与式(3-66)相对照，并根据对应项相等原理，得：

$$\left(\frac{\partial U}{\partial S}\right)_V=T,\quad \left(\frac{\partial U}{\partial V}\right)_S=-p \qquad (3-75)$$

同理，由另外三个热力学基本关系式可得：

$$\left(\frac{\partial H}{\partial S}\right)_p=T,\quad \left(\frac{\partial H}{\partial p}\right)_S=V \qquad (3-76)$$

$$\left(\frac{\partial G}{\partial T}\right)_p=-S,\quad \left(\frac{\partial G}{\partial p}\right)_T=V \qquad (3-77)$$

$$\left(\frac{\partial A}{\partial T}\right)_V=-S,\quad \left(\frac{\partial A}{\partial V}\right)_T=-p \qquad (3-78)$$

式(3-75)~式(3-78)中的八个关系式称为对应系数关系式。它们给出了一个热力学函数随某一变量的变化率与某一状态函数在数值上的等量关系，在分析问题或证明问题时经常用到。

例 3-9

已知 298.15 K、标准压力下的热力学数据见表 3-3。

例 3-9 解析

表 3-3　2981.5 K、标准压力下的热力学数据

物质	$S_m^{\ominus}$ (298.15 K)/J·K^{-1}·mol^{-1}	$\Delta_c H_m^{\ominus}$/kJ·mol^{-1}	ρ/kg·m^{-3}
C（石墨）	5.69	−393.51	2.26×10^3
C（金刚石）	2.44	−395.41	3.51×10^3

（1）求 298.15 K 及标准压力下石墨变成金刚石的 $\Delta_r G_m^{\ominus}$。

（2）在上述条件下，哪一种晶型较为稳定？

（3）加压能否使石墨变成金刚石？如果可能，需要加多大的压强？

3.4.2　吉布斯-亥姆霍兹方程

对于恒温、恒压下的相变或化学反应，当相变或化学反应的温度不同时，则过程的 ΔG 不同。

在 T_1、p 时：　　　　　　　　　　A $\xrightarrow{\Delta G_1}$ B

在 T_2、p 时：　　　　　　　　　　A $\xrightarrow{\Delta G_2}$ B

则：　　　　　　　　　　　　　　　$\Delta G_1 \neq \Delta G_2$

为了讨论恒温、恒压过程的 ΔG 随 T 的变化，首先要了解纯物质的 G 与 T 的关系。恒压条件下纯物质的 G 随 T 的变化率为：

$$\left(\frac{\partial G}{\partial T}\right)_p = -S = \frac{G-H}{T} = \frac{G}{T} - \frac{H}{T} \tag{3-79}$$

将 $\frac{G}{T}$ 移到等号左边，在式（3-79）两边同时乘以 $1/T$，得：

$$\frac{1}{T}\left(\frac{\partial G}{\partial T}\right)_p - \frac{G}{T^2} = -\frac{H}{T^2} \tag{3-80}$$

即：

$$\frac{T\left(\frac{\partial G}{\partial T}\right)_p - \left(\frac{\partial G}{\partial T}\right)_p G}{T^2} = -\frac{H}{T^2}$$

根据微分法则，式（3-80）左边是 $\frac{G}{T}$ 对 T 的偏导数，所以记作：

$$\left[\frac{\partial\left(\frac{G}{T}\right)}{\partial T}\right]_p = -\frac{H}{T^2} \tag{3-81}$$

式（3-81）称为吉布斯-亥姆霍兹方程，它描述纯物质的吉布斯函数 G 随温度 T 的变化关系。

对于恒温、恒压下的相变或化学反应，其吉布斯函数变 ΔG 随温度 T 的变化，很容易根据式（3-81）导出：

$$\left[\frac{\partial\left(\dfrac{\Delta G}{T}\right)}{\partial T}\right]_p = -\frac{\Delta H}{T^2} \tag{3-82}$$

式(3-82)也称为吉布斯-亥姆霍兹方程。

恒压下对式(3-82)积分,得:

$$\int_{\frac{\Delta G_1}{T_1}}^{\frac{\Delta G_2}{T_2}} d\left(\frac{\Delta G}{T}\right) = \int_{T_1}^{T_2}\left(-\frac{\Delta H}{T^2}\right) dT$$

即:

$$\frac{\Delta G_2}{T_2} = \frac{\Delta G_1}{T_1} - \int_{T_1}^{T_2}\frac{\Delta H}{T^2}dT \tag{3-83}$$

显然,知道了 T_1 时某相变或化学反应的 ΔG_1,就可以通过此式计算另一温度 T_2 时的 ΔG_2。

例 3-10

反应 $2SO_3(g,p^\ominus) = 2SO_2(g,p^\ominus)+O_2(g,p^\ominus)$,在 298.15 K 时 $\Delta_r G_m^\ominus =$ 140.00 kJ/mol。已知反应的 $\Delta_r H_m^\ominus = 196.56$ kJ/mol,且不随温度变化,求反应在 873.15 K 进行时的 $\Delta_r G_m^\ominus$。

例 3-10 解析

3.4.3　麦克斯韦关系式

利用状态函数的全微分性质还可以得到另外一组重要关系式。设 z 表示系统的任一状态函数,且 z 是 x 和 y 的函数,即:

$$z = f(x,y)$$

则其全微分可表示为:

$$dz = \left(\frac{\partial z}{\partial x}\right)_y dx + \left(\frac{\partial z}{\partial y}\right)_x dy = Mdx + Ndy$$

因为全微分的二阶偏微商与求导的次序无关,所以

$$\left[\frac{\partial}{\partial y}\left(\frac{\partial z}{\partial x}\right)_y\right]_x = \left[\frac{\partial}{\partial x}\left(\frac{\partial z}{\partial y}\right)_x\right]_y \quad \text{或} \quad \left(\frac{\partial M}{\partial y}\right)_x = \left(\frac{\partial N}{\partial x}\right)_y$$

将此关系用于式(3-66),得:

$$\left(\frac{\partial T}{\partial V}\right)_S = -\left(\frac{\partial p}{\partial S}\right)_V \tag{3-84}$$

同理,由式(3-56)、式(3-68)和式(3-59)可得:

$$\left(\frac{\partial T}{\partial p}\right)_S = \left(\frac{\partial V}{\partial S}\right)_p \tag{3-85}$$

$$\left(\frac{\partial p}{\partial T}\right)_V = \left(\frac{\partial S}{\partial V}\right)_T \tag{3-86}$$

$$-\left(\frac{\partial V}{\partial T}\right)_p = \left(\frac{\partial S}{\partial p}\right)_T \tag{3-87}$$

式(3-84)~式(3-87)称为麦克斯韦关系式。它们将系统不可直接测定的热力学状态函

数与可直接测定的状态函数 p、V、T 联系起来，分别表示系统在同一状态的两种变化率数值相等，常用于通过比较容易求得的量代换一些不易求得的量。

> **例 3-11**
>
> 恒温条件下，求理想气体的热力学能 U 与体积 V 的关系，即 $\left(\dfrac{\partial U}{\partial V}\right)_T$ 为多少？

例 3-11 解析

思考练习题

3.4-1　单选题

1. 已知某温度下一化学反应的 ΔG，可以通过_____计算另一温度下该化学反应的 ΔG。

A. 热力学基本关系式　　　　　　　　B. 对应系数关系式

C. 吉布斯-亥姆霍兹方程　　　　　　　D. 麦克斯韦关系式

2. 以下关系式错误的是_____。

A. $\left(\dfrac{\partial T}{\partial V}\right)_S = -\left(\dfrac{\partial p}{\partial S}\right)_V$

B. $\left(\dfrac{\partial T}{\partial p}\right)_S = \left(\dfrac{\partial V}{\partial S}\right)_p$

C. $\left(\dfrac{\partial p}{\partial T}\right)_V = \left(\dfrac{\partial S}{\partial V}\right)_T$

D. $\left(\dfrac{\partial V}{\partial T}\right)_p = \left(\dfrac{\partial S}{\partial p}\right)_T$

3.4-2　问答题

恒温条件下，焓 H 随压强的变化率 $\left(\dfrac{\partial H}{\partial p}\right)_T$ 是不可直接测定的量，是否能转换成可测定的 p、V、T 函数，其关系如何？

3.4-3　习题

1. 合成氨反应为 $N_2(g) + 3H_2(g) \rightarrow 2NH_3(g)$。已知在 25 ℃、$p^{\ominus}$ 条件下，$\Delta_r G_m^{\ominus} = -33.00$ kJ/mol，$\Delta_r H_m^{\ominus} = 92.22$ kJ/mol。假设该反应的 $\Delta_r H_m^{\ominus}$ 不随温度变化，试求在 500 K 时此反应的 $\Delta_r G_m^{\ominus}$，并说明温度升高对此反应是否有利。

2. 反应 $2C(石墨) + 3H_2(g) \rightarrow C_2H_6(g)$，在 298.15 K 时，$\Delta_r G_m^{\ominus} = -32.86$ kJ/mol。已知反应的 $\Delta_r H_m^{\ominus} = -84.67$ kJ/mol，且不随温度变化，求反应在 398.15 K 进行时的 $\Delta_r G_m^{\ominus}$。

任务 3.5　实验：恒温槽的使用及液体黏度的测定

3.5.1　实验目的

（1）了解恒温槽的构造、控温原理，掌握恒温槽的调节和使用；

（2）掌握一种测量黏度的方法。

3.5.2　实验原理

3.5.2.1　恒温槽

许多化学实验中的待测数据如黏度、蒸气压、电导率、反应速率常数等都与温度密切相关，这就要求实验在恒定温度下进行，常用的恒温槽有玻璃恒温水浴和超级水浴两种，其基本结构相同，主要由槽体、加热器、搅拌器、温度计、感温元件和温度控制器组成，如图 3-7 所示。

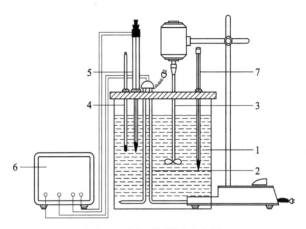

图 3-7　恒温槽装置示意图

1—浴槽；2—加热器；3—搅拌器；4—温度计；
5—水银定温计；6—恒温控制器；7—贝克曼温度计

恒温槽恒温原理是由感温元件将温度转化为电信号输送给温度控制器，再由控制器发出指令，让加热器工作或停止工作。

水银定温计是温度的触感器，是决定恒温程度的关键元件，它与水银温度计的不同之处是毛细管中悬有一根可上下移动的金属丝，从水银球也引出一根金属丝，两根金属丝温度控制器相连接。调节温度时，先松开固定螺丝，再转动调节帽，使指示铁上端与辅助温度标尺相切的温度示值较欲控温度低 1~2 ℃。当加热到下部的水银柱与铂丝接触时，定温计导线成通路，给出停止加热的信号（可从指示灯辨出），此时观察水浴槽中的精密温度计，根据其与欲控温度的差值大小进一步调节铂丝的位置。如此反复调节，直至指定温度为止。

恒温槽恒温的精确度可用其灵敏度衡量，灵敏度是指水浴温度随时间变化曲线的振幅大小，即：

$$灵敏度\ T_E = \frac{T_1(最高温度) - T_2(最低温度)}{2}$$

灵敏度与水银定温计、电子继电器的灵敏度以及加热器的功率、搅拌器的效率、各元件的布局等因素有关。搅拌效率越高，温度越容易达到均匀，恒温效果越好。加热器功率大，则到指定温度停止加热后释放余热也大。

一个好的恒温槽应具有以下条件：（1）定温灵敏度高；（2）搅拌强烈而均匀；（3）加热器导热良好且功率适当。

各元件的布局原则：加热器、搅拌器和定温计的位置应接近，使被加热的液体能立即搅拌均匀，并流经定温计及时进行温度控制。

3.5.2.2　黏度测定

黏度是度量流体黏性大小的物理量，是物质重要性质之一。它是由于液体分子间相互作用力的存在，使流体内部各液层的流速不同，各液层相对运动产生内摩擦（或称黏滞力）造成的。液体黏度的大小与其分子间相互作用力以及分子结构（分子大小、形状）等有关。乌氏黏度计，如图 3-8 所示。

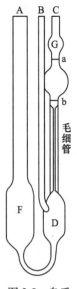

液体黏度的大小用黏度系数 η 来表示，单位为 Pa·s。某一温度下，一定体积 V 的液体流过半径为 r，长度为 l 的毛细管所需的时间为 τ，其黏度可由波华须尔公式计算，即：

$$\eta = \frac{\pi r^4 p \tau}{8Vl}$$

式中，p 为毛细管两端的推动力。

可以看出，η 与毛细管半径 r 的四次方成正比，r 的测量精度对 η 的影响很大，因此一般不通过直接测量式中的各物理量来计算 η，而是测定它对基准液体的相对黏度，由基准液体的绝对黏度便可计算出被测液体的绝对黏度 η。其原理是：在同一温度下，相同体积的两种液体（"1"为被测液体，"2"为基准液体）在本身重力作用下，分别流经同一乌氏黏度计的毛细管时，有：

$$\frac{\eta_1}{\eta_2} = \frac{p_1 \tau_1}{p_2 \tau_2} = \frac{\rho_1 \tau_1}{\rho_2 \tau_2}$$

图 3-8 乌氏
黏度计

即：液体黏度比只与两液体的密度和流经毛细管的时间有关。测出两液体的流经时间，查出两液体的密度及基准液体的黏度，就可计算出待测液体的黏度。

3.5.3 实验仪器与原料

实验仪器：恒温槽装置 1 套，贝克曼温度计 1 支，乌氏黏度计 1 支，停表 1 支，放大镜、洗耳球、胶管、夹子各 1 个。

实验原料：蒸馏水，无水乙醇。

3.5.4 实验步骤

3.5.4.1 恒温调节

（1）玻璃缸内放入蒸馏水，使蒸馏水液面高出被恒温部分 2~3 cm；

（2）旋动水银定温计上端调节帽，使指示铁上端对应温度示值较欲控温度低 1~2 ℃；

（3）接通电源，开始加热并启动搅拌；

（4）注意观察水银温度计，当加热器停止加热时，若水浴尚未达到实验温度，需再次微量上调定温计，使水浴槽缓慢升温到预定温度；

（5）水浴达到预定温度后，恒温 5~10 min，待水槽各处温度均匀后开始实验。

3.5.4.2 灵敏度测定

（1）调节恒温槽温度为 40 ℃，将加热开关设为强档加热；

（2）打开数字贝克曼温度计电源，调节显示窗口为温差示数；

（3）待温度恒定后，开动秒表，记录时间和贝克曼温度计读数，每半分钟记录一次，共记录 20 min；

（4）将加热开关设为弱档加热，重复操作（3）。

3.5.4.3 黏度测定

（1）调节恒温槽温度为（40±0.1）℃。

（2）将已用蒸馏水洗净的黏度计 B、C 支管分别套上乳胶管，从管 A 加入蒸馏水至 F 球的一半，把黏度计垂直放入水浴槽中固定，恒温 15 min 以上。

（3）用夹子把套在 B 管上的乳胶管夹紧，用洗耳球对准 C 管吸气，使蒸馏水从 F 球经毛细管上升到 G 球为止。

（4）取下洗耳球，同时取下 B 管的夹子，使 B、C 管与大气相通，C 管内液体往下流，用秒表记录液体液面由 a 刻线下降到 b 刻线所用时间，此时间即为刻线 a、b 间的液体流经毛细管所需的时间。

（5）重复步骤（3）和步骤（4）操作 3 次，使每次误差不超过 0.3 s，取平均值。

（6）取出黏度计，将蒸馏水倒掉，加入少量无水乙醇洗涤黏度计，注意用洗耳球吸取乙醇反复洗涤毛细管部位，洗涤 3 次后烘干。重复上面实验步骤，测定无水乙醇流经刻线 a、b 所需的时间。用过的乙醇倒入回收瓶中。

（7）实验完成后，将黏度计洗净，放好。将仪器旋钮回归零位，关闭电源。

3.5.5 实验注意事项

（1）为保证恒温槽温度恒定，达到欲控温度后，要将定温计调节帽上的螺丝旋紧；

（2）恒温槽的温度应以水银温度计指示为准；

（3）黏度计在恒温槽中的位置必须垂直；

（4）用洗耳球吸液体时要注意毛细管中不能有气泡，不要把被测液体吸入洗耳球内，以免污染液体；

（5）洗涤或安装黏度计时要细心，以防把支管扭碎。

3.5.6 数据记录与处理

室温：_____；大气压：_____。

3.5.6.1 实验数据记录

（1）恒温槽灵敏度的测定。

恒温槽温度：_____。

记录表格：

t/s	0	30	60	90	120	150
T/K						

（2）无水乙醇黏度的测定。

记录表格：

t/s	水			无水乙醇
T/K				
t_1/s				
t_1/s				
t_1/s				
$\bar{t}/s$				

3.5.6.2　实验数据处理

（1）恒温槽灵敏度的测定。以 T 对 t 作图，会出本恒温槽装置（在指定操作条件下）的灵敏度曲线，由曲线上的 T_1（最高温度）和 T_2（最低温度）求出灵敏度 T_E。

（2）无水乙醇黏度的测定。根据40 ℃时水和无水乙醇的流出时间、密度以及水的黏度（密度和黏度数据可查有关手册），求算无水乙醇在指定温度的黏度。

项目	$\rho/\mathrm{kg} \cdot \mathrm{m}^{-3}$	$\bar{t}/\mathrm{s}$	$\eta/\mathrm{mPa} \cdot \mathrm{s}$
水	992.2187		0.6529
乙醇	772.0		

误差计算：40 ℃时乙醇的黏度为 0.823 mPa·s，进行误差计算。

3.5.7　思考题

（1）恒温槽恒温原理是什么？

（2）影响恒温槽灵敏度的因素有哪些，如何提高恒温槽的灵敏度？

（3）黏度计支管 B 有什么作用？

（4）黏度测定的影响因素有哪些？

（5）黏度测定实验中能否用两支黏度计测定，为什么？

本章小结

拓展阅读

项目 4 溶 液

两种或两种以上的物质互相混合，若其分散程度达到分子状态，就构成了溶液或者混合物。溶液可以是气态的（如空气）、液态的（如糖水）和固态的（如金银合金）。为了研究方便，通常将溶液组分分为溶剂和溶质两种类型。当一种组分溶解于另一种组分时，通常把含量较多的组分称为溶剂，含量较少的组分称为溶质。例如，由少量酒精和大量水组成的溶液，水是溶剂，酒精是溶质；反之，由少量水和大量酒精所组成的溶液，则酒精是溶剂，水是溶质。当气体或者固体溶解在液体中时（如食盐、空气等溶于水），则通常无论液体多少都称为溶剂，而气体和固体称为溶质。

在冶金工业中，常常遇到各种各样的溶液。例如，在湿法冶金中的电解液是各种电解质的水溶液，萃取过程中的有机相是化合物溶于有机溶剂中的溶液。在火法冶金中，反应在高温下进行，高温下的液体或溶液常称为熔体。均匀熔渣是各种金属氧化物和非金属氧化物（SiO_2、CaO、FeO、Al_2O_3、Fe_2O_3、MgO）的熔体，熔盐是各种盐类（如金属氯化物和氟化物）的熔体，钢液和粗金属是各种合金成分或杂质溶于金属中的熔体等。

任务 4.1　溶液组成的表示方法

4.1.1　物质的量分数

溶质 B 的物质的量 n_B 与系统总物质的量 $\sum n_B$ 的比，称为物质 B 的物质的量分数，用符号 x_B（气相中习惯用 y_B）表示。x_B（或 y_B）是一个量纲为一的量，单位为 1。其计算公式为：

$$x_B(\text{或} y_B) = \frac{n_B}{\sum n_B} \tag{4-1}$$

显然，$\sum x_B = 1$。

4.1.2　质量分数

溶质 B 的质量 m_B 与系统总质量 $\sum m_B$ 的比，称为物质 B 的质量分数，用符号 w_B 表示。w_B 是一个量纲为一的量，单位为 1。其计算公式为：

$$w_B = \frac{m_B}{\sum m_B} \tag{4-2}$$

显然，$\sum w_B = 1$。

4.1.3　物质的量浓度

溶质 B 的物质的量 n_B 与溶液体积 V 的比值，称为物质 B 的物质的量浓度，用符号 c_B 表示。c_B 表示单位体积的溶液中所含溶质 B 的物质的量，单位是 mol/m^3。其计算公式为：

$$c_B = \frac{n_B}{V} \tag{4-3}$$

4.1.4　质量摩尔浓度

溶质 B 的物质的量 n_B 与溶剂质量 m_A 的比值，称为物质 B 的质量摩尔浓度，用符号 b_B 表示。b_B 表示 1 kg 溶剂 A 中所含溶质 B 的物质的量，单位是 mol/kg。其计算公式为：

$$b_B = \frac{n_B}{m_A} \tag{4-4}$$

例 4-1

在常温下取 NaCl 饱和溶液 $10.00\ m^3$，测得其质量为 $12.003\ g$，将溶液蒸干，得 NaCl 固体 $3.173\ g$。试计算：

(1) NaCl 饱和溶液的质量分数；

(2) 饱和溶液中 NaCl 和 H_2O 的物质的量分数；

(3) 物质的量浓度；

(4) 质量摩尔浓度。

例 4-1 解析

思考练习题

4.1-1　问答题

由溶剂 A 与溶质 B 形成一定组成的溶液，此溶液中 B 的物质的量浓度为 c_B，质量摩尔浓度为 b_B，此溶液的密度为 ρ。以 M_A、M_B 分别代表溶剂和溶质的摩尔质量。若溶液的组成用 B 的物质的量分数 x_B 表示时，试导出 x_B 与 c_B，x_B 与 b_B 之间的关系。

4.1-2　习题

1. 30 g 乙醇（B）溶于 50 g 四氯化碳（A）中形成溶液，其密度为 $\rho = 1.28 \times 10^3\ kg/m^3$。试计算该溶

液中溶质（B）的质量分数、物质的量分数、物质的量浓度和质量摩尔浓度。

2. 20 ℃时，在 1 dm³ NaBr 水溶液中含 NaBr(B) 321.99 g，密度为 1.238 g/cm³。试计算该溶液中溶质（B）的物质的量分数、物质的量浓度和质量摩尔浓度。

3. D-果糖 $C_6H_{12}O_6$（B）溶于水（A）中形成的某溶液，质量分数为 0.095，此溶液在 20 ℃时的密度为 1.0365×10^3 kg/m³。求此溶液中 D-果糖的物质的量分数、物质的量浓度和质量摩尔浓度。

任务 4.2　偏摩尔量与化学势

4.2.1　偏摩尔量

纯物质或组成不变的系统，其广度性质只受温度和压力的影响。在实际生产和科研中，大多数遇到的是多组分系统，即由两种或两种以上物质混合而成的系统。在多组分系统的广度性质，不仅受温度和压力的影响，还要受系统内各组分物质的量变化的影响。例如，在 298.15 K、100 kPa 条件下，将 1 mol $H_2O(l)$ 加到大量纯水中，系统总体积增加 18 cm³，这是水的摩尔体积；将 1 mol $H_2O(l)$ 加到大量乙醇中，系统总体积增加 14 cm³。同样是 1 mol H_2O，在不同的液体中（水和乙醇）中的体积不同，说明水的摩尔体积与溶液的组成有关，不同于纯组分的摩尔体积。为了和纯组分的摩尔性质有所区别，因此引入一个新的概念——偏摩尔量。

4.2.1.1　偏摩尔量的定义

设有一个均相系统，由组分 B，C，…组成。假定系统的状态可以被温度、压力及各组分的物质的量所确定，则系统的任一广度性质 X（如 V、U、H、S、A、G 等）可以看作只是 T、p、n_B、n_C、…变量的函数，即：

$$X = f(T, p, n_B, n_C, \cdots)$$

若系统发生任意微小变化，则：

$$dX = \left(\frac{\partial X}{\partial T}\right)_{p,n_B,n_C,\cdots} dT + \left(\frac{\partial X}{\partial p}\right)_{T,n_B,n_C,\cdots} dp + \left(\frac{\partial X}{\partial n_B}\right)_{T,p,n_C,\cdots} dn_B + \cdots \tag{4-5}$$

为简便起见，偏导数下角标以 n_C 表示除组分 B 以外其他组成不变，则式(4-5)可简写为：

$$dX = \left(\frac{\partial X}{\partial T}\right)_{p,n_B,n_C,\cdots} dT + \left(\frac{\partial X}{\partial p}\right)_{T,n_B,n_C,\cdots} dp + \sum_B \left(\frac{\partial X}{\partial n_B}\right)_{T,p,n_C,\cdots} dn_B$$

定义：

$$X_B = \left(\frac{\partial X}{\partial n_B}\right)_{T,p,n_C} \tag{4-6}$$

则：

$$dX = \left(\frac{\partial X}{\partial T}\right)_{p,n_B,n_C,\cdots} dT + \left(\frac{\partial X}{\partial p}\right)_{T,n_B,n_C,\cdots} dp + \sum_B X_B dn_B \tag{4-7}$$

式(4-6)表明，X_B 在温度、压强及除组分 B 以外其他组分的物质的量均不改变的条件下，任意广度性质 X 随组分 B 的物质的量 n_B 的变化率；也可以理解为在恒温、恒压下，向足够大量的某一定组成的混合系统中加入 1 mol 组分 B（这时混合物的组成可视为不变）时所引起系统广度性质的变化值。因为式中 X_B 在数学上是偏导数的形式，故称为组分 B

的偏摩尔量。

系统中组分 B 的偏摩尔量如下。

（1）偏摩尔体积：$\qquad V_B = \left(\dfrac{\partial V}{\partial n_B}\right)_{T,p,n_C}$

（2）偏摩尔热力学能：$\qquad U_B = \left(\dfrac{\partial U}{\partial n_B}\right)_{T,p,n_C}$

（3）偏摩尔焓：$\qquad H_B = \left(\dfrac{\partial H}{\partial n_B}\right)_{T,p,n_C}$

（4）偏摩尔熵：$\qquad S_B = \left(\dfrac{\partial S}{\partial n_B}\right)_{T,p,n_C}$

（5）偏摩尔亥姆霍兹函数：$\qquad A_B = \left(\dfrac{\partial A}{\partial n_B}\right)_{T,p,n_C}$

（6）偏摩尔吉布斯函数：$\qquad G_B = \left(\dfrac{\partial G}{\partial n_B}\right)_{T,p,n_C}$

偏摩尔量具有以下特点：

（1）只有系统的广度性质才有偏摩尔量，强度性质不存在偏摩尔量，但是偏摩尔量是两广度性质之比，偏摩尔量本身是强度性质；

（2）只有恒温、恒压条件下，广度性质随某一组分的物质的量的变化率才称作偏摩尔量，任何其他条件下的变化率均不是偏摩尔量；

（3）任何偏摩尔量都是温度、压力和组成的函数；

（4）纯物质（单组分系统）的偏摩尔量就是摩尔量。

4.2.1.2　偏摩尔量的集合公式

根据式(4-6)，对于恒温、恒压下的多组分均相系统有：

$$\mathrm{d}X = \sum_B X_B \mathrm{d}n_B = X_B \mathrm{d}n_B + X_C \mathrm{d}n_C + \cdots \tag{4-8}$$

恒温、恒压下，偏摩尔量 X_B 与混合物的组成有关，若按混合物原有组成的比例同时微量加入组分 B，C，…以形成混合物，因过程中组成恒定，固偏摩尔量 X_B，X_C，…皆为定值，式(4-8)积分得：

$$X = \sum_B X_B n_B = X_B n_B + X_C n_C + \cdots \tag{4-9}$$

式(4-9)称为偏摩尔量的集合公式。该式表明，在恒温、恒压下，某一组成混合物的任一广度性质 X 等于混合系统中各组分的偏摩尔量 X_B 与其物质的量 n_B 的乘积之和，即系统的任一广度性质等于系统中各个组分该广度性质的贡献之和。

4.2.2　化学势

在各种偏摩尔量中，以偏摩尔吉布斯函数的应用最为广泛。

4.2.2.1　化学势的定义

系统中任意组分 B 的偏摩尔吉布斯函数 G_B，称为组分的化学势，用符号 μ_B 表示，单位是 J/mol 或 kJ/mol。其计算公式为：

$$\mu_B = G_B = \left(\dfrac{\partial G}{\partial n_B}\right)_{T,p,n_C} \tag{4-10}$$

在恒温恒压下，有：

$$\mathrm{d}G_{T,p} = \sum_B \mu_B \mathrm{d}n_B \tag{4-11}$$

化学势是强度性质，其绝对值无法确定。

4.2.2.2　化学势判据

在恒温、恒压且非体积功为零的条件下，根据吉布斯函数判据，由式(4-11)可得：

$$\mathrm{d}G_{T,p} = \sum_B \mu_B \mathrm{d}n_B \begin{cases} < 0 & （自发） \\ = 0 & （平衡） \end{cases} \tag{4-12}$$

式(4-12)称为化学势判据，表明在恒温、恒压且非体积功为零的条件下，当系统未达到平衡时，可自动发生 $\sum_B \mu_B \mathrm{d}n_B \leqslant 0$ 的过程，直到 $\sum_B \mu_B \mathrm{d}n_B = 0$ 时达到平衡状态。化学势是决定物质传递方向和限度的强度因素，故化学势判据广泛应用于判断恒温、恒压且非体积功为零的条件下相变过程或化学变化过程的方向和限度。

4.2.2.3　理想气体的化学势

由于 G 的绝对值无法确定，因此 μ_B 的绝对值也同样无法确定。化学势主要是用来在恒温恒压条件下判断相变过程或化学变化过程的方向和限度，因此只需计算得到在该过程中 μ_B 的变化量即可进行判断。

A　纯理想气体的化学势

在温度 T，压力 $p^{\ominus}$ 下，纯理想气体的化学势称为纯理想气体标准化学势，用符号 $\mu_B^{\ominus}(pg,T)$ 表示。由于压力为定值，标准化学势只是温度的函数。

1 mol 纯理想气体在温度 T，压力 p 时的化学势为 $\mu^*(pg,T,p)$，相当于理想气体在温度 T 时的标准化学势 $\mu_B^{\ominus}(pg,T)$ 加上压强 $p^{\ominus}$ 由变到 p 的过程所引起的化学势变化，即：

$$\mathrm{d}\mu^* = \mathrm{d}G_m^* = -S_m^* \mathrm{d}T + V_m^* \mathrm{d}p = V_m^* \mathrm{d}p = \frac{RT}{p}\mathrm{d}p$$

$$\int_{\mu^{\ominus}}^{\mu^*} \mathrm{d}\mu^* = \int_{p^{\ominus}}^{p} \frac{RT}{p}\mathrm{d}p$$

则：
$$\mu^*(pg,T,p) = \mu_B^{\ominus}(pg,T) + RT\ln\frac{p}{p^{\ominus}} \tag{4-13}$$

式(4-13)为纯理想气体化学势的表达式。纯理想气体化学势是温度和压力的函数。

B　理想气体混合物的化学势

理想气体混合物中任意组分的化学势对混合理想气体来说，其中每种气体的行为与该气体单独占有混合气体总体积时的行为相同。故理想气体混合物中组分 B 的化学势等于组分 B 在其分压下的纯态 B 的化学势，即：

$$\mu_B(pg,T,p) = \mu_B^{\ominus}(pg,T) + RT\ln\frac{p_B}{p^{\ominus}} \tag{4-14}$$

思考练习题

4.2-1　填空题

1. 化学势 μ_B 就是组分 B 的偏摩尔_____。

2. 化学势的定义式为_____。

4.2-2　单选题

1. 下列偏导数中，不是偏摩尔量的是_____。

A. $\left(\dfrac{\partial V}{\partial n_B}\right)_{T,p,n_C}$　　　B. $\left(\dfrac{\partial G}{\partial n_B}\right)_{T,p,n_C}$　　　C. $\left(\dfrac{\partial \mu}{\partial n_B}\right)_{T,p,n_C}$　　　D. $\left(\dfrac{\partial A}{\partial n_B}\right)_{T,p,n_C}$

2. 在373.15 K，100 kPa下水的化学势与水蒸气化学势的关系为_____。

A. 水的化学势等于水蒸气化学势

B. 水的化学势大于水蒸气化学势

C. 水的化学势小于水蒸气化学势

D. 无法确定

3. 关于偏摩尔量，下面的说法中正确的是_____。

A. 偏摩尔量的绝对值都可求算

B. 纯物质的偏摩尔量等于它的摩尔量

C. 同一系统的各个偏摩尔量之间彼此无关

D. 系统的强度性质才有偏摩尔量

4. 在298.15 K，100 kPa下两瓶含萘的苯溶液，第一瓶为2 dm³（溶有0.5 mol萘），第二瓶为1 dm³（溶有0.25 mol萘），若以μ_1和μ_2分别表示两瓶中萘的化学势，则_____。

A. $\mu_1 = 10\mu_2$　　　B. $\mu_1 = 2\mu_2$　　　C. $\mu_1 = 1/2\mu_2$　　　D. $\mu_1 = \mu_2$

4.2-3　问答题

1. 判断下列说法是否正确，为什么？

（1）系统所有广度性质都有偏摩尔量；

（2）任何一个偏摩尔量均是温度、压力和组成的函数；

（3）只有恒温、恒容条件下，广度性质随某一组分的物质的量的变化率才称作偏摩尔量。

2. 偏摩尔量的物理意义是什么？

4.2-4　习题

1. 在20 ℃、标准压力下，水—乙醇混合物中水和乙醇的物质的量均为0.5 mol，已知水和乙醇的偏摩尔体积分别为17.0 cm³/mol和57.4 cm³/mol。试计算该混合物的总体积。

2. 2 mol A物质和3 mol B物质在恒温恒压下混合形成液体混合物，该系统中A和B的偏摩尔体积分别为1.79×10⁻⁵ m³/mol和2.15×10⁻⁵ m³/mol。试计算混合物的总体积。

任务4.3　拉乌尔定律和亨利定律

4.3.1　拉乌尔定律和理想液态混合物

4.3.1.1　拉乌尔定律

纯液体在一定的温度下具有一定的饱和蒸气压。当在纯液体中加入非挥发性溶质后，溶液的蒸气压要低于相同条件下纯溶剂的蒸气压。1887年，法国科学家拉乌尔（Raoult）总结了这一方面的规律，称为拉乌尔定律：在一定温度下，稀溶液中溶剂的蒸气压等于同温同压下纯溶剂的饱和蒸气压与稀溶液中溶剂的物质的量分数的乘积，即：

$$p_A = p_A^* x_A \tag{4-15}$$

式中，p_A为稀溶液中溶剂A的蒸气压，Pa；p_A^*为纯溶剂A在同温同压下的饱和蒸气压，取决于溶剂的本性及温度，Pa；x_A 为稀溶液中溶剂 A 的物质的量分数。

对于二组分溶液，因 $x_A + x_B = 1$，则：

$$p_A = p_A^* x_A = p_A^* (1 - x_B) = p_A^* - p_A^* x_B$$

即：

$$\Delta p = p_A^* - p_A = p_A^* x_B \qquad (4\text{-}16)$$

一般来说，只有在稀溶液中的溶剂才能够较准确地遵守拉乌尔定律。在稀溶液中，由于溶质浓度极低，每个溶剂分子周围几乎全部被溶剂分子所包围，与纯溶剂时环境相同，因此溶剂的饱和蒸气压只与单位体积中溶剂分子数成正比，而与溶质分子的性质无关。

拉乌尔定律最初是从含有非挥发性溶质的溶液中总结出来的，但进一步研究发现，在含有挥发性溶质的稀溶液中，溶剂也遵守拉乌尔定律，此时溶液蒸气压 $p = p_A + p_B$，不一定低于同温同压下纯溶剂的蒸气压。

4.3.1.2　理想液态混合物

任意组分在全部浓度范围内都遵守拉乌尔定律的液态混合物称为理想液态混合物。理想液态混合物在实际中并不存在，但是因为理想液态混合物所服从的规则比较简单，并且实际上很多溶液在一定浓度范围内的性质也接近理想液态混合物，所以可以将理想液态混合物中的一些规律应用于大部分实际溶液。

A　理想液态混合物的微观特征

（1）理想液态混合物中各组分的微观粒子结构非常近似，分子体积相等；

（2）理想液态混合物中各组分的微观粒子间作用力彼此相当。

B　理想液态混合物的宏观特征

在恒温、恒压下由纯组分混合成理想液态混合物时没有热效应，混合前后不发生体积变化，混合过程其熵增加，吉布斯函数减少，即：

$$\Delta_{mix} H = 0, \quad \Delta_{mix} V = 0, \quad \Delta_{mix} S > 0, \quad \Delta_{mix} G < 0$$

C　理想液态混合物中任意组分的化学势

某一理想液态混合物在一定的 T、p 下与其蒸汽呈平衡状态，若气相压强不高时，可将蒸气视为理想气体混合物。故平衡条件下有：

$$\mu_B(l, T, p) = \mu_B(pg, T, p) \qquad (4\text{-}17)$$

在式(4-17)中，代入理想气体混合物中任一组分 B 的化学势的公式(4-14)，得：

$$\mu_B(l, T, p) = \mu_B^{\ominus}(pg, T) + RT\ln\frac{p_B}{p^{\ominus}}$$

同时，根据拉乌尔定律 $p_B = p_B^* x_B$，得：

$$\mu_B(l, T, p) = \mu_B^{\ominus}(pg, T) + RT\ln\frac{p_B^* x_B}{p^{\ominus}} = \mu_B^{\ominus}(pg, T) + RT\ln\frac{p_B^*}{p^{\ominus}} + RT\ln x_B$$

定义纯液体 B 在一定的 T、p 时的化学势为

$$\mu_B^*(l, T, p) = \mu_B^{\ominus}(pg, T) + RT\ln\frac{p_B^*}{p^{\ominus}} \qquad (4\text{-}18)$$

则理想液态混合物中任意组分 B 的化学势可表示为：

$$\mu_B(l, T, p) = \mu_B^*(l, T, p) + RT\ln x_B \qquad (4\text{-}19)$$

当 $p \approx p^{\ominus}$ 时，$\mu_B^*(l, T, p) \approx \mu_B^{\ominus}(l, T, p)$，有：

$$\mu_B(l) = \mu_B^{\ominus}(l, T) + RT\ln x_B \qquad (4\text{-}20)$$

D　理想液态混合物的气-液平衡

在一定温度下，假设某二组分理想液态混合物由不易挥发的 A 组分和易挥发的 B 组分组成，且 A 和 B 均能挥发。

（1）平衡气相的蒸汽总压力与平衡液相组成的关系。

组分 A 和 B 都服从拉乌尔定律，故在平衡气相中的分压分别为：

$$p_A = p_A^* x_A = p_A^*(1-x_B) = p_A^* - p_A^* x_B$$

$$p_B = p_B^* x_B$$

根据分压定律，与混合物平衡的气相总压为：

$$p = p_A + p_B = p_A^* + (p_B^* - p_A^*)x_B \qquad (4\text{-}21)$$

$$x_B = \frac{p - p_A^*}{p_B^* - p_A^*}$$

式中，p 为理想液态混合物的蒸汽总压，Pa；p_A^* 为组分 A 在相同温度下的饱和蒸气压，Pa；p_B^* 为组分 B 在相同温度下的饱和蒸气压，Pa；x_B 为组分 B 在液相中的物质的量分数。

（2）平衡气相的蒸汽总压力与平衡气相组成的关系。

根据分压定律 $p_B = p y_B$，及拉乌尔定律 $p_B = p_B^* x_B$，则：

$$p y_B = p_B^* x_B$$

$$y_B = \frac{p_B^* x_B}{p} = \frac{p_B^* x_B}{p_A^* + (p_B^* - p_A^*)x_B} \qquad (4\text{-}22)$$

式中，y_B 为组分 B 在平衡气相中的物质的量分数；x_B 为组分 B 在平衡液相中的物质的量分数。

例 4-2

在 $p^{\ominus}$、T 时，组分 A 和组分 B 组成理想液态混合物，两液体达到气——液平衡。已知温度为 T 时，p_A^* 和 p_B^* 分别为 46.0 kPa 和 116.9 kPa，计算该理想液态混合物在 $p^{\ominus}$、T 时达气——液平衡时的液相组成和气相组成。

例 4-2 解析

4.3.2　亨利定律和理想稀溶液

4.3.2.1　亨利定律

1803 年，英国科学家亨利（Henry）在研究一定温度下气体在液体中的溶解度时发现，恒温恒压下，挥发性溶质在液体中的溶解度与该溶质在平衡气相中的分压成正比，称为亨利定律。其计算公式为：

$$p_B = k_{x,B} x_B \qquad (4\text{-}23)$$

式中，p_B 为稀溶液中挥发性溶质 B 在平衡气相中的分压，Pa；x_B 为稀溶液中溶质 B 的物质的量分数；$k_{x,B}$ 为以 x_B 表示浓度的亨利系数，其值与溶质和溶剂的本性及温度、压力和浓度的表达形式有关，Pa。

溶液组成的表达形式不同则亨利定律的表达式也不同，常见的亨利定律表达形式见表 4-1。

表 4-1 常见的亨利定律表达形式

组成表示	亨利定律	亨利系数	亨利系数的单位
x_B	$p_B = k_{x,B} x_B$	$k_{x,B}$	Pa
c_B	$p_B = k_{c,B} c_B$	$k_{c,B}$	$Pa \cdot m^3/mol$
b_B	$p_B = k_{b,B} b_B$	$k_{b,B}$	$Pa \cdot kg/mol$

应用亨利定律时应注意以下几点。

（1）温度不同，亨利系数不同。一般对于大多数溶于水中的气体而言，溶解度随温度升高而降低，因此温度越高，溶质的平衡压力越高，溶液越稀，亨利定律越准确。

（2）亨利定律只适用于溶质在气相中和液相中分子形式相同的物质。例如，HCl(g) 溶于 $C_6H_6(1)$ 中，气相和液相中的 HCl 都是呈分子状态，可以应用亨利定律；但是当 HCl(g) 溶于 $H_2O(1)$ 中时，液相中的 HCl 呈 H^+ 和 Cl^-，而气相中呈 HCl 分子状态，则不适用亨利定律。

（3）当多种气体溶于同一种溶剂中时，若液面上气体总压力不大，则亨利定律能分别适用于每一种溶质。

亨利定律和拉乌尔定律在应用时应注意两者区别。

（1）拉乌尔定律适用于计算稀溶液中溶剂的蒸气压，亨利定律适用于计算稀溶液中溶质的蒸气压。

（2）拉乌尔定律中的比例常数是同温同压下纯溶剂的蒸气压，与溶质性质无关；而亨利定律中的比例常数与溶剂、溶质的性质都有关，需要通过实验确定。

（3）在亨利定律中，溶质组成可以用任何表达形式表示，但拉乌尔定律中的组成必须用物质的量分数来表示。

4.3.2.2 理想稀溶液

在浓度很低溶液中，溶质分子间距离很远，溶剂和溶质分子周围几乎全是溶剂分子。这种溶剂服从拉乌尔定律，而溶质服从亨利定律的无限稀的溶液，称为理想稀溶液。此时，溶质含量趋近于零，极稀的真实溶液可以按理想稀溶液处理。

A 理想稀溶液的微观特征

（1）对于溶质而言，溶剂与溶质分子之间的相互作用力不等同于纯溶剂分子或者纯溶质分子之间的相互作用力，能够明显改变溶质分子的性质。

（2）对溶剂而言，理想稀溶液中的溶质数量很少，溶质与溶剂的作用力对溶剂分子整体的影响可以忽略，溶剂分子的性质等同于纯组分的性质。

B 理想稀溶液中组分的化学势

（1）理想稀溶液中溶剂的化学势。

因为理想稀溶液中的溶剂能够严格遵守拉乌尔定律，所以溶剂 A 的化学势与理想液态混合物中任一组分 B 在 T、p 时的化学势表示式相同，表示为：

$$\mu_A = \mu_A^\ominus + RT\ln x_A \tag{4-24}$$

式中，μ_A 为理想稀溶液中溶剂 A 在 T、p 时的化学势，单位为 J/mol；$\mu_A^\ominus$ 为溶剂 A 的标准化学势，溶剂的标准态是温度 T、标准压强 $p^\ominus$ 下的纯溶剂，单位为 J/mol；x_A 为理想稀溶液中溶剂 A 的物质的量分数。

（2）理想稀溶液中溶质的化学势。

当溶质 B 的浓度以 x_B 表示时，溶质的化学势可表示为：

$$\mu_B = \mu_{x,B}^\ominus + RT \ln x_B \tag{4-25}$$

式中，μ_B 为理想稀溶液中溶质 B 在 T、p 时的化学势，J/mol；$\mu_{x,B}^\ominus$ 为溶质 B 的浓度以 x_B 表示时的标准化学势，溶质的标准态是温度 T、标准压强 $p^\ominus$ 下 $x_B = 1$ 且符合亨利定律的假想状态，J/mol；x_B 为理想稀溶液中溶质 B 的物质的量分数。

当溶质 B 的浓度以 b_B 表示时，溶质的化学势可表示为：

$$\mu_B = \mu_{b,B}^\ominus + RT \ln \frac{b_B}{b^\ominus} \tag{4-26}$$

式中，$\mu_{b,B}^\ominus$ 为溶质 B 的浓度以 b_B 表示时的标准化学势，溶质的标准态是温度 T、标准压强 $p^\ominus$ 下，$b_B = 1$ mol/kg 且符合理想稀溶液的假想状态，J/mol；b_B 为理想稀溶液中溶质 B 的质量摩尔浓度，mol/kg；$b^\ominus$ 为溶质 B 的标准质量摩尔浓度，$b^\ominus = 1$ mol/kg。

当溶质 B 的浓度以 c_B 表示时，溶质的化学势可表示为：

$$\mu_B = \mu_{c,B}^\ominus + RT \ln \frac{c_B}{c^\ominus} \tag{4-27}$$

式中，$\mu_{c,B}^\ominus$ 为溶质 B 的浓度以 c_B 表示时的标准化学势，溶质的标准态是温度 T、标准压强 $p^\ominus$ 下，$c_B = 1$ mol/dm^3 且符合理想稀溶液的假想状态，J/mol；c_B 为理想稀溶液中溶质 B 的物质的量浓度，mol/dm^3；$c^\ominus$ 为溶质 B 的标准物质的量浓度，$c^\ominus = 1$ mol/dm^3。

溶质化学势的三种表达形式，采用的标准态不同，标准化学势也不同，但对于同一溶质计算得到的化学势数值均相等。事实上，标准态选择的原则，是使组分化学势的表达式简洁、统一为原则。当用物质的量分数表示时，表达形式最为简洁，并且与溶剂或理想溶液组分的化学势表达形式一致，所以第一种形式最常被采用。

C 理想稀溶液的气-液平衡

在一定温度下，假设某二组分理想稀溶液由挥发性 A 组分和 B 组分组成，达到气-液平衡时，溶液的平衡蒸气总压为：

$$p = p_A + p_B = p_A^* x_A + k_{x,B} x_B = p_A^* (1 - x_B) + k_{x,B} x_B$$

即：

$$p = p_A^* + (k_{x,B} - p_A^*) x_B \tag{4-28}$$

液相组成为：

$$x_B = \frac{p - p_A^*}{k_{x,B} - p_A^*} \tag{4-29}$$

根据分压定律 $p_B = p y_B$，及亨利定律 $p_B = k_{x,B} x_B$，得：

$$p y_B = k_{x,B} x_B$$

气相组成为

$$y_B = \frac{k_{x,B} x_B}{p} = \frac{k_{x,B} x_B}{p_A^* + (k_{x,B} - p_A^*) x_B} \tag{4-30}$$

例 4-3

在 370.3 K 时，在乙醇（B）和水（A）组成的理想稀溶液中，测得当 $x_B = 0.012$ 时，其蒸气总压 $p = 1.01 \times 10^5$ Pa。已知该温度下纯水的饱和蒸气压 $p_A^* = 0.91 \times 10^5$ Pa，试求：

例 4-3 解析

（1）乙醇在水中的亨利常数 $k_{x,B}$；

（2）$x_B = 0.020$ 的乙醇水溶液中乙醇的蒸气分压。

思考练习题

4.3-1　填空题

1. 已知稀溶液中溶质的摩尔分数为 0.02，纯溶剂的饱和蒸气压为 91.3 kPa，则该溶液中溶剂的蒸气压为 _____ kPa。

2. 理想液态混合物的定义是 _____；理想稀溶液的定义是 _____。

4.3-2　判断题

1. 由纯组分混合成理想液态混合物，熵值一定增大。　　　　　　　　　　　　（　　）

2. 稀溶液的溶剂和溶质分别遵守拉乌尔定律和亨利定律。　　　　　　　　　　（　　）

3. 若溶质服从亨利定律，则溶剂必须服从拉乌尔定律，反之亦然。　　　　　　（　　）

4. 溶质分子在溶剂中和气相中的形态应当相同，如果溶质发生电离、缔合或溶剂化则不能应用亨利定律。　　　　　　　　　　　　　　　　　　　　　　　　　　　　　（　　）

5. 温度越高，压力越低（浓度越小）亨利定律越不准确。　　　　　　　　　　（　　）

4.3-3　单选题

1. 以下气体溶于水溶剂，不能使用亨利定律的是 _____。

A. N_2　　　　　　B. O_2　　　　　　C. NO_2　　　　　　D. CO

2. 某温度下的 $x_B = 0.120$ 乙醇溶液蒸气压为 101.315 kPa，该温度下纯水的饱和蒸气压为 91.326 kPa，则亨利系数为 _____ kPa。

A. 83.3　　　　　　B. 753　　　　　　C. 844　　　　　　D. 174

3. A、B 两液体的饱和蒸气压分别为 100 kPa 和 50 kPa，当 A、B 形成理想液体混合物且 $x_A = 0.50$ 时，平衡气相中 A 的物质的量分数为 _____。

A. 1　　　　　　　B. 1/2　　　　　　C. 2/3　　　　　　D. 1/3

4. 298 K 时 A、B 两种气体在水中的亨利常数分别为 k_1 和 k_2，且 $k_1 > k_2$，则当 $p_1 > p_2$ 时，A、B 在水中的溶解量 x_1 和 x_2 的关系为 _____。

A. $c_1 > c_2$　　　　B. $c_1 < c_2$　　　　C. $c_1 = c_2$　　　　D. 无法确定

4.3-4　问答题

1. 拉乌尔定律和亨利定律的适用条件有何不同？

2. 下列说法是否正确，为什么？

（1）理想液态混合物各组分分子间没有作用力。

（2）由纯组分混合成理想液态混合物时没有热效应，故混合熵等于零。

（3）亨利系数与温度、压力以及溶剂和溶质的性质有关。

3. "p 趋近于零时，真实气体趋近于理想气体"，此种说法对吗？"x_B 趋近于零时，真实溶液趋近于理想溶液",此种说法对吗?

4.3-5 习题

1. 298 K 时,纯水的饱和蒸气压为 3159.7Pa,若有一含甘油质量分数为 0.10 的水溶液,求溶液上的饱和蒸气压为多少?

2. 氯化氢气体溶于氯苯中的亨利系数 $k_{b,B} = 4.44 \times 10^5$ Pa·kg/mol,试计算当溶液中氯化氢气体的质量分数为 0.01 时,溶液上面 HCl 的分压强为多少?

3. 在 273.15 K 及平衡压强为 810.6 kPa 下,氧气在水中的溶解度为 0.557 g O_2/kgH_2O。计算在同温度下,平衡压强为 202.65 kPa 时,每千克水中溶有氧气多少克?

4. C_6H_5Cl 和 C_6H_5Br 混合后形成理想液态混合物。在 136.7 ℃时纯 C_6H_5Cl 和纯 C_6H_5Br 的蒸气压分别为 1.15×10^5 Pa 和 6.04×10^5 Pa。试计算:

(1) 要求混合物在 $p^\ominus$ 下沸点为 136.7 ℃,则混合物应为怎样的组成?

(2) 在 136.7 ℃时要使平衡蒸汽相中两物质的蒸气压相等,则混合物的组成又如何?

5. 280 K 时,氯仿(B)的丙酮(A)溶液中,若氯仿的摩尔分数 $x_B = 0.058$,测得系统的总压 $p = 44316$ Pa。已知在该温度下,纯丙酮和纯氯仿的饱和蒸气压分别为 45930 Pa 和 39077Pa。试求氯仿的物质的量分数为 0.1232 时,系统内丙酮和氯仿的平衡分压及总压。(假设在以上浓度范围内,溶质服从拉乌尔定律,溶剂服从亨利定律,且蒸气服从理想气体状态方程。)

任务 4.4 稀溶液的依数性

当少量非挥发性的溶质溶解在溶剂中形成稀溶液时,会使溶剂的化学势发生变化,从而与纯溶剂的物理性质产生差异,如蒸气压下降、沸点上升、凝固点下降以及产生渗透压。这些性质的变化仅与溶液中溶质的质点数目有关,而与溶质的本性无关,被称为稀溶液的依数性。

4.4.1 蒸气压下降

当在某溶剂中加入少量非挥发性溶质得到稀溶液时,溶液的蒸汽分压就等于溶剂的蒸气压,由式(4-16)可知溶液的蒸气压下降值与溶质数量的关系,即:

$$\Delta p = p_A^* - p_A = p_A^* x_B \tag{4-31}$$

式(4-31)表明,Δp 与溶质的浓度成正比,比例系数取决于纯溶剂的本性(纯溶剂的饱和蒸气压),而与溶质的本性无关。溶液蒸气压降低规律是拉乌尔定律的必然结果,是稀溶液其他依数性的基础。

4.4.2 沸点升高

沸点是液体饱和蒸气压等于外压时的温度。如图 4-1 所示,若溶剂中加入非挥发的溶质形成稀溶液,则稀溶液的蒸气压曲线必位于纯溶剂的蒸气压曲线的下方。相同温度下,纯溶剂的蒸气压总是大于稀溶液的蒸气压。溶剂沸腾时,其蒸气压 p_A^* 达到外压,此时稀溶液的蒸气压 p_A 尚未达到外压。要是

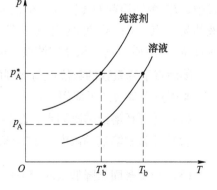

图 4-1 稀溶液的沸点上升

溶液在同一外压下沸腾，需加热到更高的温度 T_b 才能够沸腾，这种现象称为沸点升高。

稀溶液的沸点升高与溶液浓度的关系为：

$$\Delta T_b = T_b - T_b^* = K_b b_B \tag{4-32}$$

式中，T_b 为稀溶液的沸点，K；T_b^* 为纯溶剂的沸点，K；K_b 为沸点升高系数，K·kg/mol；b_B 为溶质 B 的质量摩尔浓度，mol/kg。

沸点升高系数的数值仅与溶剂的性质有关，而与溶质的性质无关。

沸点上升公式可应用于：

（1）计算稀溶液的沸点，$\Delta T_b = T_b - T_b^*$；

（2）计算稀溶液的浓度，$\Delta T_b = K_b b_B$；

（3）利用沸点上升法测溶质的摩尔质量，$\Delta T_b = K_b b_B = K_b \dfrac{m_B}{m_A M_B}$。

例 4-4

3.20×10⁻³ kg 萘（B）溶于 50.0×10⁻³ kg 二硫化碳中（A），溶液的沸点升高 1.17 K。已知沸点升高系数为 2.34 K·kg/mol，求萘的摩尔质量。

例 4-4 解析

4.4.3　凝固点降低

凝固点是固体蒸气压等于其液体蒸气压时的温度。如图 4-2 所示，液态纯溶剂与固态纯溶剂的蒸气压曲线交点所对应的温度 T_f^* 为纯溶剂在该外压下的凝固点。稀溶液中溶剂的蒸气压小于纯溶剂的蒸气压，其蒸气压曲线与固态纯溶剂的蒸气压曲线交点所对应的温度 T_f 为稀溶液的凝固点。$T_f < T_f^*$，故稀溶液的凝固点低于纯溶剂的凝固点。

稀溶液的沸点下降与溶液浓度的关系为：

$$\Delta T_f = T_f^* - T_f = K_f b_B \tag{4-33}$$

式中，T_f^* 为纯溶剂的凝固点，单位为 K；T_f 为稀溶液的凝固点，K；K_f 为凝固点下降系数，K·kg/mol；b_B 为溶质 B 的质量摩尔浓度，mol/kg。

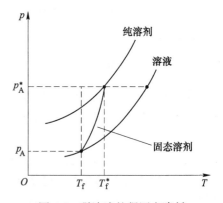

图 4-2　稀溶液的凝固点降低

凝固点下降系数的数值仅与溶剂的性质有关，而与溶质的性质无关。

凝固点下降公式可应用于：

（1）计算稀溶液的凝固点，$\Delta T_f = T_f^* - T_f$；

（2）计算稀溶液的浓度，$\Delta T_f = K_f b_B$；

（3）利用凝固点降低法测溶质的摩尔质量，$\Delta T_f = K_f b_B = K_f \dfrac{m_B}{m_A M_B}$；

（4）利用凝固点降低法来检验化合物产品的纯度；

（5）利用凝固点降低原理，可以自制冷冻剂。

例 4-5

冬季，为防止某仪器中的水结冰，在水中加入甘油，如果要使凝固点下降到 271 K，则 1.00 kg 水中应加入多少甘油？（水的 K_f 为 1.86 K·kg/mol；甘油的摩尔质量为 0.092 mol/kg）

例 4-5 解析

4.4.4 渗透压

如图 4-3 所示，在一定温度、压强下，用一个只允许溶剂分子穿过的渗透膜，将纯溶剂与稀溶液隔开。由于纯溶剂的化学势高于稀溶液中的化学势，溶剂分子会通过半透膜渗透到溶液一侧，使溶液侧的液面升高的现象称为渗透现象。要使两侧液面高度相同（即达到渗透平衡），则要在溶液一侧施加一个额外压力，这个额外压力称为稀溶液的渗透压，用符号 Π 表示。根据半透膜两侧化学势相等的关系可以推出稀溶液的渗透压计算公式为：

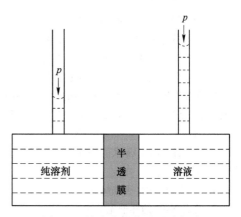

图 4-3　稀溶液的渗透压示意图

$$\Pi = c_B RT \qquad (4\text{-}34)$$

式(4-34)称为稀溶液的范特霍夫渗透压公式，适用于一定温度下稀溶液与纯溶剂之间达到渗透平衡时溶液的渗透压 Π 及溶质浓度 c_B 的计算。工业上利用反渗透技术进行海水淡化或水的净化和各种废水处理。

例 4-6

298.15 K 时，将 2 g 某化合物溶于 1 kg 水中的渗透压与在 298.15 K 将 0.8 g 葡萄糖（$C_6H_{12}O_6$）和 1.2 g 蔗糖（$C_{12}H_{22}O_{11}$）溶于 1 kg 水中的渗透压相同。试求此化合物的摩尔质量。

例 4-6 解析

思考练习题

4.4-1　填空题

1. 稀溶液的依数性是指稀溶液的_____下降值、_____升高值、_____降低值和_____值只与溶液中溶质的质点数目有关，而与溶质的本性无关。

2. 人体血浆可视为稀溶液，密度为 10^3 kg/m³，凝固点为 -0.56 ℃，37 ℃时人体血浆的渗透压 $\Pi =$ _____kPa。（已知水的 $K_f = 1.86$ K·kg/mol）

4.4-2　判断题

1. 可以利用反渗透原理，利用半透膜，向海水施压从而达到使海水淡化的目的。　　　　　　（　　）

2. 水中溶解少量乙醇后，沸点一定上升。　　　　　　　　　　　　　　　　　　　（　　）

3. 凝固点是固体蒸气压等于其液体蒸气压时的温度。　　　　　　　　　　　　　（　　）

4. 由于凝固点和沸点测定方便，所以经常利用测定稀溶液凝固点或沸点的方法确定某些物质（溶质）的摩尔质量。　　　　　　　　　　　　　　　　　　　　　　　　　　　　　（　　）

5. 向热的油里滴水，会立刻沸腾并溅起来是因为油和水互不相溶，混合后沸点大幅降低。（　　）

4.4-3　单选题

1. 将非挥发性溶质溶于溶剂中形成稀溶液时，将引起_____。

　　A. 沸点升高　　　　　B. 熔点升高　　　　　C. 蒸气压升高　　　　　D. 都不对

2. 关于稀溶液的依数性其中正确的是_____。

　　A. 只有溶质不挥发的稀溶液才有这些依数性

　　B. 所有依数性都与溶液中溶质的浓度成正比

　　C. 所有依数性都与溶剂的性质无关

　　D. 所有依数性都与溶质的性质有关

3. 在等质量的水、苯、氯仿和四氯化碳中分别溶入 100 g 非挥发性物质 B，已知它们的沸点升高常数依次是 0.52，2.6，3.85，5.02，溶液沸点升高最多的是_____。

　　A. 水　　　　　　　B. 苯　　　　　　　C. 氯仿　　　　　　　D. 四氯化碳

4. 两只各装有 1 kg 水的烧杯，一只溶有 0.01 mol 蔗糖，另一只溶有 0.01 mol NaCl，按同样速度降温冷却，则_____。

　　A. 溶有蔗糖的杯子先结冰　　　　　　　B. 两杯同时结冰

　　C. 溶有 NaCl 的杯子先结冰　　　　　　D. 视外压而定

5. 冬季施工时，为了保证施工质量，常在浇筑混凝土时加入盐类，其主要原因是_____。

　　A. 增加混凝土的强度　　　　　　　　　B. 防止建筑物被腐蚀

　　C. 降低混凝土的固化温度　　　　　　　D. 吸收混凝土中的水分

4.4-4　问答题

是否任何溶质的加入都能使溶液的沸点升高？

4.4-5　习题

1. 在 22.5 g 苯中融入 0.238 g 某未知化合物，测得苯的凝固点下降 0.430 K，苯的凝固点下降系数 $K_f = 5.10$ K·kg/mol。试求此化合物的摩尔质量。

2. 10 g 葡萄糖（$C_6H_{12}O_6$）溶于 400 g 乙醇中，溶液的沸点较纯乙醇的上升 0.1428 ℃，另外有 2 g 有机物质溶于 100 g 乙醇中，此溶液的沸点则上升 0.1250 ℃。试求此有机物质的相对分子质量。

3. 在 100 g 苯中加入 13.76 g 联苯（$C_6H_5—C_6H_5$），所形成溶液的沸点为 82.4 ℃。已知纯苯的沸点为 80.1 ℃。试求苯的沸点升高系数。

4. 在 293.15 K 时，乙醚的蒸气压为 58.95 kPa，今在 0.10 kg 乙醚中溶入某非挥发性有机物 0.01 kg，乙醚的蒸气压降到 56.79 kPa。试求该有机物的摩尔质量。

任务 4.5　真实液态混合物和真实溶液

实际溶液总是与拉乌尔定律和亨利定律有着或大或小的偏差。因此，实际溶液中组分的蒸气压不能用拉乌尔定律或亨利定律表示，组分的化学势也不能像理想液态混合物和理想稀溶液中那样推导出来。1907 年，科学家路易斯（Lewis）提出了活度的概念，使实际溶液中组分的化学势具有和理想液态混合物和理想稀溶液组分化学势相同的形式。

对真实液态混合物中任一组分 B，用 α_B 来代替 x_B。α_B 称为组分 B 的活度，其计算公式为：

$$\alpha_B = f_B x_B \tag{4-35}$$

式中，f_B 为校正因子，是一个无量纲的量，其值与溶剂和溶质的性质、溶液浓度及温度都有关，称为活度系数。活度系数的大小反映了实际溶液对理想溶液的偏差性质及程度。

4.5.1 以拉乌尔定律为基础的活度

根据拉乌尔定律，则以拉乌尔定律为基础的活度系数定义为：

$$f_B = \frac{p_B}{p_B^* x_B} \tag{4-36}$$

以拉乌尔定律为基础的活度定义为：

$$\alpha_B = \frac{p_B}{p_B^*} \tag{4-37}$$

4.5.2 真实液态混合物中任意组分化学势

根据活度的定义，真实液态混合物中组分 B 的化学势为：

$$\mu_B(l) = \mu_B^\ominus(l, T) + RT\alpha_B = \mu_B^\ominus(l, T) + RT\ln f_B x_B \tag{4-38}$$

式中，$\mu_B(l)$ 为真实液态混合物中任一组分 B 在 T、p 时的化学势，单位为 J/mol；$\mu_B^\ominus(l, T)$ 为组分 B 的标准化学势，单位为 J/mol。

例 4-7

288.15 K 时，将 1 mol NaOH 溶解于 4.56 mol H_2O 中，所形成溶液的蒸气压为 596 kPa（NaOH 不挥发），纯水在 288.15 K 的蒸气压为 $p_{H_2O}^* = 1705$ kPa。

（1）求此溶液中水的活度及活度系数；（2）此溶液中水的化学势 μ_{H_2O} 和纯水的化学势 $\mu_{H_2O}^*$，哪一个较大，二者相差多少？

例 4-7 解析

4.5.3 以亨利定律为基础的活度

根据亨利定律，则以亨利定律为基础的活度系数定义为：

$$f_B = \frac{p_B}{k_{x,B} x_B} \tag{4-39}$$

以亨利定律为基础的活度定义为：

$$\alpha_B = \frac{p_B}{k_{x,B}} \tag{4-40}$$

4.5.4 真实溶液中溶剂和溶质的化学势

4.5.4.1 真实溶液中溶剂的化学势

真实溶液中溶剂 A 的活度与真实液态混合物中任一组分的活度定义类似。若真实溶液中溶剂的活度为 α_A，则真实溶液中溶剂 A 的化学势表示为：

$$\mu_A(l) = \mu_A^{\ominus}(l, T) + \ln RT\alpha_A \tag{4-41}$$

式中，$\mu_A(l)$ 为真实溶液中溶剂 A 在 T、p 时的化学势，单位为 J/mol；$\mu_A^{\ominus}(l, T)$ 为溶剂 A 的标准化学势，单位为 J/mol。

4.5.4.2 真实溶液中溶质的化学势

当溶质 B 的浓度以物质的量表示时，活度 α_B 代替 x_B，这时溶液中溶质的化学势可表示为：

$$\mu_B = \mu_{x,B}^{\ominus} + RT\ln\alpha_{x,B} \tag{4-42}$$

式中，$\alpha_{x,B} = f_{x,B}x_B$。

当溶质 B 的浓度以质量摩尔浓度 b_B 表示时，这时溶液中溶质的化学势可表示为：

$$\mu_B = \mu_{b,B}^{\ominus} + RT\ln\alpha_{b,B} \tag{4-43}$$

式中，$\alpha_{b,B} = f_{b,B}\dfrac{b_B}{b^{\ominus}}$。

当溶质 B 的浓度以物质的量浓度 c_B 表示时，这时溶液中溶质的化学势可表示为：

$$\mu_B = \mu_{c,B}^{\ominus} + RT\ln\alpha_{c,B} \tag{4-44}$$

式中，$\alpha_{c,B} = f_{c,B}\dfrac{c_B}{c^{\ominus}}$。

思考练习题

4.5-1 问答题

参与反应的物质的活度的标准态不同是否会影响反应的 $\Delta G^{\ominus}$ 值？

4.5-2 习题

1. 100 ℃时 $x(KCl) = 0.05$ 的水溶液上方蒸气压 $p = 92.5$ kPa，试以纯水为标准态，试求此溶液中水的活度及活度系数。

2. 在 288 K 时 $H_2O(l)$ 的饱和蒸气压为 1702 Pa，0.6 mol 的非挥发性溶质 B 溶于 0.540 kg H_2O 时，蒸气压下降 42 Pa。试求此溶液中 H_2O 的活度系数。

任务 4.6 实验 1：溶液偏摩尔体积的测定

4.6.1 实验目的

（1）掌握用比重瓶测定溶液密度的方法；

（2）运用密度法测定指定组成的乙醇-水溶液中各组分的偏摩尔体积；

（3）理解偏摩尔量的物理意义。

4.6.2 实验原理

在多组分体系中，某组分 B 的偏摩尔体积定义为：

$$V_B = \left(\frac{\partial V}{\partial n_B}\right)_{T,p,n_C} \tag{1}$$

若是二组分体系，则有：

$$V_1 = \left(\frac{\partial V}{\partial n_1} \right)_{T,p,n_2} \tag{2}$$

$$V_2 = \left(\frac{\partial V}{\partial n_2} \right)_{T,p,n_1} \tag{3}$$

体系总体积为：

$$V = n_1 V_1 + n_2 V_2 \tag{4}$$

将式（4）两边同除以溶液质量 m，得：

$$\frac{V}{m} = \frac{m_1 V_1}{M_1 m} + \frac{m_2 V_2}{M_2 m} \tag{5}$$

令

$$\frac{V}{m} = \alpha, \quad \frac{V_1}{M_1} = \alpha_1, \quad \frac{V_2}{M_2} = \alpha_2 \tag{6}$$

式中，α 为溶液的比容；α_1，α_2 分别为组分 1、2 的偏质量体积。将式（6）代入（5）式可得：

$$\alpha = w_1 \alpha_1 + w_2 \alpha_2 = (1 - w_2) \alpha_1 + w_2 \alpha_2 \tag{7}$$

将式（7）对 w_2 微分，得：

$$\frac{\partial \alpha}{\partial w_2} = -\alpha_1 + \alpha_2$$

即

$$\alpha_2 = \alpha_1 + \frac{\partial \alpha}{\partial w_2} \tag{8}$$

将式（8）代回式（7），整理得：

$$\alpha_1 = \alpha - w_2 \frac{\partial \alpha}{\partial w_1} \tag{9}$$

和

$$\alpha_2 = \alpha - w_1 \frac{\partial \alpha}{\partial w_2} \tag{10}$$

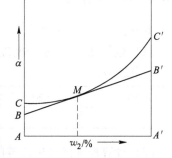

图 4-4 比容-质量分数关系

所以，实验求出不同浓度溶液的比容 α，作 α-w_2 关系图，得曲线 CC'，如图 4-4 所示。若求 M 浓度溶液中各组分的偏摩尔体积，可在 M 点作切线，此切线在两边的截距 AB 和 $A'B'$ 即为 α_1 和 α_2，再由关系式（6）就可求出 V_1 和 V_2。

4.6.3 实验仪器与原料

实验仪器：恒温槽装置 1 套；分析天平 1 台；比重瓶（10 mL）2 个；工业天平 1 台；磨口三角瓶（50 mL）4 个；量筒。

实验原料：无水乙醇，纯水。

4.6.4 实验步骤

4.6.4.1 溶液的配置

调节恒温槽温度为（25.0±0.1）℃。

以无水乙醇（A）和纯水（B）为原液，在磨口三角瓶中用分析天平称重，配制含 A 质量百分数为 0%、20%、40%、60%、80%、100%的乙醇水溶液，每份溶液的总体积为 20 mL。配好后盖紧塞子，以防挥发。摇匀后测定每份溶液的密度。

4.6.4.2　密度的测定

用分析天平精确称量预先洗净烘干的比重瓶，然后盛满纯水（注意不得存留气泡）置于恒温槽中恒温 10 min。用滤纸迅速擦去毛细管膨胀出来的水。取出比重瓶，擦干外壁，迅速称重。重复以上操作至少 3 次，使称重重复至±0.2 mg。

同法测定每份乙醇-水溶液的密度。恒温过程应密切注意毛细管出口液面，如因挥发液滴消失，可滴加少许被测溶液以防挥发之误。

4.6.5　实验注意事项

（1）实际仅需配制四份溶液，可用移液管加液，但无水乙醇含量根据称重算得；

（2）每份溶液用两比重瓶进行平行测定或每份样品重复测定三次，结果取其平均值；

（3）拿比重瓶应手持其颈部，恒温过程应密切注意毛细管出口液面，如因挥发液滴消失，可滴加少许被测溶液以防挥发之误；

（4）比重瓶务必洗净干燥；

（5）比重瓶装填液体时，注满比重瓶，轻轻塞上塞子，让瓶内液体经由塞子毛细管溢出，注意瓶内不得留有气泡，比重瓶外如沾有溶液，务必擦干，实验过程中毛细管里始终要充满液体，注意不得存留气泡。

4.6.6　数据记录与处理

室温：_____；大气压：_____。

（1）根据 25 ℃时水的密度和称重结果，求出比重瓶的容积。

记录表格：

比重瓶质量/g	比重瓶+水质量/g	水的质量/g	水的密度/kg·m⁻³	比重瓶的体积/mL

（2）计算所配溶液中乙醇的准确质量百分比。计算公式为：

$$w_2 = \frac{m_2}{m_1 + m_2} \times 100\%$$

记录表格：

溶液体积分数/%	20	40	60	80
空锥形瓶质量/g				
水+瓶质量/g				
水+乙醇+瓶质量/g				
水的质量/g				
乙醇的质量/g				
溶液总质量/g				
乙醇的质量分数/%				

（3）计算实验条件下各溶液的比容。计算公式为：

$$\alpha = \frac{V_{比重瓶}}{M_{溶液}}$$

记录表格：

溶液体积分数/%	20	40	60	80
乙醇的质量分数/%				
比重瓶+溶液质量/g				
溶液的质量/g				
溶液的比容/mL·g^{-1}				

（4）以比容为纵轴、乙醇的质量百分浓度为横轴作曲线，并在 30% 乙醇处作切线与两侧纵轴相交，即可求得溶液体积分数为 30% 时的 α_1 和 α_2。

4.6.7　思考题

（1）使用比重瓶应注意哪些问题？
（2）如何使用比重瓶测量粒状固体物的密度？
（3）为提高溶液密度测量的精度，可做哪些改进？

任务 4.7　实验 2：凝固点降低法测定摩尔质量

4.7.1　实验目的

（1）用凝固点降低法测定尿素的摩尔质量；
（2）学会用步冷曲线对溶液凝固点进行校正；
（3）通过本实验加深对稀溶液依数性的认识。

4.7.2　实验原理

理想稀溶液具有依数性，凝固点降低就是依数性的一种表现，即对一定量的某溶剂，其理想稀溶液凝固点下降的数值只与所含非挥发性溶质的粒子数目有关，而与溶质的特性无关。

假设溶质在溶液中不发生缔合和分解，也不与固态纯溶剂生成固溶体，则由热力学理论出发，可以导出理想稀溶液的凝固点降低值 ΔT_f（即纯溶剂和溶液的凝固点之差）与溶质质量摩尔浓度 b_B 之间的关系，即：

$$\Delta T_f = T_f^* - T_f = K_f b_B = \frac{K_f}{M_B m_A} m_B \tag{1}$$

由此可导出计算溶质摩尔质量 M_B 的公式，即：

$$M_B = \frac{K_f m_B}{m_A \Delta T_f} \tag{2}$$

式中，T_f^*、T_f 分别为纯溶剂、溶液的凝固点，K；m_A、m_B 分别为溶剂、溶质的质量，kg；K_f 为溶剂的凝固点降低常数，与溶剂性质有关，K·kg/mol；M_B 为溶质的摩尔质量，

kg/mol。

若已知溶剂的 K_f 值，通过实验测得 ΔT_f，便可用式（2）求得 M_B。也可由式（1）通过 ΔT_f-M_B 的关系，线性回归以斜率求得 M_B。

通常测定凝固点的方法是将溶液逐渐冷却，使其结晶。但是，实际上溶液冷却到凝固点，往往并不析出晶体，这是因为新相形成需要一定的能量，故结晶并不析出，这就是所谓过冷现象。然后由于搅拌或加入晶种促使溶剂结晶，由结晶放出的凝固热，使体系温度回升。

实验中，要测量溶剂和溶液的凝固点之差。对于纯溶剂，将溶剂逐渐降低至过冷，温度降低至一定只是出现结晶，当晶体生成时，放出的热量使体系温度回升，而后温度保持相对恒定。因此对于纯溶剂来说，在一定压力下，凝固点是不变的，直到全部液体凝固成固体后才会下降。相对恒定的温度即为凝固点，冷却曲线出现水平线段，其形状如图 4-5（a）所示。

对于溶液来说，除温度外还有溶液浓度的影响。当溶液温度回升后，由于不断析出溶剂晶体，所以溶液的浓度逐渐增大，凝固点会逐渐降低。因此，凝固点不是一个固定的值。如把回升的最高点温度作为凝固点，这时由于已有溶剂晶体析出，所以溶液浓度已不是初始浓度，而大于初始浓度，这时的凝固点不是原浓度溶液的凝固点。要精确测量，应测出步冷曲线，按图 4-5（b）的方法，外推进行校正。

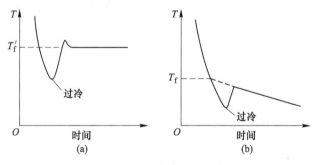

图 4-5　溶剂和溶液的步冷曲线

本实验通过测定纯溶剂与溶液的温度与冷却时间的关系数据，绘制冷却曲线，从而得到两者的凝固点之差 ΔT_f，进而计算待测物的摩尔质量 M_B。

4.7.3　实验仪器与原料

实验仪器：凝固点测定仪 1 台，精密电子温差测量仪 1 台，电子天平 1 台，移液管（50 mL）。

实验原料：尿素，粗盐，冰。

4.7.4　实验步骤

（1）准备冷浴。冰水浴槽中装入 2/3 的冰和 1/3 的水，将温度传感器插入冷浴中，取适量粗盐与冰水混合，使冷浴温度达到 −2～−3 ℃，将电子温差测量仪清零、锁定，将定时时间间隔设为 10 s。

（2）溶剂冷却曲线的测定。用移液管向清洁、干燥的凝固点管内加入 50 mL 纯水，插入洁净的搅拌环和温度传感器，不断搅拌，观察水温的变化，当水温接近 1 ℃ 时，开始记录 "温差" 值，并加快搅拌速度，待温度回升后，恢复原来的搅拌，如此可以减少数据的组数。通常水温的变化规律为 "下降→上升→稳定"，即有过冷现象。当温度达到稳定段后，在稳定段再读数 5~7 组，即可结束读数。

取出凝固点管，用手捂住管壁片刻，同时不断搅拌，使管中固体全部融化，重复测定溶剂温度随时间的变化关系，共三次，每次的稳定段读数之差不超过 0.006 ℃，三次平均值作为纯水的凝固点。

（3）溶液冷却曲线的测定。用电子天平称量约 0.4 g 的尿素。如前将凝固点管中的冰融化，将准确称量的尿素加入管中（若在步骤（2）的搅拌时带出较多的水，可重新移取 50 mL），待其溶解后，同步骤（2）测定溶液的温度随时间的变化关系，共三次。

4.7.5　实验注意事项

（1）实验所用的凝固点管必须洁净、干燥；
（2）冷却过程中的搅拌要充分，但不可使搅拌浆超出液面，以免把样品溅在器壁上；
（3）结晶必须完全融化后才能进行下一次的测量；
（4）凝固点测定仪经 "清零" "锁定" 后，其电源就不能关闭。

4.7.6　数据记录与处理

室温：_____；大气压：_____。

各取一组合理数据，在坐标纸上绘制纯溶剂和溶液的冷却曲线，分别找出纯溶剂和溶液的凝固点，并求出凝固点 ΔT_f，用相关公式计算出尿素的摩尔质量 M_B，并与理论值进行比较。

记录表格：

时间/s	纯水（温度/℃）			尿素（温度/℃）		
	第一组	第二组	第三组	第一组	第二组	第三组
10						
20						
30						
40						
⋮						

4.7.7　思考题

（1）根据什么原则考虑加入溶质的量，太多或太少影响如何？
（2）什么叫凝固点，凝固点降低的公式在什么条件下才适用，它能否用于电解质溶液？

本章小结

拓展阅读

项目 5   相   平   衡

学习目标

（1）熟知相图、相和相数、物种数和组分数、自由度的基本概念及计算；

（2）熟知相律的意义及应用，能够正确使用相律，能用相律分析相图和计算自由度数；

（3）熟知多相体系平衡的一般条件、两组分系统（二元系）特征、简单蒸馏和精馏原理、单组分系统相图的特点和应用、偏差类型及产生原因；

（4）熟知克拉佩龙方程表达式和适用范围，并能进行相应的计算；

（5）会进行克劳修斯-克拉佩龙方程的推导，记住克劳修斯-克拉佩龙方程应用于固-液、固-气、气-液平衡时的表达式及应用；

（6）会分析单组分系统水的相图，会绘制和分析理想液态混合物压力-组成图，会分析理想液态混合物的温度-组成图；会分析非理想液态混合物的气液平衡相图、蒸气压-液相组成图；

（7）会分析二组分系统气液平衡相图的特点（包括温度-组成图、压力-组成图、气相组成-液相组成图）；二组分固液平衡相图（包括生成稳定、不稳定化合物及固态部分互溶相图）；

（8）会填写相图中各区域存在的物质，会利用相图解决物质的分离、提纯等实际问题；

（9）能用杠杆规则进行计算；

（10）能根据实验数据绘制相图。

在冶金、化工生产环节中，原料和产品都要求有一定的纯度，因此常常需要对原料和产品进行分离和提纯。最常用的分离提纯方法是结晶、蒸馏、萃取和吸收等，这些过程的理论基础就是相平衡原理。此外，金属和非金属材料的性能与相组成密切相关。因此，研究多相系统的相平衡有着重要的实际意义。

本项目首先介绍指导相平衡关系的重要定律——相律，相律表明相平衡系统的独立变量数。然后介绍单组分、二组分和三组分系统的最基本的几种相图，其中着重介绍二组分气-液平衡相图和液-固平衡相图；介绍多组分系统中两相平衡时两相数量与系统组成关系的杠杆规则；介绍相图的制法和各种相图的意义及它们和分离提纯方法之间的关系。

任务 5.1   相   律

5.1.1   基本概念

（1）相图。用图形来表示相平衡系统的组成与温度、压力之间的关系的图称为相图，又称相平衡状态图。通过相图，可以得知在某温度、压力条件下，一系统处于相平衡时存在着哪几个相，每个相的组成如何，各个相的量之间有什么关系，以及当条件发生变化，系统内原来的平衡破坏而趋向一新的平衡时，相变化的方向和限度。

（2）相。系统内部物理和化学性质完全均匀的部分称为相。相与相之间在指定条件下有明显的界面，在界面上宏观性质的改变是飞跃式的。

（3）相数。系统中相的总数称为相数，用 P 表示。不论有多少种气体混合，只有一个气相。液体：按其互溶程度可以组成一相、两相或三相共存。一般有一种固体便有一个相。两种固体粉末混合，仍是两个相（固体溶液除外，它是单相）。

（4）物种数和组分数。物种数是系统中所含的化学物质数，用符号 S 表示。组分数是足以表示系统中各相组成所需要的最少独立物种数，用符号 C 表示。若有化学平衡存在，则：

$$C=S-R$$

式中，R 为独立化学平衡数。

（5）自由度。在不引起旧相消失和新相形成的前提下，可以在一定范围内独立变动的强度性质称为系统的自由度，用字母 f 表示。这些强度变量通常是压力、温度和浓度等。

5.1.2 相律

相律是吉布斯根据热力学原理得出的平衡基本定律，是物理化学中最具有普遍性的规律之一，它用来确定相平衡系统中有几个独立改变的变量——自由度。

5.1.2.1 自由度数

相平衡系统发生变化时，系统的温度、压力及每个相的组成均可发生变化。一个相中若含有 S 种物质时，需要有 $S-1$ 种物质的相对含量来描述该相的组成，由一种物质形成的相，相的组成不变。能够维持系统原有相数而可以独立改变的变量（可以是温度、压力和表示相组成的相对含量）称为自由度，这种变量的数目称为自由度数。

例如，纯水在气液两相平衡时，温度压力均可以改变，但其中只有一个变量（如 T）可以独立改变，另一个变量（p）是不能独立改变的，它是前一个变量（T）的函数，这个函数关系即克拉佩龙方程式。如果在温度改变时，压力变量不按函数关系变化，也独立改变，则必然要有一个相消失，而不能维持原有的两相平衡。故这一系统的自由度为 1。

又例如任意组成的二组分盐水溶液与水蒸气两相平衡系统，可以改变的变量有三个，即温度、压力（即水蒸气压）和盐水溶液的组成。但水蒸气压力是温度和溶液组成的函数，或者说溶液的沸腾温度是压力和溶液组成的函数。故这个系统的自由度数为 2。

若盐是过量的，系统中为固体盐、盐的饱和水溶液与水蒸气三相平衡。当温度一定时，盐的溶解度一定，因而水蒸气压力也一定，能够独立变动的变量只有一个，故系统的自由度数为 1。当然，在温度、压力、溶液组成三个变量中任何一个均可以作为独立变量，但当它的值确定了之后，其他两个就不能再独立改变了。

从这几个例子可以看出，相平衡系统的自由度数是和系统内的物种数、相数有关的。对于物种数、相数较少的系统来说，根据经验还可以判断其自由度数，但对于多种物质、多相系统来说，要确定系统的自由度数，单凭经验就很困难了，因此需要有一个公式来指引，这就是相律。

5.1.2.2　相律的推导

在相律的推导中应用代数定律：n 个方程式能限制 n 个变量。因此，确定系统状态的总变量数与关联变量的方程式数之差就是独立变量数，也就是自由度数，即：

$$自由度数=总变量数-方程式数$$

设一平衡系统中有 S 种化学物质分布于 P 个相的每一相中，且任一物质在各相中具有相同的分子形式。欲确定一个相的状态，须知其温度、压力及该相中 $(S-1)$ 种物质的相对含量。但在平衡系统中，所有各相的温度、压力相等，因此欲知整个系统的状态，只需知道系统整体的温度、压力和 $(P \times S-1)$ 个相对含量的数值，也就是说只需知道 $\{P(S-1)+2\}$ 个变量的数值。因而确定系统状态的总变量数即为 $\{P(S-1)+2\}$。

若用阿拉伯数字 1，2，…，S 表示系统中的每种物质，用罗马数字 Ⅰ，Ⅱ，…，P 表示系统中的每个相，根据相平衡条件，每一物质在各个相中的化学势相等，有：

$$\mu_1(Ⅰ)=\mu_1(Ⅱ)=\cdots=\mu_1(p)$$
$$\mu_2(Ⅰ)=\mu_2(Ⅱ)=\cdots=\mu_2(p)$$
$$\vdots \qquad\quad \vdots \qquad\qquad \vdots$$
$$\mu_s(Ⅰ)=\mu_s(Ⅱ)=\cdots=\mu_s(p)$$

由于化学势是温度、压力和组成的函数，化学势的等式就是关联变量的方程式。对一种物质来说，就有 $(P-1)$ 个化学势相等的方程式，根据假设 S 种物质皆分布于 P 个相中，所以 S 种物质共有 $S(P-1)$ 个这样的方程式。此外，若系统还有 R 个独立的化学平衡反应存在（每一个反映不一定和这 S 种物质有关系），根据化学平衡条件 $\sum_B v_B\mu_B = 0$，所以一个独立的平衡反应就有一个关联变量的方程式，共有 R 个方程式。若根据实际情况还有其他 R' 个独立的限制条件（如两种物质成恒定的比例等），则又有 R' 个方程式，故关联变量的方程式数为 $\{S(P-1)+R+R'\}$。总变量数与方程式数之差为自由度数，用 f 表示，即：

$$f=\{P(S-1)+2\}-\{S(P-1)+R+R'\}=S-R-R'-P+2$$

令独立组分数　　　　　　　　　　　$C=S-R-R'$　　　　　　　　　　　　　(5-1)

则：　　　　　　　　　　　　　　　$f=C-P+2$　　　　　　　　　　　　　　(5-2)

这就是著名的相律，由吉布斯在 1876 年首先推导出。式(5-2)只考虑温度、压强影响的相律表达式，表示只受温度和压力影响的平衡系统的自由度数等于系统组分数减去相数再加二。它联系了系统的自由度数、相数和独立组分数之间的关系。

5.1.2.3　组分数

从式(5-1)可知，系统的组分数等于化学物质的数目减去独立的化学平衡反应数目再减去独立的限制条件数目。

计算组分数时所涉及的平衡反应，必须是在所讨论的条件下，系统中实际存在的反应，比如 N_2、H_2 和 NH_3 的系统。在常温下三者并不发生反应，故 $C=3-0-0=3$，是三组分系统。该系统若在某高温和有催化剂存在下，就有化学反应 $N_2+3H_2 \rightleftharpoons 2NH_3$ 达到平衡，此时 $S=3$，$R=1$，$R'=0$，故 $C=3-1-0=2$，是二组分系统。若再加以限制，使 H_2 和 N_2 的物质的量之比为 $1:3$（如 NH_3 分解产生的 N_2 和 H_2），则 $S=3$，$R=1$，$R'=1$，故 $C=3-1-1=1$，是单组分系统。

5.1.2.4 相律注意事项

（1）相律是根据热力学平衡条件推导而得，因而只能处理真实的热力学平衡体系，不能预告反应动力学（即反应速度问题）。

（2）相律只表示系统中组分和相的数目，不能指明组分和相的类型和含量。必须正确判断独立组分数、独立化学反应式、相数以及限制条件数，才能正确应用相律。

（3）相律仅适用于相平衡系统。相律只能确定平衡系统中可以独立改变的强度性质的数目，而不能具体指出是哪些强度性质，也不能指出这些强度性质之间的函数关系。

（4）相律 $f=C-P+2$ 式中的 2 是假定系统不受电场、磁场等作用，且平衡时系统只有一个平衡温度和一个平衡压强而得到的；当温度或压强固定不变时，相律计算式变为 $f=C-P+1$。对于没有气相存在，只有由液相和凝聚相组成的系统来说，由于压力对相平衡的影响很小，且通常在大气压力下研究，即不考虑压力对相平衡的影响，故常压下凝聚系统相律计算公式为 $f=C-P+1$。

（5）相律 $f=C-P+2$ 式中的 2 表示只考虑温度、压力对系统相平衡的影响。如需要考虑其他因素（如电场、磁场、重力场等因素）对系统相平衡的影响时，设 n 是造成这一影响的各种外界因素的数目，则相律计算公式为 $f=C-P+n$。

（6）自由度只取 0 以上的正值。如果出现负值，则说明系统可能处于非平衡态。

5.1.2.5 相律的意义

多组分相系统是十分复杂的，但借助相律可以确定研究的方向。它表明相平衡系统中有几个独立的变量，当独立变量选定了之后，相律还表明其他的变量必为这几个独立变量的函数（但是相律不能告诉我们这些函数的具体形式），以便寻找。这就是相律在相平衡研究中的重要应用。在本章中，要反复地应用相律来讨论各种相平衡关系。

例子 1：纯水在 1 atm 下沸腾，温度变否？

分析：$f=C-P+1=1-2+1=0$，可见，没有一个量可以改变，故温度不变。

例子 2：若乙醇的水溶液在 1 atm 下沸腾，温度变否？

分析：$f=C-P+1=2-2+1=1$，因蒸发，溶液的浓度发生变化，故温度也随之改变。

例子 3：有人声称，制备了某物质气、液、α、β 四相共存系统，试对此进行评论。

分析：根据相律：$f=C-P+2=1-4+2=-1$，不可能。

5.1.3 相律的应用

5.1.3.1 确定系统中可能存在的最多平衡相数

例如，对单元系来说，组元数 $C=1$，由于自由度不可能出现负值，所以当 $f=0$ 时，同时共存的平衡相数应具有最大值，代入相律公式，即得 $P=1-0+1=2$。可见，对单元系来说，同时共存的平衡相数不超过二个。

例如，纯金属结晶时，温度固定不变，自由度为零，同时共存的平衡液相为液固两相。但这并不是说，单元系中能够出现的相数不能超过两个，而是说，在某一固定温度下，单元系的各种不同的相中只能有两个同时存在，而其他各相则在别的条件下存在。

同样，对于二元系来说，组元数 $C=2$，当 $f=0$ 时，$P=2-0+1=3$，说明二元系中同时共存的平衡相数最多为三个。

5.1.3.2　解释纯金属与二元合金结晶时的一些差别

例如，纯金属结晶时存在液固两相，其自由度为零，说明纯金属在结晶时只能在恒温下进行。

二元合金结晶时，在两相平衡条件下，其自由度 $f=2-2+1=1$，说明此时还有一个可变因素（温度），因此，二元合金将在一定温度范围内结晶。

如果二元合金出现三相平衡共存时，则其自由度 $f=0$，说明此时的温度不但恒定不变，而且三个相的成分也恒定不变，结晶只能在各个因素完全恒定不变的条件下进行。

例 5-1

试确定下述平衡系统中的独立组分数和自由度数。

（1）KCl 固体及其饱和水溶液；

（2）在高温下 $NH_3(g)$、$N_2(g)$、$H_2(g)$ 达成平衡的系统；

例 5-1 解析

（3）在一定温度下将物质的量之比为 1∶1 的 $H_2O(g)$ 和 $CO(g)$ 充入一抽空的密闭容器使之发生下述反应并达平衡。

$$H_2O(g)+CO(g)\Longrightarrow CO_2(g)+H_2(g)$$

例 5-2

已知 $Na_2CO_3(s)$ 和 $H_2O(l)$ 可以组成的含水盐有 $Na_2CO_3 \cdot H_2O(s)$、$Na_2CO_3 \cdot 7H_2O(s)$ 和 $Na_2CO_3 \cdot 10H_2O(s)$。试求：

例 5-2 解析

（1）系统的组分数是多少？

（2）系统最多能以几相共存？

（3）系统的最大自由度数为多少？

（4）在 300 K 时与水蒸气平衡共存的含水盐最多有几种？

思考练习题

5.1-1　填空题

1. 酚与水混合形成相互饱和的两个液层，则该平衡系统的独立组分数 $C=$ _____，相数 $P=$ _____，自由度数 $f=$ _____。

2. $FeCl_3$ 和 H_2O 形成四种水合物：$FeCl_3 \cdot 6H_2O$、$2FeCl_3 \cdot 3H_2O$、$2FeCl_3 \cdot 5H_2O$、$FeCl_3 \cdot 2H_2O$，该系统的独立组分数为_____，在恒压下最多能有_____相共存。

3. 把 $NaHCO_3$ 放在一抽空的容器中，加热分解并达到平衡：$2NaHCO_3(s)\Longrightarrow Na_2CO_3(s)+CO_2(g)+H_2O(g)$，该系统的独立组分数 $C=$ _____；相数 $P=$ _____；自由度数 $f=$ _____。

4. 将一定量的 $NH_4Cl(s)$ 置于真空容器中，加热分解达平衡，系统的组分数为_____，相数为_____，自由度数为_____。

5.1-2　判断题

1. 自由度就是可以独立变化的量。　　　　　　　　　　　　　　　　　　　　（　　）

2. 在一个给定的体系中，物种数可因分析问题的角度不同而不同，但独立组分数是一个确定的数。

（　　）

3. $I_2(s) \rightleftharpoons I_2(g)$ 平衡共存，因 $S=2$，$R=1$，$R'=0$，所以 $C=1$。 （ ）

4. 确定体系的物种数可以人为随意设定，但是组分数是固定不变的。 （ ）

5.1-3 单选题

1. $AlCl_3$ 加入水中形成的系统，其独立组分数是 （ ）。

A. 2 B. 3 C. 4 D. 5

2. 某 4 种固体形成的均匀固溶体应是 （ ） 相。

A. 1 B. 2 C. 3 D. 4

3. 关于相律的适用条件，下列说法较准确的是 （ ）。

A. 封闭系统 B. 敞开系统 C. 多相平衡系统 D. 平衡系统

4. 相律适用于 （ ）。

A. 封闭体系 B. 敞开体系

C. 非平衡敞开体系 D. 以达到平衡的多向敞开体系

5. 在相图上，当物系点处于哪一点时，只存在一个相 （ ）。

A. 恒沸点 B. 熔点 C. 临界点 D. 最低共沸点

6. 只受环境温度和压力影响的二组分平衡系统，能出现的最多相数为 （ ）。

A. 2 B. 3 C. 4 D. 5

7. 碳酸钠与水可形成下列几种水合物：$Na_2CO_3 \cdot H_2O$，$Na_2CO_3 \cdot 7H_2O$，$Na_2CO_3 \cdot 10H_2O$。在 101.325 kPa，与碳酸钠水溶液和冰共存的含水盐，最多可以有 （ ） 种。

A. 0 B. 1 C. 2 D. 3

8. 氢气和石墨粉没有催化剂时，在一定温度下不发生化学反应，体系的组分数是 （ ）。

A. 2 B. 3 C. 4 D. 5

9. 上述体系中，有催化剂存在时可生成 n 种碳氢化合物，平衡时组分数为 （ ）。

A. 2 B. 4 C. $n+2$ D. n

10. 在 $N_2(g)$，$O_2(g)$ 系统加入固体催化剂，生成几种气态氮的氧化物，系统的自由度数 f 为 （ ）。

A. 1 B. 2

C. 3 D. 随生成氧化物数目而变

11. 水煤气发生炉中共有 $C(s)$、$H_2O(g)$、$CO(g)$、$CO_2(g)$ 及 $H_2(g)$ 5 种物质，能发生如下反应：$CO_2(g)+H_2(g) \longrightarrow CO(g)+H_2O(g)$，$CO_2(g)+C(s) \longrightarrow 2CO(g)$，$H_2O(g)+C(s) \longrightarrow H_2(g)+CO(g)$，则此体系的组分数、自由度分别为 （ ）。

A. 5、3 B. 4、3 C. 3、3 D. 2、2

12. $NH_4HS(s)$ 和任意量的 $NH_3(g)$ 及 $H_2S(g)$ 达平衡时有 （ ）。

A. $C=2$，$f=2$，$f=2$ B. $C=1$，$f=2$，$f=1$

C. $C=1$，$f=3$，$f=2$ D. $C=1$，$f=2$，$f=3$

5.1-4 习题

1. 在 25 ℃时，A、B 和 C 三种物质（不能互相发生反应）所形成的溶液与固相 A 和由 B 与 C 组成的气相同时呈平衡。

（1）试计算此系统的自由度数。

（2）试计算此系统中能平衡共存的最大相数。

2. 试求下面两种情况下，系统的组分数 C 和自由度数分别是多少。

（1）仅由 $CaCO_3(s)$ 部分分解，建立反应平衡：

$$CaCO_3(s) \Longrightarrow CaO(s) + CO_2(g)$$

（2）由任意量的 $CaCO_3(s)$、$CaO(s)$、$CO_2(g)$ 建立的如下化学平衡：

$$CaCO_3(s) \Longrightarrow CaO(s) + CO_2(g)$$

任务 5.2　单组分系统的相图

单组分系统中只存在一种物质，故 $C = S = 1$，则有 $f = C - P + 2 = 3 - P$。因此，单组分系统最多可有三相共存，最多有两个独立可变的强度性质，即温度和压强。当单组分系统处于两相平衡时，温度和压强之间的函数关系可通过克拉佩龙方程表示。

克拉佩龙方程是描述纯物质任意两相平衡时温度与压力的函数关系式。

多相体系平衡的一般条件如下。

（1）热平衡条件：设体系有 α，β，$\cdots$，p 个相，达到平衡时，各相具有相同温度。

$$T^{\alpha} = T^{\beta} = \cdots = T^{p}$$

（2）压力平衡条件：达到平衡时各相的压力相等。

$$p^{\alpha} = p^{\beta} = \cdots = p^{p}$$

（3）相平衡条件：任一物质 B 在各相中的化学势相等，相变达到平衡。

$$\mu_B^{\alpha} = \mu_B^{\beta} = \cdots = \mu_B^{p}$$

（4）化学平衡条件：化学变化达到平衡。

$$\sum_B v_B \mu_B = 0$$

5.2.1　克拉佩龙方程

设在一定的温度和压强下，某纯物质的两个相呈平衡，即：

$$B^*(\alpha, T, p) \Longrightarrow B^*(\beta, T, p)$$

据相平衡条件可知 B 物质在两相中的化学势相等，所以有

$$G_m^*(\alpha, T, p) = G_m^*(\beta, T, p) \tag{5-3}$$

若使温度改变 dT，相应压强改变 dp，在新的条件下两相又达到平衡，则：

$$G_m^*(\alpha, T, p) + dG_m^*(\alpha) = G_m^*(\beta, T, p) + dG_m^*(\beta) \tag{5-4}$$

$$dG_m^*(\alpha) = dG_m^*(\beta) \tag{5-5}$$

由热力学基本方程 $dG = -SdT + Vdp$ 得：

$$-S_m^*(\alpha)dT + V_m^*(\alpha)dp = -S_m^*(\beta)dT + V_m^*(\beta)dp \tag{5-6}$$

移项，整理得：

$$\frac{dp}{dT} = \frac{S_m^*(\beta) - S_m^*(\alpha)}{V_m^*(\beta) - V_m^*(\alpha)} = \frac{\Delta S_m^*}{\Delta V_m^*} \tag{5-7}$$

纯物质在恒温、恒压下的相变过程是在无限接近平衡条件下进行的，为可逆相变，将

$\Delta_\alpha^\beta S_m^* = \dfrac{\Delta_\alpha^\beta H_m^*}{T}$ 代入式（5-7），得：

$$\frac{dp}{dT} = \frac{\Delta_\alpha^\beta H_m^*}{T \Delta_\alpha^\beta V_m^*} \tag{5-8}$$

式中，$\Delta_\alpha^\beta H_m^*$ 为纯物质的摩尔相变焓，J/mol；$\Delta_\alpha^\beta V_m^*$ 为纯物质相变过程摩尔体积的增量，

$\mathrm{m^3/mol}$；$\dfrac{\mathrm{d}p}{\mathrm{d}T}$ 为平衡压强随平衡温度的变化率，$\mathrm{Pa/K}$。

式(5-8)为克拉佩龙方程，它反映了纯物质（单组分系统）两相平衡时，平衡温度对平衡压强的影响。克拉佩龙方程适用于纯物质的任意两相平衡，如蒸发、升华、熔化、晶型转变等过程。

克拉佩龙方程也可写为：

$$\frac{\mathrm{d}T}{\mathrm{d}p}=\frac{T\Delta^{\beta}_{\alpha}V^{*}_{\mathrm{m}}}{\Delta^{\beta}_{\alpha}H^{*}_{\mathrm{m}}} \tag{5-9}$$

由式(5-9)可知，当 $\Delta^{\beta}_{\alpha}H^{*}_{\mathrm{m}}>0$（吸热过程）时，若 $\Delta^{\beta}_{\alpha}V^{*}_{\mathrm{m}}>0$，则两相平衡温度 T 随压强 p 增大而升高；若 $\Delta^{\beta}_{\alpha}V^{*}_{\mathrm{m}}<0$，则 T 随 p 增大而降低。

对于纯物质的固液两相平衡系统，可将摩尔熔化焓 $\Delta_{\mathrm{fus}}H^{*}_{\mathrm{m}}$ 及对应的熔化过程的摩尔体积增量 $\Delta_{\mathrm{fus}}V^{*}_{\mathrm{m}}$ 代入式(5-9)，得：

$$\frac{\mathrm{d}T}{\mathrm{d}p}=\frac{T\Delta_{\mathrm{fus}}V^{*}_{\mathrm{m}}}{\Delta_{\mathrm{fus}}H^{*}_{\mathrm{m}}} \tag{5-10}$$

若温度变化不大，$\Delta_{\mathrm{fus}}H^{*}_{\mathrm{m}}$ 和 $\Delta_{\mathrm{fus}}V^{*}_{\mathrm{m}}$ 都可视为常数，对式(5-10)进行积分可得：

$$\ln\frac{T_2}{T_1}=\frac{\Delta_{\mathrm{fus}}V^{*}_{\mathrm{m}}}{\Delta_{\mathrm{fus}}H^{*}_{\mathrm{m}}}(p_2-p_1) \tag{5-11}$$

式中，T_1、T_2 分别对应平衡外压为 p_1、p_2 时纯液体的凝固点。

例 5-3

273 K 时，压强增加 1 Pa，冰的熔点降低 7.42×10^{-8} K。已知冰和水在 273 K、100 kPa 下的摩尔体积分别为 19.633 $\mathrm{cm^3/mol}$ 和 18.0046 $\mathrm{cm^3/mol}$。试求 273 K、100 kPa 下冰的摩尔熔化焓。

例 5-3 解析

5.2.2　克劳修斯-克拉佩龙方程

克拉佩龙方程可应用于纯物质固-气或液-气两相平衡。现以液-气两相平衡为例：

$$B^{*}(1)\Longleftrightarrow B^{*}(g)$$

假设气相为理想气体，因为 $V^{*}_{\mathrm{m}}(1)\ll V^{*}_{\mathrm{m}}(g)$，所以 $V^{*}_{\mathrm{m}}(g)\approx V^{*}_{\mathrm{m}}(g)-V^{*}_{\mathrm{m}}(1)$。则克拉佩龙方程式(5-8)可写成：

$$\frac{\mathrm{d}p}{\mathrm{d}T}=\frac{\Delta_{\mathrm{vap}}H^{*}_{\mathrm{m}}}{T\{V^{*}_{\mathrm{m}}(g)-V^{*}_{\mathrm{m}}(1)\}}=\frac{\Delta_{\mathrm{vap}}H^{*}_{\mathrm{m}}}{TV^{*}_{\mathrm{m}}(g)} \tag{5-12}$$

由理想气体状态方程可知 $V^{*}_{\mathrm{m}}(g)=\dfrac{RT}{p}$，代入式(5-12)整理得：

$$\frac{\mathrm{d}\ln p}{\mathrm{d}T}=\frac{\Delta_{\mathrm{vap}}H^{*}_{\mathrm{m}}}{RT^2} \tag{5-13}$$

式(5-13)称为克劳修斯-克拉佩龙方程（简称克-克方程），它反映了纯物质（单组分系统）呈液-气两相平衡时饱和蒸气压随温度的变化关系。

不定积分式：

$$\ln p = -\frac{\Delta_{vap}H_m^*}{V_m^*(g)}\frac{1}{T}+C \tag{5-14}$$

若以 $\ln p$ 对 $1/T$ 作图，可得一直线，斜率为 $-\dfrac{\Delta_{vap}H_m^*}{R}$。

对式(5-13)求定积分可得：

$$\ln\frac{p_2}{p_1} = -\frac{\Delta_{vap}H_m^*}{R}\left(\frac{1}{T_2}-\frac{1}{T_1}\right) \tag{5-15}$$

式(5-14)可用于 P_1、P_2、T_1、T_2 和 $\Delta_{vap}H_m^*$ 的相互求算。

即液-气平衡：
$$\frac{d\ln p}{dT}=\frac{\Delta_{vap}H_m^*}{RT^2}, \qquad \ln\frac{p_2}{p_1}=-\frac{\Delta_{vap}H_m^*}{R}\left(\frac{1}{T_2}-\frac{1}{T_1}\right)$$

以固-液平衡为例：

$$\ln\frac{T_2}{T_1}=\frac{\Delta_{fus}V_m^*}{\Delta_{fus}H_m^*}(p_2-p_1) \tag{5-16}$$

以固-气平衡为例：

$$\ln\frac{p_2}{p_1}=\frac{\Delta_{sub}H_m^*}{R}\left(\frac{1}{T_1}-\frac{1}{T_2}\right) \tag{5-17}$$

克-克方程的优点是计算简便，而且可由 T、p 的变化关系得到 $\Delta_{vap}H_m^*$ 值，缺点是只适用于固-气或液-气两相平衡。因为引入假设，所以克-克方程不如克拉佩龙方程精确。当缺乏 $\Delta_{vap}H_m^*$ 数据时，有时可用特鲁顿经验规则来估算。对非极性液体，其正常沸点时的摩尔蒸发焓与正常沸点之比（即摩尔蒸发熵）为一常数，即：

$$\frac{\Delta_{vap}H_m^*}{T_b}=\Delta_{vap}S_m^*=88\ \text{J}/(\text{K}\cdot\text{mol}) \tag{5-18}$$

例 5-4

已知固体苯的蒸气压在 273.15 K 时为 3.27 kPa，293.15 K 时为 12.303 kPa，液体苯的蒸气压在 293.15 K 时为 10.021 kPa，液体苯的摩尔蒸发焓为 34.17 kJ/mol。试求：

例 5-4 解析

(1) 303.15 K 时液体苯的蒸气压；
(2) 苯的摩尔升华焓；
(3) 苯的摩尔熔化焓。

5.2.3　单组分系统的相图——水的相图

研究相平衡最直观的方法就是根据实验结果，将处于相平衡系统的相态及相组成与系统的温度、压强、总组成等变量之间的关系用图形表示出来，这种表示相平衡关系的图形称为相图。通过相图可以了解在一定条件下，系统中有几相共存、各相组成与含量及条件变化时系统中相态的变化方向和限度。

单组分系统就是由纯物质所组成的系统。如果系统内没有化学反应发生，则对于这种系统，$C=1$，根据相律得：

$$f=C-P+2=3-P$$

可能有下列三种情况。

（1）当 $P=1$ 时，$f=2$，即单组分单相系统有两个自由度，称为双变量系统。温度和压力是两个独立变量，可以在一定范围内同时任意选定。若以 p 和 T 为坐标作图，在 p-T 图上可用面来表示这类系统。

（2）当 $P=2$ 时，$f=1$，即单组分两相平衡系统中只有一个自由度，称为单变量系统。温度和压力两个变量中只有一个是独立的。不能任意选定一个温度，同时又选定一个压力。而仍旧保持两相平衡。在一定的温度下，只有一个确定的平衡毅力，反之亦然；也就是说，平衡压力和平衡温度之间有一定的依赖关系。因此，在 p-T 图上可用线来表示这类系统。

（3）当 $P=3$ 时，$f=0$，即单组分三相平衡系统的自由度数为零，称为无变量系统。温度和压力两个量的数值都是一定的，不能做任何选择。在 p-T 图上可用点来表示这类系统。这个点称为三相点。

因为自由度数最小为零，故单组分系统不可能有四个相平衡共存。

由此可知，单组分系统最多只能有三个相平衡共存，而自由度数最多等于 2。下面以中常压力下水的相图为例。

水的相平衡实验数据：水（H_2O）在中常压力下，可以呈汽（水蒸气）、液（水）、固（冰）三种不同相态存在。通过实验测出这三种两相平衡的温度和压力的数据，见表 5-1。若将它们画在 p-T 图上，则可得到三条曲线。

表 5-1 水的相平衡数据

温度 $t/℃$	系统的饱和蒸气压		平衡压力 p/kPa
	水 ⇌ 水蒸气	冰 ⇌ 水蒸气	冰 ⇌ 水
−20	0.126	0.103	$193.5×10^3$
−15	0.191	0.165	$156.0×10^3$
−10	0.287	0.260	$110.4×10^3$
−5	0.422	0.414	$59.8×10^3$
0.01	0.610	0.610	0.610
20	2.338	—	—
100	101.325	—	—
200	1554.4	—	—
350	16532	—	—

如上所述，在单变量系统中，温度和压力间有一定的依赖关系，因此，应该有三种函数关系分别代表上述三种两相平衡：$p=f(T)$，$p=\varphi(T)$。这三个函数关系即项目 3 讲的克拉佩龙方程式。

从表 5-1 的实验数据可以看出：

（1）水与水蒸气平衡，蒸气压力随温度升高而增大；

（2）冰与水蒸气平衡，蒸气压力随温度升高而增大；

（3）冰与水平衡，压力增加，冰的溶点降低；

（4）在 0.01 ℃和 610 Pa 下，冰和水蒸气同时共存，呈三相平衡状态。

5.2.3.1　相图的绘制

单组分系统可以是单相（气、液、固），两相平衡共存（气-液、气-固、固-液），还可以是三相平衡共存。以水为例，通过实验分别测出相平衡时不同温度下水和冰的饱和蒸气压及不同压强下冰的熔点，将它们画在 p-T 图上即为单组分系统的相图。

5.2.3.2　水的相图

图 5-1 是根据实验结果所绘制的水的相图，整个相图在基本上由三个区、三条线和一个点构成。

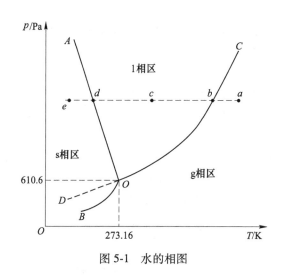

图 5-1　水的相图

（1）三个相区。图中 AOB 为固相区，AOC 为液相区，BOC 为气相区。各相区中，相数 $P=1$，自由度 $f=2$。即在这三个区域，可以在一定范围内任意改变温度和压强，而不会引起相的改变。须同时指定温度和压力，才能确定系统的状态。

（2）三条相线。图中 OA、OB、OC 三条线均是根据两相平衡时的温度和压强数据画出，称为两相平衡线。线上任一点表示系统的某一状态。由于两相共存，$P=2$，自由度 $f=1$。即如若温度发生了变化，要想维持系统平衡，压强也应随之变化。OB 线称为冰的饱和蒸汽平衡曲线。由 OB 线可知，冰的饱和蒸气压随温度升高而增大，OB 线理论上可以延长到 0 K 附近。OA 线称为冰的溶点曲线，线上任一点表示冰和水处于固液两相平衡。由 OA 线可知，冰的溶点（水的凝固点）随压强增大略有降低。OC 线称为水的饱和蒸气压曲线，表示水和水蒸气两相平衡，也称为水的蒸发曲线。OC 线不能无限延伸，终止于水的临界点 C 点（$T_c=647.4$ K，$p_c=22.112$ MPa），当系统温度高于临界温度时，H_2O 只能以气体形式存在。OD 是 CO 的延长线，为过冷水（即温度在 273.15 K 以下的水）的饱和蒸气压曲线，是液体的过冷现象。过冷水在热力学上是不稳定的，但在一定条件下也能长期存在，称为亚稳态。

（3）一个相点。图中 O 点是三条线的交点，是三相共存点，称为水的三相点，在该点系统的温度为 271.16 K（0.01 ℃），压力为 610.6 Pa。在三相点，水、冰、水蒸气三相共存，$P=3$，$f=1-3+2=0$。这说明三相点的温度和压强为一固定值，都不能改变，否则就会引起相变。

水的三相点与常说的水的冰点不是一个概念。水的三相点是纯组分系统三相平衡共存的状态点（273.16 K，610.6 Pa）；而水的冰点是指在大气压力为 101.325 kPa 时，水与冰两相平衡时的温度，即 273.15 K（0 ℃）。

思考练习题

5.2-1　填空题

单组分相图上每一条线表示_____时系统温度和压力之间的关系，这种关系遵循_____方程，若含气相时遵守_____方程。

5.2-2　判断题

1. 单组分体系的相图中两相平衡线都可以用克拉佩龙方程定量描述。　　　　　（　　）
2. 相图中的点都是代表体系状态的点。　　　　　　　　　　　　　　　　　（　　）
3. 稀溶液的凝固点一定比纯溶剂低。　　　　　　　　　　　　　　　　　　（　　）
4. 在水的三相点，冰、水、水蒸气三相共存，此时的温度和压力都有确定值，体系的自由度为 0。
　　　　　　　　　　　　　　　　　　　　　　　　　　　　　　　　　　（　　）
5. 水的相图包含一个三相点、三条实线射线、一条虚线射线和三个平面区域。　（　　）
6. 水的三相点与冰点是相同的。　　　　　　　　　　　　　　　　　　　　（　　）

5.2-3　单选题

1. 单组分物质的熔点温度_____。

A. 是常数　　　　　　　　　　　　　　　B. 仅是压力的函数

C. 同时是压力和温度的函数函　　　　　　D. 是压力和其他因素的函数

2. 相图与相律的关系是_____。

A. 相图由相律推导出　　　　　　　　　　B. 相图决定相律

C. 相图由实验结果绘制，与相律无关　　　D. 相图由实验结果绘制，相图不能违背相律

3. 下述关于相图的作用的理解中，_____是错误的。

A. 通过相图可确定一定条件下系统由几个相组成

B. 相图可表示出平衡时每一相的组成如何

C. 相图可表示出达到相平衡所需时间长短

D. 通过杠杆规则可求出两相的相对数量多少

4. 用相律和克拉佩龙方程分析常压下水的相图所得出的下述结论中不正确的是_____。

A. 在每条曲线上，自由度 $f=1$

B. 在每个单相区，自由度 $f=2$

C. 在水的凝固点曲线上，ΔH_m（相变）和 ΔV_m 的正负号相反

D. 在水的沸点曲线上任一点，压力随温度的变化率都小于零

5. 克拉佩龙方程不适用于_____。

A. 纯物质固（α）=纯物质固（β）的可逆相变

B. 理想溶液中任一组分的液-气可逆相变

C. 纯物质固-气可逆相变

D. 纯物质在等温等压下的不可逆相变

6. 克拉佩龙-克劳修斯方程适用于_____。

A. $I_2(s) \rightleftharpoons I_2(g)$　　　　　　　　　　　B. $C(石墨) \rightleftharpoons C(金刚石)$

C. $I_2(g, T_1, p_1) \rightleftharpoons I_2(g, T_2, p_2)$　　　　　D. $I_2(s) \rightleftharpoons I_2(l)$

7. 压力升高时，单组分体系的沸点将_____。

A. 升高　　　　　　B. 降低　　　　　　C. 不变　　　　　　D. 不一定

8. 在一个刚性透明真空容器中装有少量单组分液体，若对其持续加热，可见到_____；若使其不断冷却，则会见到_____。

A. 沸腾现象　　　B. 三相共存现象　　C. 临界现象　　　D. 升华现象

9. 下述说法中错误的是_____。

A. 通过相图可确定一定条件下体系由几相构成

B. 相图可表示出平衡时每一相的组成如何

C. 相图可表示达到相平衡所需时间的长短

D. 通过杠杆规则可在相图上计算各相的相对含量

5.2-4　习题

1. 根据碳的相图（见图 5-2），回答以下问题：

(1) O 点是什么点？

(2) 曲线 OA、OB、OC 分别表示什么？

(3) 常温常压下石墨，金刚石何者是热力学上的稳定相？

(4) 在 2000 K 把石墨转变成金刚石需要多大压力？

(5) 在任意给定的温度和压力下，石墨和金刚石哪个体积质量（密度）大？如何证明？已知 $C(石墨) \rightarrow C(金刚石)$，$H_m < 0$，如图 5-2 所示。

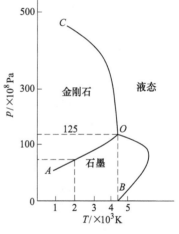

图 5-2　碳的相图

2. 已知丙酮在两个温度下的饱和蒸气压，能否求得其正常沸点？

3. 在一块透明矿石中有一气泡，泡中可见少量水。假设泡中无其他物质，能否不破坏矿石而估算岩石在形成时的最低压力？

4. 80 ℃时溴苯（A）和水（B）的蒸气压分别为 8.825 kPa 和 47.335 kPa，溴苯的正常沸点为 156 ℃。试计算：

(1) 溴苯水蒸气蒸馏的温度，已知实验室大气压力为 101325 Pa；

(2) 在这种水蒸气蒸馏的温度中，溴苯的质量分数为多少？已知溴苯的摩尔质量为 156.9 g/mol；

(3) 蒸出 10 kg 溴苯需要消耗多少千克水蒸气？

5. 将一定量的氩气缓缓地通过 80 g 水，收集到该温度下被水蒸气饱和的氩气 25.0 L，而液态水失重 7.3 g。试计算水在 80 ℃的蒸气压。

任务5.3　二组分液态完全互溶系统的气液平衡相图

对二组分系统，$C = 2$，$f = 4 - P$，即二组分最多可四相共存，因系统至少有一个相，故最大自由度数 $f = 3$，所以系统的状态可以由三个独立变量（温度、压强和组成）来决定。为了绘制相图和研究问题的简便，一般都固定一个强度因素（恒温或恒压），用两变量的平面图（p-x 图，T-x 图和 T-p 图）来表示系统状态的变化。常用的是 p-x 图和 T-x 图。平面图上最大的自由度为 2，最多共存 3 个相。

5.3.1　二组分系统相图的表示方法

5.3.1.1　理想液态混合物的蒸气压-组成图（p-x 图）

A　相图的绘制

以一定温度下甲苯（A）和苯（B）形成的理想液态混合物为例，根据拉乌尔定律，得：

$$p_A = p_A^* x_A = p_A^* (1-x_B)$$
$$p_B = p_B^* x_B$$

可得：

$$p = p_A + p_B = p_A^* + (p_B^* - p_A^*) x_B$$

式中，p_A^*、p_B^* 分别为该温度时纯 A 和纯 B 的蒸气压；x_A 和 x_B 分别为溶液中组分 A 和组分 B 的摩尔分数；p 为总蒸气压。

在给定温度下，以 x_B 为横坐标，以 p 为纵坐标作 p-x 图，如图 5-3 所示。由图 5-3 可以看出，p_A、p_B、p 与 x_B 呈直线关系，$x_B = 0$，$p = p_A^*$；$x_B = 1$，$p = p_B^*$；$0 < x_B < 1$；$p_A^* < x_B < p_B^*$。p-x 线反映了恒温下系统总蒸气压与液相组成之间的关系，称为液相线，对理想液态混合物来说是直线。

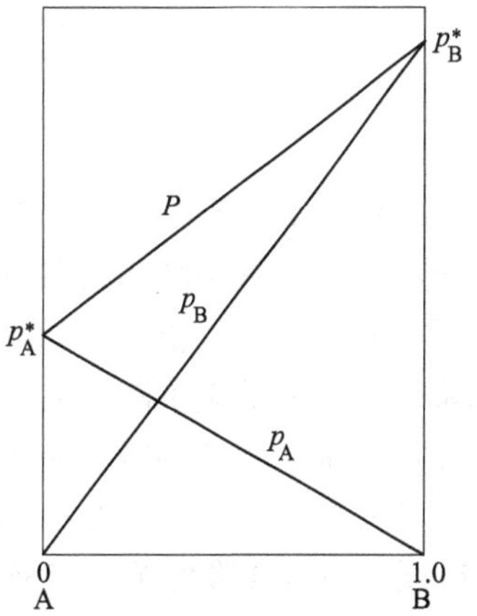

蒸气压与气相组成的关系则与上述不同，由道尔顿分压定律可知：

$$y_B = \frac{p_B}{p} = \frac{p_B^* x_B}{p}, \quad y_A = \frac{p_A}{p} = \frac{p_A^* x_A}{p} \tag{5-19}$$

又因为 $p_A^* < p_B^*$，由式（5-19）可得：

$$\frac{y_B}{y_A} > \frac{x_B}{x_A} \tag{5-20}$$

因为 $x_A + x_B = 1$，$y_A + y_B = 1$，所以

$$y_B > x_B, y_A < x_A \tag{5-21}$$

图 5-3　甲苯（A）-苯（B）系统
的 p-x 图
（$t = 79.6$ ℃）

式（5-21）说明理想液态混合物处于气-液平衡时，易挥发组分在气相中的相对含量 y_B 大于它在液相中的相对含量 x_B。而难挥发组分在液相中的相对含量 x_A 大于它在气相中的相对含量 y_A，这是液态混合物可以通过蒸馏进行提纯分离的理论基础。若将气相和液相的组成画在一张图上（见图 5-4），图中液相线总是在气相线的上方。

B　相图分析

由图 5-4 可以看出，整个相图被两条线分为三个区域，图中有两个点、两条线和三个面。两点是气相线与液相线在纵坐标轴上的交点，分别表示纯组分 A 和 B 的饱和蒸汽用 p_A^* 和 p_B^*；此两点为纯组分的气液平衡点，其自由度为：

$$f = C - P + 1 = 1 - 2 + 1 = 0$$

两条线中上方的直线为液相线，下方的曲线为气相线（因同一压强下 $y_B > x_B$）。

液相线以上的区域为液相区（$f = 2$），气相线以下的区域为气相区（$f = 2$），气相线、液相线之间的区域为气-液平衡共存区（$f = 1$）。

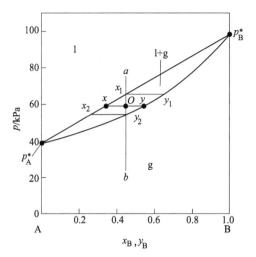

图 5-4　甲苯（A）-苯（B）系统的 p-x-y 图
（t = 79.6 ℃）

如图 5-4 所示，在一个组成恒定的系统中，由始态 a 在温度不变的情况下，缓慢降低系统的压强，则系统的状态点沿 ab 线（恒组成线）缓慢下移。此时，系统为液相区。当物系点到达 x_1 时，液体开始蒸发，出现第一个微小的气泡，气相的状态点为 y_1。随着压强的降低，气相的量不断增大，气相组成沿着气相线向下移动。同时，液相的量相应减少，液相组成也沿着液相线向左下方移动。当系统点处于 O 点时，组成为 x 的液相和组成为 y 的气相平衡共存。x 点和 y 点都称为相点，两平衡相点的连接线称为结线。如图 5-4 中的 xOy 线。当压强降低至 y_2 点所对应的压强时，液体即全部蒸发，在 x_2 点系统剩最后一滴液体。继续降低压强，系统进入气相区。

由以上分析可见，在单相区内，系统点和相点重合。而在两相平衡区，系统点和相点不重合，且平衡两相的组成和相对数量随总压的变化而变化。平衡两相的相对数量可由杠杆规则来计算。

5.3.1.2　理想液态混合物的温度-组成图（T-x 图）

工业上的蒸馏或精馏往往都是在恒定压力下进行的，因此讨论一定压强下的温度-组成图有着重要的实际意义。

当外压为 101.325 kPa 时，理想液态混合物的气液平衡温度就是它的正常沸点，此时的温度-组成图，也可称为沸点-组成图。

A　相图的绘制

同样，以一定温度下甲苯（A）和苯（B）形成的理想液态混合物为例。将甲苯（A）-苯（B）系统在 p = 101.325 Pa 下，测定得到的沸点与两相组成的关系数据绘制而成便能得到沸点-组成图，如图 5-5 所示。

B　相图分析

与 p-x 图类似，T-x 图也是由两个点、两条线和三个区组成。T_A^* 和 T_B^* 两个点分别是纯 A 和纯 B 在指定压强下的沸点，此时，自由度 $f = C - P + 1 = 1 - 2 + 1 = 0$。显然，物质的饱和蒸气压越大，其沸点越低。图 5-5 中的两条线，上面的一条为气相线，下面的一条为液

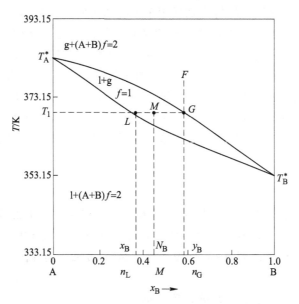

图 5-5　甲苯（A）-苯（B）系统的 T-x 图

（$p = 101325\ Pa$）

相线。气相线上方的区域为气相区，液相线下方的区域为液相区。根据相律，在气相区和液相区，自由度 $f = 1$。气相区和液相区之间的区域为气液两相平衡区，根据相律，该区域自由度 $f = 2$。从图 5-5 中还可以看出，气相线始终在液相线的上方，这是因为易挥发组分苯在气相中的相对含量大于它在液相中的相对含量，即 $y_B > x_B$。

　　将组成为 x_B 的混合物恒压升温，到达液相线上的 L 点时，液相开始起泡沸腾，此时对应的温度 T_1 就称为该液相的泡点。液相线表示了液相组成与泡点的关系，所以也称为泡点线。将组成为 F 的气相混合物恒压降温到达气相线上的 G 点时，气相开始凝结出露珠似的液滴，此时对应的温度就称为该气相的露点。气相线表示了气相组成与露点的关系，所以也称为露点线。T-x 图中的气-液两相平衡区，杠杆规则同样适用。

5.3.2　杠杆规则

　　杠杆规则表示多组分系统两相平衡时，两相的数量之比与两相组成、系统组成之间的关系。组成通常用组分的质量分数或摩尔分数表示。

　　以甲苯（A）和苯（B）系统的 T-x 图为例，当系统处于两相平衡区内的 M 点时，系统总组成为 N_B，物质的总量为 n_B，气相点为 G，气相组成为 y_B，气相物质的量为 n_G，液相点点为 L，液相组成为 x_B，液相物质的量为 n_L。所以就有：

$$n_B = n_G y_B + n_L x_B = (n_G + n_L) N_B$$

　　整理后，得：

$$n_L(N_B - x_B) = n_G(y_B - N_B)$$

或

$$\frac{n_L}{n_G} = \frac{y_B - N_B}{N_B - x_B} = \frac{\overline{MG}}{\overline{LM}} \tag{5-22}$$

式(5-22)称为杠杆规则，杠杆规则适用于系统的任何两相共存。这表明，在两相平衡系统中，两相的物质的量反比于物系点到两个相的线段长度。这相当于以物系点 M 为支点，两个相点为力点，分别挂着 n_G 和 n_L 的重物。当杠杆达到平衡时，则存在上述关系。

若图 5-5 中横坐标用质量分数表示，则杠杆规则中两相的物质的量换成质量，组成换成质量分数，杠杆规则依然成立。杠杆规则是根据物质守恒原理得出的，所以不论是否两相平衡，只要将指定系统分成组成不同的两部分，这两部分物料的数量关系就必然服从杠杆规则。杠杆规则表明，当组成以质量分数表示时，两相的质量反比于系统到两个相点线段的长度。

例 5-5

已知液体 A 和液体 B 在 363 K 时的饱和蒸气压分别为 54.22 kPa 和 136.12 kPa。两者可形成理想液态混合物。今有系统组成为 $N_B = 0.3$ 的 A-B 混合物 5 mol 在 90 ℃ 下达到气-液两相平衡。若气相组成为 $y_B = 0.4556$，试求：

例 5-5 解析

(1) 平衡时液相组成 x_B 和系统的压强 p；

(2) 平衡时气、液两相的物质的量（n_G，n_L）。

5.3.3　蒸馏和精馏基本原理

很早以前人类就学会了用蒸煮的办法收集蒸汽再用水冷却，得到清澈透明的冷凝液，比如酒。后来，人类又采用多次重蒸的方法，使酒变得越来越清澈，酒度也在不断地提高，产生了烈酒。从此酒精蒸馏开始应用并不断获得发展。

蒸馏是将液态混合物加热到沸腾变为蒸气，又将蒸气冷凝为液体的过程。若将两种挥发性液体混合物进行蒸馏，在沸腾温度下，气相与液相达平衡，蒸气中含有较多易挥发物质组分。如图 5-6 所示，由 A 和 B 两种物质构成的混合物的 T-x 图中，纯 A 的沸点高于纯 B 的沸点，这说明蒸馏时气相中 B 组分的含量较高，液相中 A 组分的含量较高。将此蒸气冷凝后收集起来，则馏出物中易挥发物质 B 组分的含量高于原始液体混合物，而残留液中却含有较多的高沸点组分 A（难挥发组分），这就是一次简单的蒸馏。简单蒸馏方法只能粗略地将混合物相对分离，要想得到较纯的两种组分，则需要采用精馏的方法。

精馏其实就是多次简单蒸馏的组合。精馏原理如图 5-7 所示，取组成为 x 的混合物从精馏塔的半高处加入，这时温度为 T_4，物系点为 O，对应的液、气相组成分别为 x_4 和 y_4。如果把组成为 y_4 的气相冷却到 T_3，则气相将部分冷凝为液体，得到组成为 x_3 的液相和组成为 y_3 的气相。再将组成为 y_3 的气相冷却到 T_2，就得到组成为 x_2 的液相和组成为 y_2 的气相。以此类推，从图中可知气相组成 $y_1 > y_2 > y_3 > y_4$。如果继续下去，反复把气相冷凝，最后得到的气相组成可接近纯 B。液相部分，将 x_4 的液相部分加热到部分气化，此时气相和液相的组成分别为 y_5 和 x_5。把组成为 x_5 的液相再部分汽化，则得到组成为 y_6 的气相和组成为 x_6 的液相。显然 $x_3 < x_4 < x_5 < x_6$，即液相组成沿液相线上升，最后得到纯 A。总之，多次反复部分蒸发和部分冷凝的结果，使气相组成沿气相线下降，最后蒸出来的是纯 B，而液相组成沿液相线上升，最后剩余的是纯 A，这就是精馏的原理。

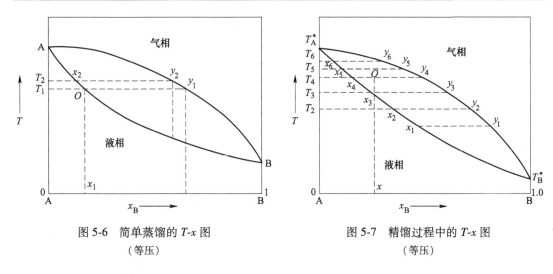

图 5-6　简单蒸馏的 $T\text{-}x$ 图
（等压）

图 5-7　精馏过程中的 $T\text{-}x$ 图
（等压）

5.3.4　非理想的二组分液态混合物

在实际生产过程中，可以认为是理想液态混合物的系统是非常少的，绝大多数二组分完全互溶液态混合物是非理想的，即称为非理想液态混合物。两者的差别在于，在一定温度下，理想混合物在全部组成范围内每一组分的蒸气分压均遵循拉乌尔定律，因而蒸气总压与组成（摩尔分数）成直线关系；非理想液态混合物各组分的蒸气压只有在很小范围内符合拉乌尔定律，其他情况下，蒸气分压均对该定律产生明显的偏差，蒸气总压与组成并不成直线关系。若非理想液态混合物蒸气压的实验值大于按拉乌尔定律的计算值，称为产生正偏差，反之则称为产生负偏差。

一般来说，对于非理想液态混合物，若其中一种组分产生正偏差，则另外一种组分也产生正偏差；若其中一种组分产生负偏差，则另一种组分也产生负偏差。

5.3.4.1　蒸气压-液相组成图

根据蒸气总压对理想情况下的偏差程度，真实液态混合物可以分为四种类型。

（1）具有一般正偏差的系统。蒸气总压对理想情况为正偏差，但在全部组成范围内，混合物的蒸气总压均介于两个纯组分的饱和蒸气压之间，如苯-丙酮系统，如图 5-8 所示。图 5-8 中下面两条虚线为按拉乌尔定律计算的两个组分的蒸气分压值，最上面的一条虚线为拉乌尔定律计算的蒸气总压值；图中三条实线各为相应的实验值。

（2）具有一般负偏差的系统。蒸气总压对理想情况为负偏差，但在全部组成范围内，混合物的蒸气总压均介于两个纯组分的饱和蒸气压之间，如氯仿-乙醚系统，如图 5-9 所示。

（3）有最大正偏差的系统：蒸气总压对理想情况为正偏差，但在某一组成范围内，混合物的蒸气总压比易挥发组分的饱和蒸气压还大，因而蒸气总压出现最大值，如甲醇-氯仿系统，如图 5-10 所示。

（4）有最大负偏差的系统：蒸气总压对理想情况为负偏差，但在某一组成范围内，混合物的蒸气总压低于难挥发组分的蒸气压，液相线上出现最小值。这类例子如氯仿-丙酮系统（见图 5-11），它们的蒸气总压小于拉乌尔定律的计算值，且在某一浓度范围内总压线上出现最小值，该值均低于两个纯组分的饱和蒸气压。气相线与液相线在最小值处相切，且气相组成和液相组成相等，即 $y_B = x_B$。

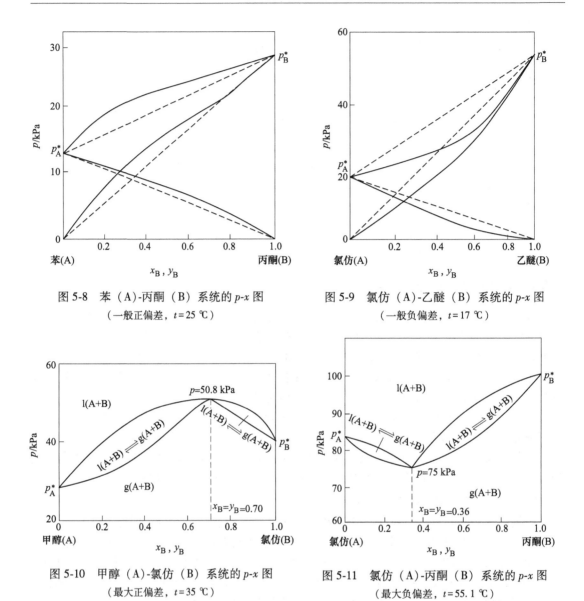

图 5-8　苯（A）-丙酮（B）系统的 p-x 图
（一般正偏差，$t=25$ ℃）

图 5-9　氯仿（A）-乙醚（B）系统的 p-x 图
（一般负偏差，$t=17$ ℃）

图 5-10　甲醇（A）-氯仿（B）系统的 p-x 图
（最大正偏差，$t=35$ ℃）

图 5-11　氯仿（A）-丙酮（B）系统的 p-x 图
（最大负偏差，$t=55.1$ ℃）

5.3.4.2　温度-组成图

在恒定压力下，实验测定一系列不同组成液体的沸腾温度及平衡是气液两相的组成，即可做出该压力下的温度-组成图。

A　正偏差液态混合物

（1）一般正偏差混合物。对理想状态产生一般正偏差的温度-组成图与理想系统的温度-组成图类似（见图 5-12），沸点介于两纯组分沸点之间。

（2）最大正偏差混合物。对理想状态产生最大正偏差如图 5-13 所示。沸点低于两纯组分沸点，液相线出现最低点 C。在 C 点 $y_B = x_B$，即气相组成和液相组成相等，此点对应的温度称为最低恒沸点，对应的组成称为恒沸组成，对应的液相称为恒沸混合物。属于这类系统的有水-乙醇、甲醛-苯、乙醇-苯、二硫化碳-丙酮等。

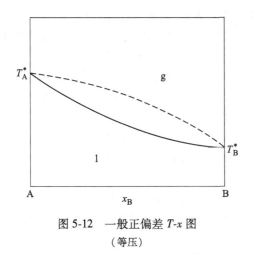

图 5-12   一般正偏差 T-x 图
（等压）

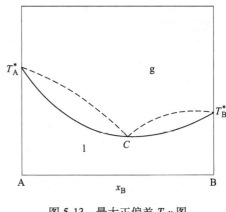

图 5-13   最大正偏差 T-x 图
（等压）

B   负偏差液态混合物

（1）一般负偏差混合物。对理想状态产生一般负偏差的温度-组成图与理想系统的温度-组成图类似（见图 5-14），沸点介于两纯组分沸点之间。

（2）最大负偏差混合物。对理想状态产生最大负偏差如图 5-15 所示，沸点高于两纯组分沸点，液相线出现最高点 C。在 C 点 $y_B = x_B$，即气相组成和液相组成相等。此点所对应的温度称为最高恒沸点，对应的组成称为恒沸组成，对应的液相称为恒沸混合物。例如，H_2O-HCl 系统，在 101.325 kPa 下最高恒沸点为 108.5 ℃，恒沸混合物组成 HCl 为 20.24%。

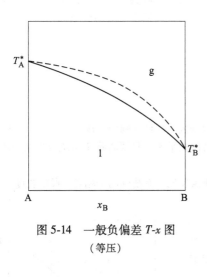

图 5-14   一般负偏差 T-x 图
（等压）

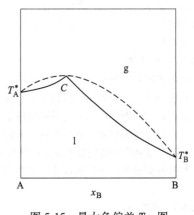

图 5-15   最大负偏差 T-x 图
（等压）

（3）具有恒沸点系统的精馏。同一系统恒沸混合物的组成取决于压力，压力一定，恒沸混合物的组成一定；压力改变，恒沸混合物的组成改变，甚至恒沸点可以消失。这证明恒沸混合物不是纯净化合物。如图 5-13 所示，在具有低恒沸点的二组分气-液平衡系统中，在 C 点右侧易挥发组分 B 在气相中的相对含量小于其在平衡液相中的相对含量（$y_B < x_B$），精馏结果为在塔顶得到恒沸混合物、塔底得到纯组分 B；在 C 点左侧则相反（$y_B > x_B$），精馏结果为在塔顶得到恒沸混合物、塔底得到纯组分 A。在图 5-15 的系统中，C 点右侧（$y_B>x_B$），精馏结果为在塔顶得到纯组分 B，塔底得到恒沸混合物；C 点左侧（$y_B<x_B$），精馏结果为在塔顶得到纯组分 A，塔底得到恒沸混合物。由于这两类液态混合物存在着最低或最高恒沸点，简单精馏法不能将两个纯组分分离，只能得到一种纯组分和恒沸混合物。例如水-乙醇系统，若乙醇的含量小于 95.57%，无论如何精馏，都得不到无水乙醇。只有加入 $CaCl_2$ 等吸水剂，使乙醇的含量高于 95.57%，才能通过精馏得到无水乙醇。

非理想液态混合物对理想液态混合物产生偏差的主要原因如下。

（1）形成混合物后组分发生解离。系统中某组分单独存在时为缔合分子，与其他组分形成混合物后，发生解离或缔合度变小，使其在混合物中的分子数目增加，蒸气压增大，产生正偏差。

（2）形成混合物后组分发生缔合。混合物中组分单独存在时为单个分子或缔合度较低，形成混合物后发生分子间缔合或形成氢键，使组分的分子数目减少，蒸气压降低，产生负偏差。

（3）形成混合物后分子间作用力发生改变。若某一组分（A）在与另一组分（B）形成混合物后，B-A 间的作用力小于 A-A 之间的作用力，形成液态混合物后，就会减少 A 分子所受到的引力，A 变得容易逸出，A 组分就产生正偏差；相反，若 B-A 间的作用力大于 A-A 之间的作用力，形成混合物后，就会产生负偏差。

思考练习题

5.3-1 填空题

1. 二组分气-液相平衡的 T-x 图中，沸点与液相组成的关系曲线，称为_____；沸点与气相组成的关系曲线，称为_____。液相线与气相线将图平面分为三个区：气相线以上的区域称为_____，液相线以下的区域称为_____，气、液相线之间的区域为_____。

2. 写出杠杆规则：_____。

5.3-2 判断题

1. 杠杆规则只适用于 T-x 图的两相平衡区。 （ ）

2. 杠杆规则适用于系统的任何两相共存。 （ ）

3. 杠杆规则中两相的物质的量换成质量，组成换成质量分数，杠杆规则依然成立。 （ ）

4. 杠杆规则是根据物质守恒原理得出的，所以不论是否两相平衡，只要将指定系统分成组成不同的两部分，这两部分物料的数量关系就必然服从杠杆规则。 （ ）

5. 杠杆规则表明，当组成以质量分数表示时，两相的质量反比于系统到两个相点线段的长度。 （ ）

5.3-3 单选题

1. 在一定压强下，由 A(l) 与 B(l) 形成的二组分温度-组成图，即 T-x 图，如图 5-16 所示。图中恒沸点处的气液两相组成的关系为_____。

A. $y_B>x_B$

B. $y_B<x_B$

C. $y_B=x_B$

D. y_B 和 x_B 无确定的关系

2. 水蒸气蒸馏通常适用于某有机物与水组成的_____。

A. 完全互溶双液系

B. 互不相溶双液系

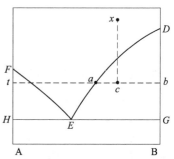

图 5-16 A(l) 与 B(l) 系统的 T-x 图

C. 部分互溶双液系　　　　　D. 所有双液系

5.3-4　习题

已知 100 ℃时纯液体 A 和 B 的饱和蒸气压分别为 40 kPa 和 120 kPa，在一抽空容器中注入 4 mol 纯液体 A 和 6 mol 纯液体 B，两者形成理想液态混合物。在 100 ℃下，气液两相达平衡时，测得系统的总压强为 80 kPa。试计算平衡时：

（1）系统的气液两相组成 y_B 和 x_B；

（2）气液两相的量及气液中 A 的物质的量。

任务 5.4　二组分液态非完全互溶系统的气液平衡相图

5.4.1　液体的相互溶解度

生活中不难发现，一种液体在另一种液体中的溶解有三种情况：第一种情况是两种液体完全互溶，如乙醇与水、甘油与水等；第二种情况是两种液体部分互溶，如乙醚与水、苯酚与水等；第三种情况是两种液体完全不溶，如苯与水、四氯化碳与水等。两种液体的相互溶解度之所以会出现这三种情况，与它们的性质有很大的关系。当两种液体性质相差较大时，液体只能部分互溶，也就是在某些温度下，只有当一种液体的量相对很少而另一种液体的量相对很多时，才能溶为均匀的一个液相，而在其他配比下，系统将分层而呈现两个液相平衡共存，这样的系统就是部分互溶系统。这两个平衡共存的液层称为共轭溶液。对于共轭溶液来说，当压力影响不大时，其温度-组成图称为溶解度曲线。

A　具有最高互溶温度的类型

图 5-17 是水-苯酚系统的溶解度图。在低温下，水和苯酚部分互溶，分为两层：一层是水中饱和了苯酚（左半边）；另一层是苯酚中饱和了水（右半边）。若温度升高，则苯酚在水中的溶解度沿 *MC* 线（苯酚在水中的溶解度曲线）上升，水在苯酚中的溶解度沿 *NC* 线（水在苯酚中的溶解度曲线）上升。两层的组成逐渐接近，最后汇聚于相交于 *C* 点。*MCN* 称为溶解度曲线，曲线 *MCN* 以外为单液相区，*MCN* 以内为液液两相平衡共存

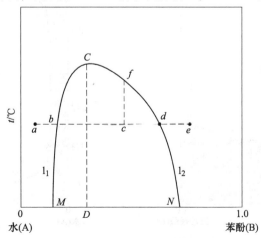

图 5-17　水-苯酚系统的溶解度图

（等压）

区，C 点称为最高互溶点（或最高临界互溶点），其温度称为高互溶温度。温度高于高互溶温度时，两液体可以以任何比例完全互溶，而在高互溶温度以下，两液体则只能部分互溶。

在高互溶温度以下的某一温度时，向水中加入少量苯酚可完全溶解，形成苯酚在水中的饱和溶液（a 点），随着苯酚量的增加，苯酚在水中溶解达到饱和（如 b 点），若再加入苯酚，系统就会出现两个液层，即苯酚在水中的饱和溶液（水层 l_1）和水在苯酚中的饱和溶液（酚层 l_2），两个液相平衡共存即共轭溶液。若再增加苯酚的量，l_1 减少，l_2 增多，到 d 点时 l_1 即将消失，则系统成为水在苯酚中的饱和溶液。同样，系统在某组成下随温度变化的情况也可由相图看出。若系统在 DC 线右侧（如 c 点），温度升高时，由杠杆规则可知，水层量逐渐减少，酚层量逐渐增多，温度上升到 f 点时。水层 l_1 消失，系统变为单一液相。若系统在 DC 线左侧，当温度上升到与 MC 线相交时，苯酚层消失。

互溶温度的高低反映了一对液体间相互溶解能力的强弱。对具有高互溶温度的液体来说，互溶温度越低，两液体的互溶性越好。因此，可利用互溶温度数据来选择优良的萃取剂。

B　具有最低互融温度的类型

图 5-18 是水-三乙基胺系统的溶解度图。图中 B 点为最低互溶点（或最低临界互溶点），其对应温度（约 291 K）为系统的最低互溶温度，在此温度以下，两液体能以任意比例互溶；在此温度以上，增加温度则会降低两液体的互溶度，并出现两相。

C　同时具有最高和最低互溶温度的类型

图 5-19 是水-烟碱系统的溶解度图。图中的溶解度曲线完全封闭，同时具有最高互溶点 C（最高互溶温度 481 K）和最低互溶点 D（最低互溶温度 334 K）。在最高互溶温度以下和最低互溶温度以上，水和烟碱两液体能以任意比例互溶。在最高互溶温度和最低互溶温度之间，根据不同的浓度区间，系统分为两层。

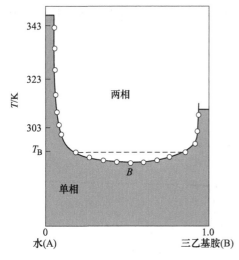

图 5-18　水-三乙基胺系统的溶解度图
（等压）

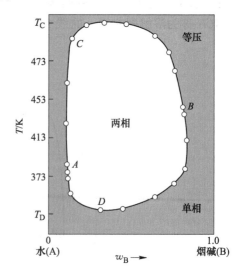

图 5-19　水-烟碱系统的溶解度图
（等压）

D　不具有互溶温度的类型

水-乙醚系统是典型的不具有互溶温度的双液系统，在它们存在的温度范围内，无论以什么比例混合，水和乙醚都是部分互溶。

5.4.2　二组分液态部分互溶系统的气液平衡相图

图 5-20 所示为恒压下二组分液态部分互溶系统气-液平衡的 T-x 图。上半部为最低恒沸点的气-液平衡曲线，下半部为部分互溶的液-液平衡曲线。降低压强，对液-液平衡影响不明显，液-液平衡曲线的位置不会发生明显变化，但对气-液平衡曲线影响较大，不仅位置明显下降，形状也会发生显著变化。在压强下降至一定程度时，会出现气-液平衡线和液-液平衡线相交而成的特殊的气-液-液平衡相图，如图 5-21 所示。图 5-21 中，上半部类似于一般的最低恒沸点系统。但在最低恒沸点时，溶液已不能完全互溶而分成两个互相平衡的相：一个是异丁醇在水中的饱和溶液，即水相（l_1）；另一个是水在异丁醇中的饱和溶液，即异丁醇相（l_2）。此时，水相 D、异丁醇相 D′ 和气相 H 三相共存，$f = C - P + 1 = 2 - 3 + 1 = 0$，即压强确定后 D、H、D' 三点不能随意变动。若降低温度，蒸气消失，只有两个液相，其溶解度随温度的变化如前所述。在 CD、$C'D'$ 线以外，因组成小于溶解度，故仍为均相。图中的 l_1(A+B) 代表异丁醇的水溶液，l_2(A+B) 代表水的异丁醇溶液。

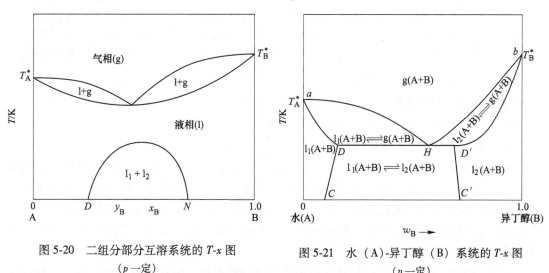

图 5-20　二组分部分互溶系统的 T-x 图
（p 一定）

图 5-21　水（A）-异丁醇（B）系统的 T-x 图
（p 一定）

5.4.3　二组分液态完全不互溶系统的气液平衡相图

5.4.3.1　二组分液态完全不互溶系统气液平衡的温度-组成图

如果两种液体相互溶解度非常小，以致可以忽略不计，则这两种液体所组成的系统就近似视为液态完全不互溶系统，如 C_5-水、水-汞、水-油系统等。当两种不互溶的液体共存时，分为两层，各组分的蒸气压与单独存在时相同，在一定温度下各组分的蒸气压之和等于系统的总压，即 $p = p_A^* + p_B^*$。

由此可见，对于二组分液态完全不互溶系统，无论两液体相对数量如何，系统的蒸汽总压恒大于相同条件下任一组分的蒸气压。当系统的蒸气总压等于外压时，两液体同时沸腾，此时的温度称为在指定外压下两液体的共沸点，共沸点恒低于其中任一组分的沸点。图 5-22 中 O 点对应的温度即为 A、B 两液体的共沸点，O 点为三相平衡时的气相点，对应的组成为共沸物。

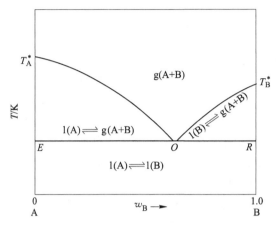

图 5-22　二组分液态完全不互溶系统的 T-x 图

（p 一定）

动画：固
态或液态
的互溶

　　在三相平衡时继续加热，温度不变，两液相的量不断减少，气相的量不断增加，温度直到有一个液相消失时才开始上升。当温度上升至 $T_A^* O$ 线或 $T_B^* O$ 线所对应的温度时，另一个液相也全部汽化。图中 T_A^*、T_B^* 分别为纯液体 A、B 的沸点。$T_A^* O$ 线和 $T_B^* O$ 线为气相线，气相线以上的区域为气相区。EOR 水平线为三相平衡线，该线上任意一点，皆为 A 液相、B 液相与气相三相平衡。三相平衡线以下为液体 A 和 B 的两相平衡区。

5.4.3.2　水蒸气蒸馏原理

　　利用不互溶系统沸点低于任一组分的沸点这一特点，将水与不互溶的有机化合物共同蒸发，由于两者不互溶，故经冷凝后分为两层，除去水层后即得产品的方法称为水蒸气蒸馏。通过水蒸气蒸馏，既能提纯产品，又能避免有机物在高温下分解。但要注意，水蒸气蒸馏法只适用于具有挥发性的，能随水蒸气蒸馏而不被破坏，与水不发生反应，且难溶或不溶于水的成分的提取。

　　馏出物中水和组分 B 的质量比又称为水蒸气消耗系数，设蒸气为理想气体，由分压定律，得：

$$p_{H_2O}^* = p y_{H_2O} = p \frac{n_{H_2O}}{n_{H_2O} + n_B}$$

$$p_B^* = p y_B = p \frac{n_B}{n_{H_2O} + n_B}$$

故

$$\frac{p_{H_2O}^*}{p_B^*} = \frac{n_{H_2O}}{n_B} = \frac{m_{H_2O}/M_{H_2O}}{m_B/M_B}$$

　　整理得：

$$\frac{m_{H_2O}}{m_B} = \frac{p_{H_2O}^*}{p_B^*} \cdot \frac{M_{H_2O}}{M_B} \tag{5-23}$$

式中，m_{H_2O}/m_B 为水蒸气消耗系数；$p_{H_2O}^*$、p_B^* 分别为纯水和纯物质 B 的饱和蒸气压，Pa；M_{H_2O}、M_B 分别为纯水和纯物质 B 的摩尔质量，g/mol。

由式（5-23）可以看出，若物质 B 的蒸气压越高，摩尔质量越大，则馏出一定量的物质 B 所需的水量越小。水蒸气消耗系数表示蒸馏出单位质量物质 B 所需的水蒸气质量。该系数越小，说明水蒸气蒸馏的效率越高。随着真空技术的发展，目前实验室和生产中广泛采用的是减压蒸馏的方法提纯有机物质。水蒸气蒸馏设备操作简单，在缺乏真空减压设备时，水蒸气蒸馏不失为一种实用的方法，所以仍具有重要的实际意义。

例 5-6

在 101.325 kPa 下，对氯苯进行水蒸气蒸馏，已知水和氯苯系统的沸点为 91 ℃。此温度下水和氯苯的饱和蒸气压分别为 72852.68 Pa 和 28472.31 Pa。试求：

（1）平衡气相组成（物质的量分数）；

（2）蒸出 1000 kg 氯苯至少消耗水蒸气的质量？

例 5-6 解析

思考练习题

5.4-1 填空题

1. 理想液态混合物温度-组成中，液相开始起泡沸腾时对应的温度称为该液相的_____。

2. 理想液态混合物温度-组成中，气相开始凝结出露珠似的液滴时对应的温度称为该气相_____。

3. 具有最高恒沸点的 A-B 二组分系统，精馏至最后其馏出物是_____；残留液是_____。

4. 若完全互溶的二组分液体混合物对拉乌尔定律有较大的正偏差，在 $T\text{-}x$ 相图中就有一个_____，此点组成的混合物称为_____，具有_____相等和_____恒定的特征。

5. 相图与状态图的关系是_____。

6. 丙三醇（A）-间甲苯胺（B）可形成部分互溶二组分系统，相图如图 5-23 所示。

（1）将 30 g 丙三醇和 70 g 间甲苯胺在 20 ℃时混合，系统为_____相；

（2）上述混合液加热至 60 ℃，可建立_____相平衡，各相组成分别为_____和_____，各相的质量分别为_____和_____；

（3）将系统温度继续升至 120 ℃，系统又为_____相，相组成为_____。

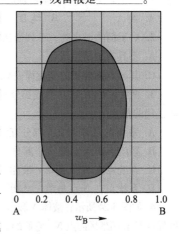

图 5-23　丙三醇（A）-间甲苯胺（B）系统相图

5.4-2 判断题

1. 在相图中总可以利用杠杆规则计算两相平衡时两相的相对量。　　　　　　（　　）

2. 理想液态混合物，因各组分在全部组成范围内遵循拉乌尔定律。　　　　　（　　）

3. 理想液态混合物的蒸气总压总是介于两纯液体的饱和蒸气压之间。　　　　　　（　　）

4. 完全互溶双液系的 T-x 图中，溶液的沸点与纯组分的沸点的意义是一样的。　　（　　）

5. 纯物质的饱和蒸气压较高的液体沸点较高。　　　　　　　　　　　　　　　　（　　）

6. 理想液态混合物温度-组成中气相线在液相线的右上方。　　　　　　　　　　　（　　）

7. 对于二元互溶液系，通过精馏方法总可以得到两个纯组分。　　　　　　　　　（　　）

8. 恒沸物的组成不变。　　　　　　　　　　　　　　　　　　　　　　　　　　（　　）

9. 部分互溶双液系统以互相共轭的两相平衡共存。　　　　　　　　　　　　　　（　　）

10. 两液体间相互溶解多少与它们的性质有关。　　　　　　　　　　　　　　　　（　　）

11. 当两液体性质相差较大时，它们只能相互部分溶解。　　　　　　　　　　　　（　　）

12. 当两液体性质相差较大时，它们之间完全不互溶。　　　　　　　　　　　　　（　　）

13. 水和多数有机液体形成的系统都属于完全不互溶系统。　　　　　　　　　　　（　　）

14. 通过控制体系外压，恒沸混合物是可以通过蒸馏进行分离的。　　　　　　　　（　　）

15. 将双组分进行连续的部分气化和部分冷凝，使混合液得以分离就是精馏的原理。（　　）

16. 在二元体系的相图中，物系点移动方向是垂直上下，而相点则是水平移动。　　（　　）

17. A、B 两液体完全不互相溶，那么当有 B 存在时，A 的蒸气压与体系中 A 的摩尔分数成正比。

　　　　　　　　　　　　　　　　　　　　　　　　　　　　　　　　　　　　（　　）

18. 绝大多数二组分完全互溶液态混合物都是非理想的。　　　　　　　　　　　　（　　）

19. 恒沸混合物不是化合物。　　　　　　　　　　　　　　　　　　　　　　　　（　　）

20. 恒沸混合物就是化合物。　　　　　　　　　　　　　　　　　　　　　　　　（　　）

21. 根据二元液系的 p-x 图，可以准确判断该体系的液相是否为理想液体混合物。　（　　）

22. 二元液系中若 A 组分对拉乌尔定律产生正偏差，那么 B 组分必定对拉乌尔定律产生负偏差。

　　　　　　　　　　　　　　　　　　　　　　　　　　　　　　　　　　　　（　　）

23. 二元液系中若 A 组分对拉乌尔定律产生正偏差，那么在 T-x 图上必有最高恒沸点。（　　）

5.4-3　单选题

1. 物质 A 与 B 可形成低共沸混合物 E，已知纯 A 的沸点小于纯 B 的沸点，若将任意比例的 A+B 混合在一个精馏塔中精馏，则塔顶的馏出物是_____。

A. 纯 A　　　　　　B. 纯 B　　　　　　C. 低共沸混合物　　　D. 都有可能

2. 对于恒沸混合物，下列说法中错误的是_____。

A. 不具有确定组成　　　　　　　　B. 平衡时气相组成和液相组成相同

C. 其沸点随外压的变化而变化　　　D. 与化合物一样具有确定组成

3. 两种液体 A 和 B 形成部分互溶系统如图 5-24 所示。在帽形区外点 M 和帽形区内点 N，它们的状态正确的是_____。

A. 系统在 M 点时 2 个部分互溶的液相

B. 系统点在 N 点是 2 个部分互溶的液相

C. 系统点在 M 点是单一液相，$f=1$

D. 系统点在 N 点是单一液相，$f=2$

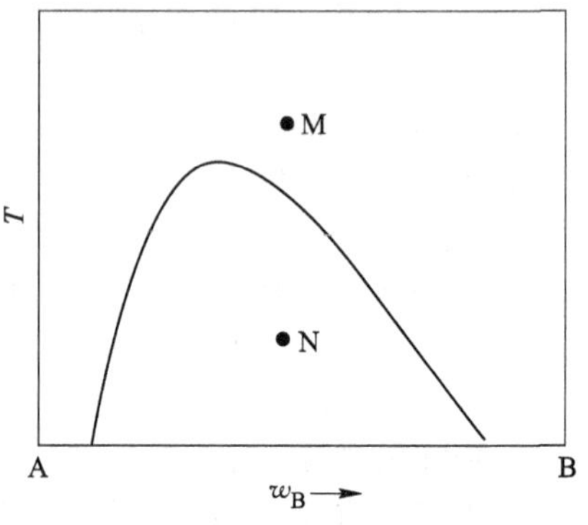

4. 如图 5-24 所示，液体 A 和 B 形成部分互溶体系，在帽形区外点 M 和帽形区内点 N，它们的自由度正确的是_____。

A. M=1，N=1　　　B. M=1，N=2

C. M=2，N=1　　　D. M=2，N=2

5. 进行水蒸气蒸馏的必要条件是_____。

A. 两种液体互不相溶

B. 两种液体蒸气压都较大

图 5-24　液体 A 和 B 形成部分互溶系统

C. 外压小于 101 kPa

D. 两种液体的沸点相近

6. 互不相溶的液体体系，常采用水蒸气蒸馏某些有机物，有关水蒸气消耗系数的说法正确的是_____。

A. 水蒸气消耗系数越大，有机物越容易蒸馏

B. 有机物蒸气压越大，水蒸气消耗系数越大

C. 有机物的分子量越大，水蒸气消耗系数越小

D. 水蒸气消耗系数与有机物分子量无关

7. 二组分合金处于低共熔温度时系统的条件自由度数为_____。

A. 0　　　　　　　B. 1　　　　　　　C. 2　　　　　　　D. 3

8. 已知 A 液体的沸点比 B 液体高，且两者能形成低共沸混合物 E。将任意比例的 A 和 B 进行蒸馏，塔顶馏出物应是_____。

A. 纯 A　　　　　B. 纯 B　　　　　C. E　　　　　　D. B+E

9. 某种物质在某溶剂中的溶解度_____。

A. 仅是温度的函数　　　　　　B. 仅是压力的函数

C. 同时是温度和压力的函数　　D. 是温度、压力及其他因素的函数

10. 液体 A 与液体 B 不相混溶。在一定温度 T，当有 B 存在时，液体 A 的蒸气压为_____。

A. 体系中 A 的摩尔分数成比例

B. 等于 T 温度下纯 A 的蒸气压

C. 大于 T 温度下纯 A 的蒸气压

D. 与 T 温度下纯 B 的蒸气压之和等于体系的总压力

11. 已知温度为 T 时，液体 A 的蒸气压为 13330 Pa，液体 B 的蒸气压为 6665 Pa。若 A 与 B 形成理想液态混合物，则当 A 在液相中的摩尔分数为 0.5 时，其在气相中的摩尔分数为_____。

A. 1/3　　　　　B. 1/2　　　　　C. 2/3　　　　　D. 3/4

5.4-4　习题

1. 100 ℃时，纯 CCl_4（A）和纯 $SnCl_4$（B）的蒸气压分别为 1.933×10^5 Pa 和 0.666×10^5 Pa，这两种液体可组成理想液态混合物。假定以某种配比混合成的这种液态混合物，在外压力为 1.013×10^5 Pa 的条件下，加热到 100 ℃时开始沸腾。试求：

（1）该液态混合物的组成；

（2）该液态混合物开始沸腾时的第一个气泡的组成。

2. 为了将含非挥发性杂质的甲苯提纯，在 86.0 kPa 压力下用水蒸气蒸馏。已知：在此压力下该系统的共沸点为 80 ℃，80 ℃时水的饱和蒸气压为 47.3 kPa。试求：

（1）气相的组成（含甲苯的摩尔分数）；

（2）欲蒸出 100 kg 纯甲苯，需要消耗水蒸气的质量？

3. 将某有机化合物进行水蒸气蒸馏，混合物的沸腾温度为 95 ℃。实验时的大气压为 99.20 kPa，95 ℃时水的饱和蒸汽压为 84.53 kPa。馏出物经分离、称重，已知水的质量占 45.0%（质量分数），试估计此化合物的摩尔质量。

4. 60 ℃时甲醇（A）的饱和蒸气压 83.4 kPa，乙醇（B）的饱和蒸气压是 47.0 kPa，二者可形成理想液态混合物。若液态混合物的组成为质量分数 $w_B = 0.5$，试求 60 ℃时与此液态混合物的平衡蒸气组成（以摩尔分数表示）。（已知甲醇及乙醇的摩尔质量分别为 32.04 和 46.07）

5. A 和 B 二组分在液态完全互溶，已知液体 B 在 80 ℃下蒸气压力为 101.325 kPa，气化焓为 30.76 kJ/mol。组分 A 的正常沸点比组分 B 的正常沸点高 10 ℃。在 101.325 kPa 下将 8 mol A 和 2 mol B

混合加热到 60 ℃产生第一个气泡，其组成为 $y_B = 0.4$，继续在 101.325 kPa 下恒压封闭加热到 70 ℃，剩下最后一滴液，其组成为 $x_B = 0.1$。将 7 mol B 和 3 mol A 气体混合，在 101.325 kPa 下冷却到 65 ℃，产生第一滴液体，其组成为 $x_B = 0.9$，继续定压封闭冷却到 55 ℃时剩下最后一个气泡，其组成为 $y_B = 0.6$。

（1）画出此二组分系统在 101.325 kPa 下的沸点-组成图，并标出各相区；

（2）8 mol B 和 2 mol A 的混合物在 101.325 kPa，65 ℃时：

1）求平衡气相的物质的量；

2）求平衡液相中组分 B 的活度和活度系数；

3）此混合物能否用简单精馏的方法分离为纯 A 组分与纯 B 组分，为什么？

6. 苯酚和水是部分互溶的，在 20 ℃时两共轭液层的组成分别为含苯酚 8.4%（质量分数）和 72.2%（质量分数）。今含有 50%（质量分数）苯酚的样品 5 kg，试求每一层中苯酚的量。

7.（1）由硝基苯和水组成的二组分系统为完全不互溶系统，在 101.325 kPa 下，其沸腾温度为 99 ℃。已查得 99 ℃时水的蒸气压力为 97.7 kPa。若将此系统进行水蒸气蒸馏以除去不溶性杂质，试求馏出物中硝基苯所占的质量分数。（已知 H_2O、$C_6H_5NO_2$ 的摩尔质量分别为 18.02 g/mol、123.11 g/mol）

（2）若在合成某一化合物后，进行水蒸气蒸馏，此系统的沸腾温度为 95 ℃，大气压为 99.2 kPa。馏出物经分离，称重得出水的质量分数为 0.45。试估计此化合物的摩尔质量。（水的蒸发焓为 40.7 kJ/mol，与温度无关，蒸气看作是理想气体，液体体积可以忽略不计。）

8. A、B 两种液体在液态完全互溶且可形成最低恒沸系统。若饱和蒸气压 $p_A^* = 2p_B^*$，试作出温度一定时的压力-组成图，标出图中各区的相态及成分。（设恒沸组成为 x_O，$x_A = 1 - x_B$）

（1）在恒沸组成处是 $x_A > x_B$，还是 $x_A < x_B$ 或 $x_A = x_B$？

（2）在恒沸组成的右侧图中的两相区两相平衡时，是 $y_B > x_B$，还是 $y_B < x_B$？

9. A、B 两液态物质可完全互溶，在同温度下 $p_A^* < p_B^*$。在一定压力下，将 A、B 溶液在一精馏塔中进行精馏，若塔足够高，无论溶液的组成如何改变，在塔顶只能得到 $x_B = 0.7$ 的恒沸混合物，试绘出在一定温度下的上述系统的蒸气压-组成图。

10. 已知 A、B 两种液体完全互溶，且 $p_B^* > p_A^*$，在常压下具有最低恒沸混合物组成为 D。

（1）试画出该系统的 T-x 图，p-x 图；

（2）若有一组成介于 B 与 D 之间的 A、B 二组分溶液，经精馏后，在塔顶和塔底各得什么产物？

11. 图 5-25 为 A、B 两组分液态完全互溶系统的压力-组成图。试根据该图画出该系统的温度（沸点)-组成图，并在图中标示各相区的聚集态及成分。

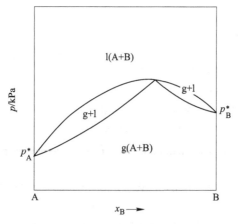

图 5-25 A 与 B 系统的 p-x 图

（T 恒定）

任务 5.5　二组分凝聚系统液固平衡相图

只有固相和液相存在的系统称为凝聚系统。压强对凝聚系统的相平衡关系影响很小，一般不予考虑。二组分液固系统也称二组分凝聚系统，在高温时呈液态，低温时为固态。因通常不考虑压强对相平衡的影响，故在常压下测定的二组分凝聚系统的温度-组成图一般不注明压力。

二组分凝聚系统相图一般比二组分气液相图复杂，有的甚至更复杂。本模块只介绍几种典型的二组分凝聚系统相图，即简单的低共熔二元相图、形成化合物的相图和由固态混合物生成的相图。

5.5.1　简单的低共熔二元相图

液态完全互溶而固态完全不互溶，且两物质之间不发生化学反应的二组分液固平衡相图是二组分凝聚系统相图中最简单的，是具有简单低共熔混合物系统。

5.5.1.1　热分析法

热分析法是研究凝聚系统相平衡及绘制其相图最常用的实验方法，适用于两组分在室温下是固体的系统。热分析法的基本原理是根据系统在冷却过程中，温度随时间的变化情况来判断系统中是否发生了相变化。通常的做法是先配好一定组成的几个样品，将样品加热成液态，然后让其缓慢而均匀地冷却，记录冷却过程中每个样品在不同时刻的温度数据，并以时间为横坐标，温度为纵坐标，将实验数据绘成曲线，即步冷曲线（或冷却曲线），如图 5-26（a）所示。

当将液体缓慢自行冷却时，如果系统不发生相变化，则系统的温度随时间均匀下降，当系统发生相变时，由于放出相变热，而在步冷曲线上出现转折点或水平线，前者表示温度随时间的变化率发生了变化，后者则表示温度不再随时间变化。根据不同组成的步冷曲线上的转折点或水平线，即可确定相图中的相点，从而绘制相图，如图 5-26（b）所示。

以 Bi-Cd 系统为例。对于该系统，在高温区，Cd 和 Bi 的熔液可以无限混溶，形成液

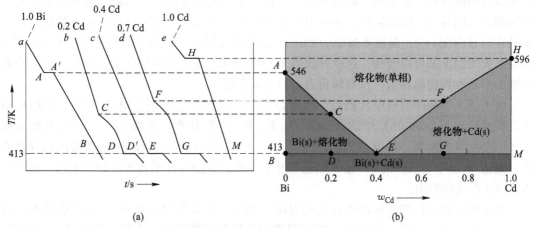

图 5-26　Bi-Cd 系统的步冷曲线及相图（$p^{\ominus}$）

（a）Bi-Cd 系统的步冷曲线；（b）Bi-Cd 体系的 T-x 图

态混合物。而在低温区，Cd(s) 和 Bi(s) 完全不互溶，形成两个固相的机械混合物。

（1）图 5-26 显示的是五种不同组成的 Bi-Cd 系统的冷却曲线。其中，a 线是纯 Bi〔铋含量（质量分数）为 100%，镉的含量（质量分数）为 0%〕时的冷却曲线。aA 段相当于液体 Bi 的冷却，温度均匀下降。冷却到 Bi 的凝固点（即熔点）546 K 时，有固体 Bi 开始从液相中析出，这时相当于 A 点。因冷却速度缓慢，故可认为系统中液-固两相平衡。根据相律，$f=1-2+1=0$，故在液体凝固过程中，温度保持不变，因而冷却曲线在 546 K 时出现水平段 AA'。从热平衡角度看，这是因为冷却散热等于液体凝固时所放出的热，故系统的温度保持不变。到达 A' 点，液体 Bi 消失，系统成为单一固相，此后随着冷却，温度不断下降。

（2）e 线是纯 Cd〔铋含量（质量分数）为 0%，镉含量（质量分数）为 100%〕时的冷却曲线，其形状与 a 线相似，水平段 H 所对应的温度 596 K 是 Cd 的凝固点（熔点）。

（3）b 线是 Cd 含量（质量分数）为 20%时的 Bi-Cd 混合物的冷却曲线。液相混合物冷却时温度均匀下降，相当于 bC 段。到达 C 点时，固体纯 Bi 开始从液相中析出。根据相律，两相共存时，自由度 $f=2-2+1=1$，说明随着固体 Bi 的析出，温度仍不断下降，同时与固体 Bi 呈平衡的液相的组成也随温度而变。但由于固体 Bi 的析出，放出了凝固热，使降温速率变慢，因而冷却曲线的斜率变小，于是在 C 点出现转折。继续冷却，固体 Bi 不断析出，与之平衡的液相中 Cd 的含量不断增加，温度不断降低。到达 D 点时，液相不仅对固体 Bi，而且对固体 Cd 也达到饱和，故在冷却时固相 Cd 也同时析出，使系统呈三相平衡。根据相律，自由度 $f=2-3+1=0$，说明此后在冷却时，只要有液相存在，温度不再改变，出现水平段 DD'，同时液相组成也不变。只有当液相全部凝固而消失后，自由度 $f=2-2+1=1$，温度才又继续下降，这相当于 D' 点，D' 点以后是固体 Bi 和固体 Cd 的降温过程。DD' 段析出的固体 Bi 和固体 Cd 的混合物是低共熔混合物，此时的温度便是低共熔点。

（4）d 线是 Cd 含量（质量分数）为 70%时的 Bi-Cd 混合物的冷却曲线。与 b 线类似，d 线上有一个转折点 F 和一个水平线段 G。F 点开始析出固体 Cd，G 点开始析出低共熔混合物，水平线段 G 点的尽头液相消失。水平线段 G 点所对应的温度是低共熔点。

（5）c 线是 Cd 含量（质量分数）为 40%时的 Bi-Cd 混合物的冷却曲线。cE 段相当于液相混合物的冷却。由于这一混合物的组成正好是低共熔混合物的组成，液相开始凝固时即同时析出固体 Cd 和固体 Bi。这时相当于曲线上的 E 点。只要液相没有完全凝固，在三相共存时自由度 $f=0$，温度不降低，而出现 E 水平线段。到达该线段尽头时，液相消失，以后系统的温度又可以改变，这就是固体 Bi 和固体 Cd 的低共熔混合物的降温。这条冷却曲线的形状和纯物质相似，没有转折点，只有水平段。

将上述五条冷却曲线中转折点、水平段的温度及相应的系统组成描绘在温度-组成图上，便能得出图 5-26（b）中的 A、C、D、E、F、G 及 H 点。连接 A、C、E 三点所构成的 AE 线是 Bi 的凝固点降低曲线；连接 H、F、E 三点构成的 HE 线是 Cd 的凝固点降低曲线；通过 D、E、G 三点的 BM 水平线是三相平衡线。在图中注明各相区的稳定相，便能绘得 Bi-Cd 系统的相图。

此类相图能提供制备低熔点合金的方法。例如，在水银中加入铊（Ti），能使水银凝固点（-38.9 ℃）降低，但通过相图可明确判断最低只能降到-59 ℃，若想进一步降低，则需采用更多组分的系统。其他像锑-铝、铋-镉、KCl-AgCl、C_6H_6-CHBr$_3$ 等也可以组成形成简单低共熔物的系统。

5.5.1.2　溶解度法

溶解度法适用于在常温下有一种组分是液态的系统，水-盐系统相图一般用溶解度法绘制。盐溶于水中使水的凝固点下降，凝固点降低值与盐在溶液中的浓度有关。理论上，根据不同温度下盐在水中的溶解度实验数据，就可以绘制水-盐系统图。下面就以不生成水合物的水(H_2O)-硫酸铵$[(NH_4)_2SO_4]$ 系统为例加以说明。

若对一个硫酸铵质量分数（质量分数）小于 39.75% 的水溶液进行冷却，系统将在低于 0 ℃的某温度下开始有冰析出。若溶液中盐的浓度较大，则开始析出冰的温度就低。硫酸铵质量分数（质量分数）大于 39.75% 的水溶液，在冷却到硫酸铵达到饱和的温度时，将有固体硫酸铵析出，这是因为硫酸铵在水中的溶解度随温度的降低而减小。溶液中盐的浓度越大，开始析出固体硫酸铵的温度也就越高。若溶液中硫酸铵的含量（质量分数）等于 39.75%，在冷却到 −18.50 ℃时，冰和固体 $(NH_4)_2SO_4$ 同时析出。−18.50 ℃是 H_2O-$(NH_4)_2SO_4$系统中液相能够存在的最低温度。测出不同温度下 H_2O-$(NH_4)_2SO_4$系统的液固平衡数据（见表 5-2），便可绘出 H_2O-$(NH_4)_2SO_4$系统固液平衡相图，如图 5-27（a）所示。

表 5-2　不同温度下 H_2O-$(NH_4)_2SO_4$系统的液固平衡数据

温度 $t/℃$	液相组成 $w\{(NH_4)_2SO_4\}$	固相
0	0	冰
−1.99	0.6520	冰
−5.28	0.1710	冰
−10.15	0.2897	冰
−13.99	0.3447	冰
−18.50	0.3975	冰+$(NH_4)_2SO_4$
0	0.4122	$(NH_4)_2SO_4$
10	0.4211	$(NH_4)_2SO_4$
30	0.4387	$(NH_4)_2SO_4$
50	0.4575	$(NH_4)_2SO_4$
70	0.4754	$(NH_4)_2SO_4$
90	0.4944	$(NH_4)_2SO_4$
108.5(t_b)	0.5153	$(NH_4)_2SO_4$

在 H_2O-$(NH_4)_2SO_4$系统的相图中 ［见图 5-27（a）］，主要划分为以下四个区域。

（1）左上角 LAN 以上的区域为溶液单相区，自由度 $f=2$，有温度和盐溶液浓度两个变量。

（2）中间 LAB 之内的区域为冰和溶液两相区。

（3）右上角 NAC 以上的区域为 $(NH_4)_2SO_4$ 与溶液两相共存区，该区域内相数 $P=2$，自由度 $f=1$，故液相的组成随温度而变。

（4）最下方 BAC 线以下的区域为冰与 $(NH_4)_2SO_4$ 的两相区，温度及总组成可以任意变动，但因各相组成固定，均为纯态，故常选温度为独立变量，自由度 $f=1$。

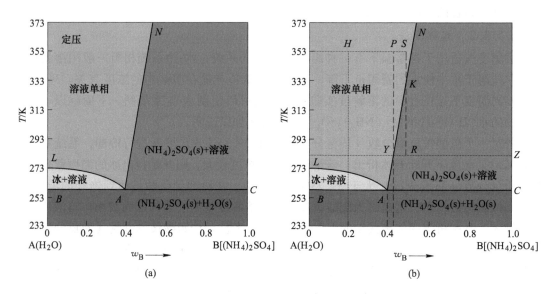

图 5-27　水-硫酸铵系统固液平衡相图

在 H_2O-$(NH_4)_2SO_4$ 系统的相图中，主要有以下三条线。

（1）LA 线是冰与盐溶液平衡共存曲线，表示水的凝固点随盐的加入而下降，故又称为水的凝固点降低曲线。

（2）AN 线是硫酸铵与其饱和溶液平衡共存曲线，表示硫酸铵的溶解度随温度变化的规律，称为硫酸铵的溶解度曲线。一般盐的熔点都很高，大大超过了其饱和溶液的沸点，所以 AN 线不会向上任意延伸。

LA 线和 AN 线上都满足相数 $P=2$，自由度 $f=1$，即温度和溶液浓度中只有一个可以自由变动。

（3）BAC 线则是冰、硫酸铵和溶液的三相共存线。

在 H_2O-$(NH_4)_2SO_4$ 系统的相图中，有以下两个特殊的点。

（1）L 点：冰的熔点。盐的熔点极高，受溶解度和水的沸点限制，无法在图上标记出。

（2）A 点：LA 线和 NA 线交于 A 点，在此点上出现冰、盐和盐溶液三相共存。当相数 $P=3$ 时，自由度 $f=0$，表明系统在 A 点时，温度和各相的组成均有固定不变的数值（$-18.3\ ℃$，硫酸铵浓度为 39.8%），即温度降至 $-18.3\ ℃$ 时，系统就出现冰、盐和盐溶液的三相平衡共存，因同时析出冰、盐晶体，故也称共晶线。此线上各物系点（除 B、C 两端点外）均保持三相共存，系统的温度及三个相的组成固定不变。若从此类系统中取走热量，则会结晶出更多的冰和盐，而相点为 A 的溶液的量将逐渐减少直至消失。溶液消失后系统中仅剩下冰和盐两固相，相数 $P=2$，自由度 $f=1$，温度可继续下降，也就是系统将落入只存在冰和盐两个固相共存的两相区。若从降温的角度看，A 点的温度是冰和盐一起从溶液中析出的温度，可称为共析点；反之，若从升温角度看，A 点的温度是冰和盐能够共同熔化的最低温度，可称为最低共熔点。溶液 A 凝聚成的共晶混合物，称为共晶体或简单低共熔物。不同的冰-盐系统，其低共熔物的总组成以及低共熔点各不相同。

5.5.1.3 水-盐系统相图的应用

化工生产和科学研究中常用到水-盐系统相图来解决实际问题。例如，在低共熔点盐的分离和提纯中，可应用水-盐系统相图来创造低温条件，帮助人们能够有效地选择分离提纯盐类的最佳工艺条件和方法；或者是冬天在路面上撒上盐来防止路面结冰等。

A 结晶法提纯盐类

以粗硫酸铵盐的精制为例，说明水-盐系统相图在盐的分离和提纯中的应用。在 H_2O-$(NH_4)_2SO_4$ 系统的相图中（见图 5-27），若要从 80 ℃ 20%$(NH_4)_2SO_4$ 溶液（物系点 H）中获得纯 $(NH_4)_2SO_4$ 晶体，如何操作？

由图 5-27(b) 可见，当溶液的组成落在 NA 线左边时，用单纯降温的方法最终得到的只能是冰和 $(NH_4)_2SO_4$ 固体的混合物，是分离不出纯盐的。故应先将此溶液蒸发浓缩，使物系点 H 沿水平方向移至 S 点，再冷却此溶液。到 K 点时溶液已饱和，若再降低温度，将析出 $(NH_4)_2SO_4$ 固体，此时，可将晶体与母液分开，并将母液重新加热到 P 点，再溶入粗 $(NH_4)_2SO_4$，适当补充些水分，物系点又自 P 移到 S，然后再过滤、降温、结晶、分离、加热、溶入粗盐。如此循环多次，从而达到粗盐纯、精制的目的。

需要注意的是，温度不能降至 -18.3 ℃（A 点）的水盐共析点。一般以冷却至 10~20 ℃ 为宜，不必将温度降得太低，因为根据相图分析，10 ℃ 时系统中固相所占的百分率与 0 ℃ 时所占的百分率相差无几，而且这样还可以节能。

B 配制冷冻剂

水-盐系统相图具有低共熔点时，可用来创造低温条件。例如，只要把冰和食盐混合，有少许冰融化成水，又有盐溶入，则三相共存，溶液的组成向 A 点接近、相应的温度将向最低共熔点趋近，于是系统将自发地通过冰的熔化耗热而降低温度直至达到最低共熔点。此后，只要冰和盐存在，则此系统的温度将保持最低共熔点温度（-21.1 ℃）恒定不变。

5.5.2 生成化合物的相图

如果两种物质之间发生化学反应而生成化合物（第三种物质），根据组分数的概念，组分数 $C=2$，系统仍为二组分系统。当系统中这两种物质的数量之比正好使之全部形成化合物，则除了有一化学反应外，还有一浓度限制条件，于是组分数 $C=1$，成为单组分系统。根据所生成化合物的稳定性，生成化合物的二组分凝聚系统可以分为：生成稳定化合物系统和生成不稳定化合物系统两类。

5.5.2.1 生成稳定化合物的二组分系统

将熔化后液相组成与固相组成相同的固体化合物称为稳定化合物。显然，生成的液体的组成不同于原不稳定化合物的组成。稳定化合物的熔点称为相合熔点。这类系统中最简单的情况是两物质间只生成一种化合物，而且这种化合物与两纯物质在固态时相互之间完全互不相溶。

以苯酚（A）和苯胺（B）系统为例，介绍生成稳定化合物的系统。苯酚（A）的熔点为 40 ℃，苯胺的熔点为 -6 ℃，苯酚（A）与苯胺（B）的分子数之比为 1:1，生成复杂化合物 $C(C_6H_5OH \cdot C_6H_5NH_2)$，其反应可表示为：

$$C_6H_5OH + C_6H_5NH_2 \longrightarrow C_6H_5OH \cdot C_6H_5NH_2$$

苯酚（A）和苯胺（B）系统的液固平衡如图 5-28 所示。在组成坐标线上 C 的位置应在 $x_B=0.5$ 处，C 的熔点为 31 ℃。相区的稳定相已标于图中。图中 R 点与纯物质 C 完全相同，系统点与相点重合，且表示 C（l）与 C（s）处于两相平衡态。P、Q、R 三点分别为苯酚（A）、苯胺（B）和化合物 C 的熔点。此相图可以看成是由两相图组合而成的：左边的 A-C 系统相图、右边的 C-B 系统相图。这两个相图都是具有低共熔点的固态不互溶系统相图。

能生成稳定化合物的系统还有很多，如 Mg-Si、H_2O-NaI、Au-Fe、Fe_2Cl_6-H_2O、CuCl-KCl 等。相图中有几个类似伞状（见图 5-28 中 R 处）的图形存在，则就有几种稳定化合物生成。此外，两个物质还可能生成两种或两种以上的稳定化合物。

5.5.2.2　生成不稳定化合物的二组分系统

若 A、B 两物质生成的化合物只能在固态时存在，将其加热到某一温度时，它就分解成另一种固态物质和液相，而且液相的组成完全不同于固态化合物的组成，我们称这类系统为生成不稳定化合物的系统。这类系统最简单的是不稳定化合物与生成它的两种物质在固态时完全不互溶，其相图如图 5-29 所示。若将不稳定化合物 D（s）加热，系统点由 D 垂直向上移动达到相当于 S_3 点所对应的温度时，化合物开始分解成固体 B 及相点为 L_2 的溶液，即：

$$D(s) \longrightarrow L_2(l) + B(s)$$

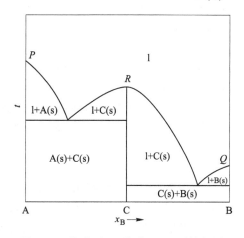
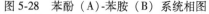

图 5-28　苯酚（A）-苯胺（B）系统相图

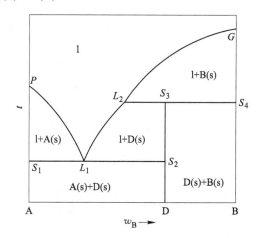

图 5-29　生成不稳定化合物系统相图

化合物 D 分解生成的固液两相的质量比符合杠杆规则，即等于 L_2S_3 线段长度与 S_3S_4 线段长度之比。水平线段 L_2S_4 所对应的分解温度称为化合物的不相合熔点或转熔温度。在此温度下，三相共存，$f=0$，三相的组成及温度皆为定值，直到加热至 D（s）完全分解，温度才开始上升。再继续加热，B（s）将不断地熔化，对应的液相组成将沿着 L_2G 曲线移动，直至 B（s）消失，液相点与物系点重合，以后则是液相的升温过程。通常情况下，在二组分系统的相图中，凡有 T 形的图形（见图 5-29 中 S_3 处）出现，就表示有不稳定化合物生成。

能生成不稳定化合物的系统还有很多，如 Au-Sb，KCl-$CuCl_2$，SiO_2-Al_2O_3 等。

5.5.3　有固态混合物生成的相图

5.5.3.1　二组分固态完全互溶系统的相图

当两个组分不仅能在液相中完全互溶，而且在固相中亦能完全互溶，即从液相中析出的固体不是纯物质而是固态溶液（固熔体）时，这类相图的图形与气液平衡系统相似。

图 5-30 是 Au（A）-Pt（B）系统的熔点-组成图，这类相图也是用热分析法绘制的。图中 t_A^* 及 t_B^* 表示纯 Au 和 Pt 的熔点；$t_A^* het_B^*$ 曲线是液相线，它表示溶液在冷却过程中凝固点随组成变化的关系；$t_A^* cdt_B^*$ 曲线是固相线，它表示固体加热时熔点随组成变化的关系。液相线以上是液态混合物（或溶液）单相区，而固相线以下是固熔体（单相区）。液相线与固相线所包围的部分是液固两相平衡区，即液态混合物（或溶液）与固熔体共存。

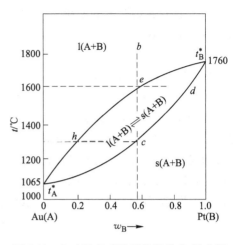

图 5-30　Au（A）-Pt（B）系统的熔点-组成图

为了使固相的组成能均匀分布，可将固体的温度升高到接近熔化而又低于熔化的温度，并在此温度保持一定时间，使固体内部各组分进行扩散并趋于平衡。这种方法通称为金属的热处理，它是金属工件制造工艺过程中的一个重要工序（常称为退火）。退火不好的金属材料处于介稳状态，在长期使用过程中，可能由于系统内部的扩散而引起金属强度的变化。虽然这个扩散过程可能是漫长的，但必须考虑这一因素，以及由于这一因素可能引起的危害。淬火即快速冷却（如从 b 开始冷却见图 5-30），也属于热处理加工，目的是使金属突然冷却来不及发生相变。虽温度降低，但系统仍能保持高温时的结构状态。

在全部组成范围内都能形成固熔体的系统并不多见，只有当两个组分的粒子（即原子半径的大小）和晶体结构都非常相似的条件下，在晶格内一种质点可以由另一种质点来置换而不引起晶格的破坏时，才能构成这种系统。属于这一类型者还有 NH_4SCN-KSCN、$PbCl_2$-$PbBr_2$、Cu-Ni、Co-Ni 等。

5.5.3.2　二组分固态部分互溶系统的相图

与两种液体部分互溶的情况相似，系统的两组分在固态时仅在一定组成范围内完全互溶，形成单一的固熔体，而在其他组成时形成了两个不同的固熔体。这就是固态部分互溶系统，这类系统主要有两种情况。

（1）有低共熔点的系统。图 5-31 是 Sn（A）-Pb（B）系统在常压下的熔点-组成图。图中 Sn、Pb 的熔点 t_A^* 和 t_B^* 分别为 232 ℃、327 ℃。用 s_α（A+B）、s_β（A+B）分别表示 Sn 多 Pb 少、Sn 少 Pb 多的固熔体，GC、FD 分别为 Pb 溶解在 Sn 中、Sn 溶解在 Pb 中的溶解度曲线，t_E = 183.3 ℃为低共熔点，该点组成 x_B = 0.261。$t_A^* E$、$t_B^* E$ 为结晶开始曲线，即液相线；$t_A^* C$、$t_B^* D$ 则为结晶终了曲线，即固相线。而 CED 则为共晶线即三相平衡共存线，当冷却到共晶线温度时，同时析出 s_α（A+B）和 s_β（A+B）两种固熔体。在共晶线上是三相平衡，这三相分别是具有相点 C 所指示的组成为 x_B = 0.0105 的 s_α（A+B）固熔体，具有相点 D 所指示的组成的 s_β（A+B）固熔体和具有相点 E 所指示的组成为 x_B = 0.71 的低共熔体。此时 f = 2-3+1 = 0，此时系统的温度和三个相的组成均有确定的数值，各相区如图 5-31 所示。相图属于这类的系统还有 KNO_3-$NaNO_3$、AgCl-CuCl、Ag-Cu、Pb-Sb 等。

（2）具有转熔温度的系统。以 $MnSiO_3$（A）-$MgSiO_3$（B）系统为例，如图 5-32 所示。此图的特点是固熔体 s_α（A+B）在 cde 线以上温度时不能存在并在 cde 线上的转换为：

$$s_\alpha(A+B) \rightleftharpoons s_\beta(A+B) + l(A+B)$$

将总组成在 c、d 之间的系统自较低温度缓慢升温至 cde 线对应的温度时，s_α（A+B）的组成为 d 点、s_β（A+B）的组成为 e 点和液相的组成为 c 点，此时三相平衡共存。当 s_α 相全部转变成 s_β 相和液态混合物 c 之后，温度才能继续上升，此后系统就不再有 s_α 相。冷却时的情况与此相反，将总组成在 d、e 之间的系统冷却至此线时，液态混合物 c 与固相 e 按上式形成 s_α 相 d；由于液态混合物 c 的量较少，s_β 相 e 的量较多。上述可逆反应的平衡完全向左移动后，液相 c 全部耗尽，s_β 相则有剩余，所以在 de 线温度以下就只有 s_α 相和 s_β 相存在。温度继续降低时，s_α 相和 s_β 相组成各自沿分层曲线 df 线和 eg 线变化。

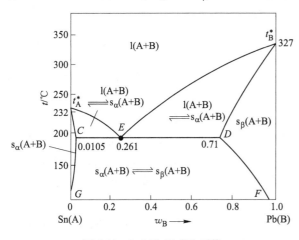

图 5-31　Sn（A）-Pb（B）系统

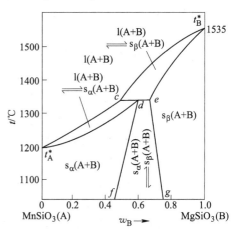

图 5-32　$MnSiO_3$（A）-$MgSiO_3$（B）系统

思考练习题

5.5-1　填空题

1. 凝聚系统相图是由实验数据绘制而得，根据实验方法的不同可分为_____和_____等。

2. 二组分固态互溶系统可分为_____和_____。

3. 若两固态饱和溶液即共轭溶液平衡共存时为两种固相，则这样的系统属于_____系统。

4. 表示三组分系统的三角形中的三个顶点分别代表_____个纯组分。

5. 二组分液-固系统也称_____。

6. 二组分液-固系统在高温时呈_____态，低温时为_____态。

7. 水-盐类系统的相图常采用的方法是_____。

8. 二组分液态完全互溶、固态部分互溶系统的相图可分为_____和_____两类。

9. 固态部分互溶系统又分为_____和_____。

10. 三组分系统按聚集状态不同，可分为_____、_____、_____等。

5.5-2　判断题

1. 液体完全互溶而固态完全不互溶的二组分液-固平衡相图是二组分凝聚系统相图中最简单的。

（　　）

2. 二组分固态不互溶系统又称为具有简单低共熔混合物系统。　　　　　　（　　）

3. 水-盐系统相图可用于粗盐的精制。　　　　　　　　　　　　　　　　（　　）

4. 水-盐系统相图不可用于配制冷冻剂。　　　　　　　　　　　　　　　（　　）

5. 在温度不很高时常采用溶解度法绘制相图。　　　　　　　　　　　　　（　　）

6. 稳定化合物具有相合熔点。　　　　　　　　　　　　　　　　　　　　（　　）

7. 稳定化合物具有不相合熔点。　　　　　　　　　　　　　　　　　　　（　　）

8. 在简单低共熔物的相图中，三相线上的任何一个系统点的液相组成都相同。　（　　）

9. 生成简单低共熔物系统，典型特征是 T 标志，交点处为低共熔点。　　　（　　）

10. 水-盐系统相图可应用于结晶法分离盐类。　　　　　　　　　　　　　（　　）

11. Ag-Cu、Cd-Zn 等属于系统有一低共熔点的固态部分互溶系统。　　　（　　）

12. KCl-AgCl 可以组成形成简单低共熔物的系统。　　　　　　　　　　（　　）

5.5-3　选择题

1. 二组分合金处于低共熔温度时，系统的条件自由度数为_____。

A. 0　　　　　　　　B. 1　　　　　　　　C. 2　　　　　　　　D. 3

2. 三组分体系的最大自由度及平衡共存的最大相数为_____。

A. 3；3　　　　　　B. 3；4　　　　　　C. 4；4　　　　　　D. 4；5

3. 对于三组分系统，在相图中实际可能的最大自由度数是_____。

A. $f=1$　　　　　　B. $f=2$　　　　　　C. $f=3$　　　　　　D. $f=4$

4. 如图 5-33 所示，对于形成简单低共熔物的二元相图，当物系的组成为 x，冷却到 t ℃时，固液两相的质量之比是_____。

A. $m(s):m(l)=ac:ab$

B. $m(s):m(l)=bc:ab$

C. $m(s):m(l)=ac:bc$

D. $m(s):m(l)=bc:ac$

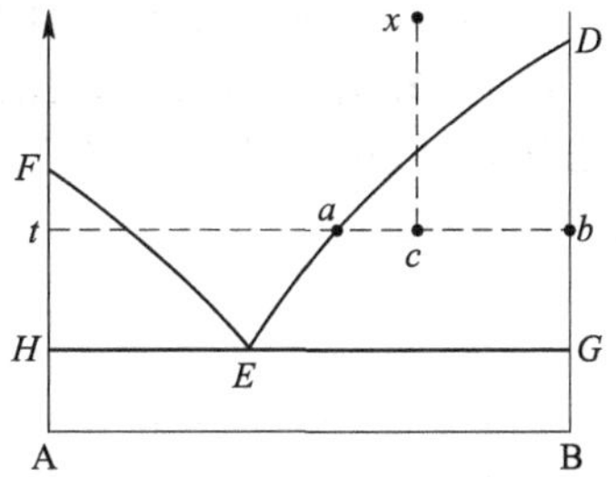

5. 组分 A 和 B 能形成以下几种稳定化合物：$A_2B(s)$、$AB(s)$、$AB_2(s)$、$AB_3(s)$。设所有这些化合物都有相合熔点，则此 A-B 凝聚系统的低共熔点最多有（　　）个。

图 5-33　形成简单低共熔物
的二元相图

A. 3　　　　　　　　B. 4　　　　　　　　C. 5　　　　　　　　D. 6

6. 某物质在某溶剂中的溶解度（　　）。

A. 仅是温度的函数　　　　　　　　B. 仅是压力的函数

C. 同是温度和压力的函数　　　　　D. 除了温度压力以外，还有其他因素的函数

7. 体系处于标准状态时，能与水蒸气共存的盐可能是（　　）。

A. Na_2CO_3

B. Na_2CO_3、$Na_2CO_3 \cdot H_2O$、$Na_2CO_3 \cdot 7H_2O$

C. Na_2CO_3、$Na_2CO_3 \cdot H_2O$　　　D. 以上全否

8. 在 $p^{\ominus}$ 下，用水蒸气蒸馏法提纯某不溶于水的有机物时，系统的沸点（　　）。

A. 必低于 373.2 K　　　　　　　　B. 必高于 373.2 K

C. 取决于水与有机物的相对数量　　D. 取决于有机物相对分子质量的大小

9. 已知 A 与 B 可构成固熔体，在组分 A 中，若加入组分 B 可使固熔体的熔点提高，则组分 B 在此固熔体中的含量必（　　）组分 B 在液相中的含量。

A. 大于　　　　　　B. 小于　　　　　　C. 等于　　　　　　D. 不能确定

10. 区别单相系统和多相系统的主要根据是（　　）。

A. 化学性质是否相同　　　　　　　B. 物理性质是否相同

C. 物质组成是否相同　　　　　　　D. 物理性质和化学性质是否都相同

11. 在一定外压下，多组分体系的沸点（　　　）。

A. 有恒定值　　　　　　　　　　　B. 随组分而变化

C. 随浓度而变化　　　　　　　　　D. 随组分及浓度而变化

5. 5-4　简答题

1. 简述什么是热分析法？

2. 什么是溶解度法？

3. 名词解释什么是"稳定化合物"。

4. 什么是固态混合物？

5. 5-5　综合题

1. 固体 A、B 的熔点分别为 700 ℃、1000 ℃，二者不生成化合物。在 500 ℃下，有 $w_A = 0.20$ 和 $w_A = 0.60$ 溶液分别与固相成平衡，粗略地画出此系统相图，并在相图右边相应位置画出 $w_B = 0.20$，温度由 800 ℃冷却至液相完全消失后的步冷曲线。

2. Bi 和 Te 生成相合熔点化合物 Bi_2Te_3，它在 600 ℃熔化。纯 Bi 和纯 Te 的熔点分别为 300 ℃和 450 ℃。固体 Bi_2Te_3 在全部温度范围内与固体 Bi, Te 不互溶，与 Bi 和 Te 的低共熔点分别为 270 ℃和 410 ℃。粗略画出 Bi-Te 相图并标出所有相区存在的相态及成分。

3. 图 5-34 为二组分凝聚系统相图，

（1）指出图中 1、2、3、4，四个相区的相态及成分；

（2）在 $a_1E_1d_3$，$c_2E_2b_3$，DE_3b_2 三条水平线上，存在哪些平衡相；

（3）E_1，c_1，b_1 各点的条件自由度数是多少？

4. 图 5-35 为 A、B 二组分凝聚系统平衡相图。（1）请根据所给相图列表填写 I ~ VI 各相区的相数、相态及成分、条件自由度数；（2）系统点 a_0 降温经过 a_1，a_2，a_3，a_4，写出在 a_1、a_2、a_3 和 a_4 点系统相态发生的变化。

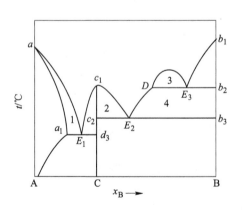

图 5-34　二组分凝聚系统相图

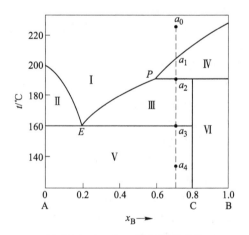

图 5-35　A、B 二组分凝聚系统
平衡相图（$p = 101.325$ Pa）

5. 图 5-36 为 A、B 二组分凝聚系统相图，（1）标明图中各相区的相态及成分；（2）绘出样品 a 冷却至 a' 的步冷曲线，并在曲线的转折处及各段上注明系统的相态及成分的变化情况。

6. 图 5-37 是 A、B 二组分凝聚系统定压相图，（1）列表标明各区存在的相态及成分；（2）用步冷曲线标明图中 a，b 两点所代表的系统在冷却过程中（转折点及各线段）的相态及成分的变化。

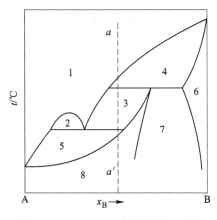

图 5-36　A、B 二组分凝聚系统相图

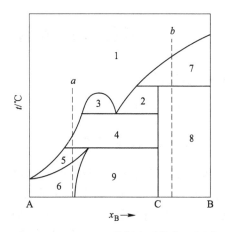

图 5-37　A、B 二组分凝聚系统定压相图

7. 已知 CaF_2-$CaCl_2$ 相图（见图 5-38），欲从 CaF_2-$CaCl_2$ 系统中得到化合物 $CaF_2 \cdot CaCl_2$ 的纯粹结晶。试述应采取什么措施和步骤。

5.5-6　习题

1. 分析下列物料所属水盐体系的组分数：

（1）海水，主要盐分为 $NaCl$、$MgCl_2$、$MgSO_4$、K_2SO_4、$CaSO_4$；

（2）某天然盐湖卤水，主要盐分为 Na_2CO_3、Na_2SO_4、$NaCl$；

（3）某井盐苦卤，其主要成分为 KCl、$NaCl$、$MgCl_2$、H_3BO_3。

2. 根据 Au-Pt 二组分系统的相图（见图 5-39），试确定如下问题：

（1）400 g，$w(Pt) = 0.40$ 的熔融物冷却时最初析出固相的组成；

（2）当缓慢地冷却到 1380 ℃时，有多少克熔融物已经固化，固体中含 Au 与 Pt 各多少克？

（3）若要使一半熔融物固化，应冷却到什么温度？若冷却得很缓慢时，固相的组成发生怎样的变化？若冷却得较迅速时，固相组成又会发生怎样的变化？

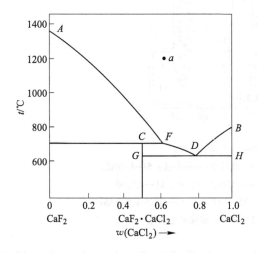

图 5-38　CaF_2-$CaCl_2$ 二组分系统相图

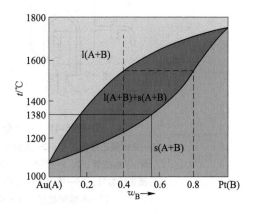

图 5-39　Au-Pt 二组分系统相图

任务 5.6　实验：循环法测定气液相平衡

5.6.1　实验目的

采用循环法测定气液平衡。

5.6.2　循环法原理和装置

循环法测定气液平衡数据的平衡器类型有很多，但基本原理是一致的，如图 5-40 所示。当系统达到平衡时，a、b 两容器中的组成均不随时间而变化，这时从 a 和 b 两容器中分别取样分析，并记录温度和压力，这样可得到一组气液相平衡实验数据。

图 5-41 为其中一种改进的 Ellis 蒸馏器，该装置测定气液平衡数据较准确，操作也较简便，但仅适用于液相和气相冷凝液都是均相的系统。其在平衡釜蛇管处的外层与气相温度计插入部分的外层设有上下两部分电热丝保温；另有一个电子控制装置，用以调节加热电压及上下两组电热丝保温的加热电压。

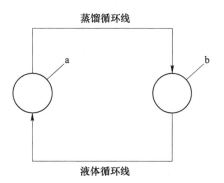

图 5-40　循环法测定气液平衡原理图

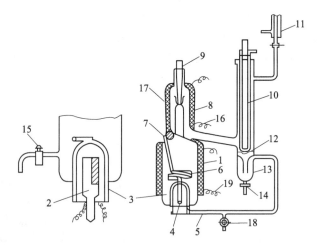

图 5-41　埃立斯（Ellis）平衡蒸馏器

1—聚四氟乙烯保护层；2—加热元件；3—沸腾室；4—小孔；5—毛细管；
6—平衡蛇管；7，9—温度计套管；8—蒸馏器内管；10，11—冷凝器；
12—滴速计数口；13—冷凝液接收器；14，15—取样口；16—上部保温电热丝；
17—石棉保温层；18—放料口；19—下部保温电热丝

Ellis 平衡蒸馏器具有气相循环的结构，因而所谓循环法即是在图 5-41 中液相取样口 15 加入配好的原料混合液到沸腾室 3，在常压下加热至沸腾后，逸出的蒸气被完全冷凝进入到冷凝液接收器13，当冷凝液液面超过右边支管口时溢流，经回流毛细管回流到沸腾室3。随着液体的不断汽化和被冷凝过程的进行，沸腾室和冷凝接收器中的溶液的组成不断改变，直到达到平衡时，气液两相的组成不再随时间而变化，即沸腾室和冷凝接收器中的溶液的组成保持恒定。分别从15、14两个取样口取样分析，即得出平衡温度下气相和液相的组成。

5.6.3　实验步骤

（1）加料。将一定量的混合溶液加入 Ellis 平衡釜，加入的量根据平衡釜的体积而定。

（2）加热。先打开冷凝水，再接通加热电源。随溶液温度的升高而逐渐提高加热电压，并最终调节至一合适的电压。在缓慢加热升温过程中，分别接通气相和液相保温电源。

（3）温控。溶液沸腾，气相冷凝液出现，直到冷凝回流。起初，平衡温度计读数会不断变化，调节加热量，控制好凝液滴速。调节气液相保温的电压，使平衡温度逐渐稳定，确保气相温度的控制要稍高于平衡温度，以防止气相部分在沸腾器中冷凝。

（4）取样。实验过程中注意蒸馏速度、平衡温度和气相温度的数值，不断加以调整，待系统稳定后，记录平衡温度、气相温度和大气压。记下数据后，迅速取一定量的气相冷凝液和液相，待分析。

（5）分析。根据实验物质的性质，选择合适的分析方法，如气相色谱法、液相色谱法等。

不断重复上述步骤，即可得到恒压下不同浓度的气液平衡数据压力-温度-组成之间的关系。

注意：以上装置和方法对于常温常压下不易挥发物质是有效的，但对于易挥发物质则需要采用特殊的分析方法和装置，如在线分析方法等。

5.6.4　数据处理及结果分析

根据恒压下不同浓度的气液平衡数据，确定压力-温度-组成之间的关系，并绘图。

本章小结

拓展阅读

项目 6　化学平衡

学习目标

(1) 理解什么是化学平衡状态；
(2) 熟悉化学反应的等温方程及其应用；
(3) 掌握平衡常数的表示方法及平衡组成的计算方法；
(4) 能够分析温度、压强、惰性组分等因素对化学平衡状态的影响。

很多化学反应都有一定的可逆性。在一定条件下，当正逆两个方向的化学反应速度相等时，体系就达到了平衡状态。平衡状态下，反应体系中各组分的量保持不变。化学反应达到平衡后，一旦外界条件如温度、压力、浓度等发生改变，平衡状态也可能会发生变化。

在实际的化工生产过程中，通过热力学计算，可以判断化学反应在一定条件下进行的方向和限度，从而得到给定条件某化学反应的最高产率；通过分析外界条件对化学平衡的影响，可以制定出最合理的生产工艺路线和最佳的生产条件。因此化学平衡对化工生产具有非常重要的意义。

任务 6.1　化学反应平衡与平衡常数

6.1.1　化学平衡

在化学反应过程中，对于正在进行中的反应，当条件一定时均有向特定方向进行的趋势，该趋势的大小取决于反应"推动力"的大小。随着反应的进行，过程推动力逐渐减小，最后下降为零，这时反应达到最大限度，反应系统的组成不再改变，就称之为化学平衡状态。化学反应总是向着平衡状态变化，最终达到化学平衡状态，称之为反应达到了"限度"。

在化工生产中，总是希望一定数量的原料（反应物）能变成更多的产物，但在一定工艺条件下，反应的极限产率为若干，此极限产率随条件怎样变化，以及在什么条件下可得到更大的产率，这些工业生产的重要问题，从热力学上看都是化学平衡问题。

因此，找出一定条件下的化学平衡状态，求出平衡组成，化工生产的工艺条件就确定了。由此可见，判断化学反应可能性的核心问题，就是找出化学平衡时温度、压力和组成等外界条件间的关系。这些热力学函数间的定量关系，可以用热力学方法严格地推导出来。

6.1.2　化学反应的等温方程

6.1.2.1　摩尔反应吉布斯函数

对恒温、恒压且不做非体积功的封闭系统内发生的任意化学反应为：

$$aA+bB \Longrightarrow cC+dD$$

若参与反应的任意物质 B 的物质的量的改变值为 dn_B，则系统的吉布斯函数的该变量为：

$$dG_{T,p} = \sum_B \mu_B dn_B$$

若反应进度为 $d\xi$，则参与反应的任意物质 B 的物质的量的改变值就为：

$$dG_{T,p} = \sum_B \nu_B \mu_B d\xi$$

$$\left(\frac{\partial G}{\partial \xi}\right)_{T,p} = \sum_B \nu_B \mu_B$$

式中，$\left(\dfrac{\partial G}{\partial \xi}\right)_{T,p}$ 称为摩尔反应吉布斯函数，用符号 $\Delta_r G_m$ 表示。摩尔反应吉布斯函数表示在恒温、恒压、不做非体积功和组成不变的条件下，反应系统的吉布斯函数随化学反应进度的该变量。其计算公式为：

$$\Delta_r G_m = \left(\frac{\partial G}{\partial \xi}\right)_{T,p} = \sum_B \nu_B \mu_B \tag{6-1}$$

当参与反应的各物质都处于标准态时，$\Delta_r G_m$ 就称为标准摩尔反应吉布斯函数，用符号 $\Delta_r G_m^{\ominus}$ 表示。

吉布斯函数判据式(3-51)表明，在恒温恒压及非体积功为零的条件下，有：

$$\Delta_r G_m \begin{cases} <0 & （自发） \\ =0 & （平衡） \end{cases}$$

故在此条件下，一定状态的反应物变为一定状态的产物，这一化学反应能否进行，还是处于化学平衡，可用 $\Delta_r G_m$ 来判断。

6.1.2.2　化学反应的方向与限度

当系统在恒温、恒压且不做非体积功的情况下，该系统的 $\Delta_r G_m$ 可以作为判断化学反应进行的方向以及是否达到平衡状态的依据：

$$\Delta_r G_m \begin{cases} >0 & （化学反应向逆向进行） \\ =0 & （化学反应处于平衡状态） \\ <0 & （化学反应向正向进行） \end{cases}$$

同理，根据公式 $\Delta_r G_m = \left(\dfrac{\partial G}{\partial \xi}\right)_{T,p} = \sum_B \nu_B \mu_B$，亦可以通过 $\left(\dfrac{\partial G}{\partial \xi}\right)_{T,p}$ 或 $\sum_B \nu_B \mu_B$ 来判断化学反应的方向。

$\Delta_r G_m$ 的数值可以通过化学反应的等温方程来进行计算。

6.1.2.3　理想气体等温方程

化学反应的等温方程是表示在一定的温度、压力条件下 $0 = \sum_B \nu_B B$ 的化学反应进行时，摩尔反应吉布斯函数 $\Delta_r G_m$ 与系统组成的关系。

对于恒温恒压下理想气体间的化学反应 $0 = \sum\limits_B \nu_B B$ ，根据任一组分的化学势为：

$$\mu_B = \mu_B^\ominus + RT\ln\frac{p_B}{p^\ominus} \tag{6-2}$$

将其代入式 $\Delta_r G_m = \sum\limits_B \nu_B \mu_B$ ，得：

$$\Delta_r G_m = \sum\limits_B \nu_B \mu_B^\ominus + \sum\limits_B \nu_B RT\ln\frac{p_B}{p^\ominus} \tag{6-3}$$

式中，$\sum\limits_B \nu_B \mu_B^\ominus$ 为化学反应在温度 T 下的标准摩尔吉布斯函数，即：

$$\Delta_r G_m^\ominus = \sum\limits_B \nu_B \mu_B^\ominus \tag{6-4}$$

且

$$\sum\limits_B \nu_B RT\ln\frac{p_B}{p^\ominus} = RT\sum \ln\left(\frac{p_B}{p^\ominus}\right)^{\nu_B} = RT\ln\prod\limits_B \left(\frac{p_B}{p^\ominus}\right)^{\nu_B} \tag{6-5}$$

式中，$\prod\limits_B \left(\frac{p_B}{p^\ominus}\right)^{\nu_B}$ 为各反应物及产物 $\left(\frac{p_B}{p^\ominus}\right)^{\nu_B}$ 的连乘积。因反应物的化学计量数为负，产物的化学计量数为正，故将其称为压力商 J_p，即：

$$J_p = \prod\limits_B \left(\frac{p_B}{p^\ominus}\right)^{\nu_B} \tag{6-6}$$

将式(6-6)代入式(3-71)，得：

$$\Delta_r G_m = \Delta_r G_m^\ominus + RT\ln J_p \tag{6-7}$$

式(6-7)为理想气体化学反应的等温方程。利用理想气体化学反应的等温方程，若已知温度 T 时的 $\Delta_r G_m^\ominus$ 和各气体的分压 p_B，即可求得该温度下的 $\Delta_r G_m$，进而判断化学反应的方向与限度。

6.1.3　化学反应平衡常数

6.1.3.1　理想气体的标准平衡常数

在恒温恒压下随着理想气体化学反应的进行，化学反应 $\Delta_r G_m$ 越来越接近于 0，直至等于 0，系统达到化学平衡。此时

$$\Delta_r G_m = \Delta_r G_m^\ominus + RT\ln J_p^{eq} \tag{6-8}$$

式中，J_p^{eq} 为平衡压力商。

因为在恒温时，对确定的化学反应来说，$\Delta_r G_m^\ominus$ 是确定的，故平衡压力商 J_p^{eq} 也为定值，且与系统的压力和组成无关，即无论反应前反应物之间的配比如何，是否有反应产物，也无论反应总压力为多少，只要温度一定，J_p^{eq} 均为同一数值。

对于理想气体，我们将平衡压力商称为标准平衡常数，并以符号 $K^\ominus$ 表示。理想气体标准平衡常数的表达式为：

$$K^\ominus = \prod\limits_B \left(\frac{p_B^{eq}}{p^\ominus}\right)^{\nu_B} \tag{6-9}$$

式中，p_B^{eq} 为化学反应中任一气体组分 B 的平衡分压；$K^\ominus$ 的量纲为一。需要指出的是，标

准平衡常数只是温度的函数，只与温度有关。

因为化学反应平衡状态下，$\Delta_r G_m = 0$，所以按式(6-8)和式(6-9)可以推导出：

$$\ln K^\ominus = \frac{-\Delta_r G_m^\ominus}{RT} \tag{6-10}$$

即

$$K^\ominus = \exp\left(\frac{-\Delta_r G_m^\ominus}{RT}\right) \tag{6-11}$$

式(6-11)表示了标准平衡常数与化学反应的标准摩尔反应吉布斯函数之间的关系，是一个普遍适用的公式。它不仅适用于理想气体化学反应，也适用于高压下真实气体、液态混合物及液态溶液中的化学反应。只不过这三种情况下标准平衡常数 $K^\ominus$ 不是平衡压力商。

将式(6-11)代入式(6-7)，得化学反应的摩尔反应吉布斯函数为：

$$\Delta_r G_m = RT \ln \frac{J_p}{K^\ominus} \tag{6-12}$$

由式(6-12)可推导出，在恒温恒压下：

(1) 当 $J_p < K^\ominus$ 时，$\Delta_r G_m < 0$，化学反应正向进行；

(2) 当 $J_p = K^\ominus$ 时，$\Delta_r G_m = 0$，化学反应处于平衡状态；

(3) 当 $J_p > K^\ominus$ 时，$\Delta_r G_m > 0$，化学反应逆向进行。

因此，在恒温条件下，也可以通过比较压力商 J_p 和平衡常数 $K^\ominus$ 的大小，来判断化学反应的方向与限度。

需要指出的是，对于同一化学反应，书写化学计量式时，若同一物质的化学计量数不同，则 $\Delta_r G_m^\ominus$ 不同，$K^\ominus$ 也不同。

例如，合成氨反应：

(1) $N_2(g) + 3H_2(g) \Longrightarrow 2NH_3(g)$，$\Delta_r G_{m,1}^\ominus = -RT\ln K_1^\ominus$；

(2) $\frac{1}{3}N_2(g) + H_2(g) \Longrightarrow \frac{2}{3}NH_3(g)$，$\Delta_r G_{m,2}^\ominus = -RT\ln K_2^\ominus$。

分别调整氮气和氢气的化学计量数为1，可以得到：$\Delta_r G_{m,1}^\ominus = 3\Delta_r G_{m,2}^\ominus$，故：$K_1^\ominus = (K_2^\ominus)^3$。

因此，在书写化学反应的标准平衡常数时，一定要先写出对应的化学反应方程式，并确定方程式的化学计量数，否则给出的化学反应的标准平衡常数是没有意义的。

6.1.3.2　其他的平衡常数

除了标准平衡常数 $K^\ominus$ 外，还有基于压力的平衡常数：

$$K_p = \prod_B (p_B^{eq})^{\nu_B} \tag{6-13}$$

其单位为 $Pa^{\Sigma\nu_B}$。

对于理想气体化学反应，有

$$K^\ominus = \frac{K_p}{(p^\ominus)^{\Sigma\nu_B}} \tag{6-14}$$

式中，$p^\ominus = 100\ kPa$；当 $\Sigma\nu_B = 0$ 时，$K^\ominus = K_p$。

6.1.3.3　多相反应的标准平衡常数

在化学反应中，反应物和生成物不一定全部为气体。若在理想气体化学反应中还有纯液态或纯固态物质参与反应时，在常压下纯凝聚态物质的化学势可近似认为等于其标准化学势，即 $\mu_B = \mu_B^{\ominus}$，因而在式(6-6)中：

$$J_p = \prod_{B(g)} \left(\frac{p_{B(g)}}{p^{\ominus}} \right)^{\nu_{B(g)}} \tag{6-15}$$

式中，$p_{B(g)}$ 为化学反应中气体 B 的分压；$\nu_{B(g)}$ 为该气体的化学计量数。$\Delta_r G_m^{\ominus} = \sum_B \nu_B \mu_B^{\ominus}$ 即对参加反应的所有物质包括纯凝聚态物质求和。同样，标准平衡常数为：

$$K^{\ominus} = \prod_{B(g)} \left(\frac{p_{B(g)}^{eq}}{p^{\ominus}} \right)^{\nu_{B(g)}} \tag{6-16}$$

例如，对于有固体参与的反应：

$$C(s) + \frac{1}{2}O_2(g) = CO(g)$$

$$\Delta_r G_m = \Delta_r G_m^{\ominus} + RT \ln \frac{p(CO,g)/p^{\ominus}}{\{p(O_2,g)/p^{\ominus}\}^{\frac{1}{2}}}$$

$$\Delta_r G_m^{\ominus} = -\mu^{\ominus}(C,s) - \frac{1}{2}\mu^{\ominus}(O_2,g) + \mu^{\ominus}(CO,g)$$

$$\Delta_r G_m^{\ominus} = -\mu^{\ominus}(C,s) - \frac{1}{2}\mu^{\ominus}(O_2,g) + \mu^{\ominus}(CO,g)$$

$$K^{\ominus} = \frac{p^{eq(CO,g)}/p^{\ominus}}{\{p^{eq(O_2,g)}/p^{\ominus}\}^{\frac{1}{2}}}$$

思考练习题

6.1-1　填空题

1. 在一定条件下，当正反两个方向的_____相等时，就达到了平衡状态。

2. 化学平衡的特点为_____。

6.1-2　判断题

1. 化学反应达到平衡时，化学反应就停止了。　　　　　　　　　　　　　　（　　）

2. 化学反应是否达到平衡，可以用热力学函数计算得到。　　　　　　　　　（　　）

6.1-3　单选题

1. 反应 $C(s) + 2H_2(g) = CH_4(g)$ 在 1000 K 时的 $\Delta_r G_m = 19.29$ kJ/mol。当总压为 101.325 kPa，气相组成是 H_2 70%，CH_4 20%，N_2 10% 的条件下，则上述反应_____。

A. 正向进行　　　　　　B. 逆向进行　　　　　　C. 达到平衡　　　　　　D. 方向不能确定

2. 对恒温恒压只做非体积功的反应系统，若 $\Delta_r G_m > 0$，则_____。

A. 反应不能正向进行

B. 反应能正向进行

C. 须用 $\Delta_r G_m$ 判断反应限度后才知反应方向

D. 当 $J < K$ 时仍能正向进行

3. 在 298 K 时，某化学反应的标准 Gibbs 自由能变化的变化值 $\Delta_r G_m^{\ominus} < 0$，则反应对应的标准平衡常数

$K^{\ominus}$ 将_____。

    A. $K^{\ominus}=0$　　　　B. $K^{\ominus}>1$　　　　C. $K^{\ominus}<0$　　　　D. $0<K^{\ominus}<1$

6.1-4　问答题

反应达到平衡时，宏观和微观特征有何区别？

6.1-5　习题

1. 已知 298 K 时，反应 $H_2(g)+\dfrac{1}{2}O_2(g)\!\!=\!\!\!=\!\!H_2O(g)$ 的 $\Delta_r G_m = -228.57$ kJ/mol，298 时水的饱和蒸气压

为 3.1663 kPa，水的密度为 997 kg/m³。试求该温度下反应 $H_2(g)+\dfrac{1}{2}O_2(g)\!\!=\!\!\!=\!\!H_2O(l)$ 的 $\Delta_r G_m$。

2. 已知 700 ℃ 时反应 $CO(g)+H_2O(g)\!\!=\!\!\!=\!\!CO_2(g)+H_2(g)$ 的标准平衡常数为 $K^{\ominus}=0.71$。试问：

  （1）各物质的分压均为 $1.5p^{\ominus}$ 时，此反应能否自发进行？

  （2）若增加反应物的压力，使 $p_{CO}=10p^{\ominus}$，$p_{H_2O}=5p^{\ominus}$，$p_{CO_2}=p_{H_2}=1.5p^{\ominus}$，该反应能否自发进行？

3. 在 1000 K 时，反应 $C(s)+2H_2(g)\!\!=\!\!\!=\!\!CH_4(g)$，的 $\Delta_r G_m = 19397$ J/mol。现有与碳反应的气体，其中含有 $CH_4(g)$ 10%，$H_2(g)$ 80%，$N_2(g)$ 10%（体积分数）。试问在 $T=1000$ K，$p=100$ kPa 时，甲烷能否形成？

任务 6.2　平衡常数和平衡组成的计算

6.2.1　平衡常数的计算

6.2.1.1　由热力学数据计算标准平衡常数

根据式(3-64) $\Delta_r G_m^{\ominus}=\Delta_r H_m^{\ominus}-T\Delta_r S_m^{\ominus}$，若已知某化学反应的温度、$\Delta_r H_m^{\ominus}$ 和 $\Delta_r S_m^{\ominus}$ 的值，便可得到 $\Delta_r G_m^{\ominus}$ 的值，进而通过式(6-11)计算得到标准平衡常数 $K^{\ominus}$。

> **例 6-1**
>
> 已知 298.15 K 时 $CH_4(g)$、$H_2O(g)$ 和 $CO_2(g)$ 的 $\Delta_f H_m^{\ominus}$ 分别为 −74.81 kJ/mol、−241.8 kJ/mol 和 −393.5 kJ/mol；$CH_4(g)$、$H_2O(g)$、$CO_2(g)$ 和 $H_2(g)$ 的 $S_m^{\ominus}$ 分别为 188.0 J/(mol·K)、188.8 J/(mol·K)、213.8 J/(mol·K) 和 130.7 J/(mol·K)。请利用以上数据求 298.15 K 时反应：
>
> $$CH_4(g)+2H_2O(g)\!\!=\!\!\!=\!\!CO_2(g)+4H_2(g)$$
>
> 的 $\Delta_r G_m^{\ominus}$ 和 $K^{\ominus}$。

例 6-1 解析

6.2.1.2　由盖斯定律计算标准平衡常数

盖斯定律是化工热力学当中非常重要的一个定律。在化学反应过程中，在定压或定容条件下，无论是该化学反应过程是一步完成还是分几步完成，其反应热是相同的，总反应方程式的焓变等于各部分分步反应按一定系数比加和的焓变。盖斯定律换句话说，化学反应的反应热只与反应体系的始态和终态有关，而与反应的途径无关，而这可以看出，盖斯定律实际上是"内能和焓是状态函数"这一结论的进一步体现。

有些反应的热力学数据通过实验测定有困难（有些反应进行得很慢，有些反应不容易直接发生，有些反应的产品不纯、有副反应发生），可以用盖斯定律间接计算出来。

例 6-2

已知 1000 K 时，有如下反应：

(1) $C(石墨,s)+\dfrac{1}{2}O_2(g)\!=\!\!=\!\!=\!CO(g)$，$\Delta_r G_{m,1}^{\ominus}=-2.002\times10^5$ J/mol；

(2) $CO(g)+\dfrac{1}{2}O_2(g)\!=\!\!=\!\!=\!CO_2(g)$，$\Delta_r G_{m,2}^{\ominus}=-1.96\times10^5$ J/mol。

求反应(3) $C(石墨,s)+O_2(g)\!=\!\!=\!\!=\!CO_2(g)$ 的 $\Delta_r G_{m,3}^{\ominus}$ 在 1000 K 时的平衡常数。

例 6-2 解析

6.2.1.3　由实验数据计算标准平衡常数

还可以根据真实的化学反应实验数据来计算标准平衡常数。

例 6-3

在一容积为 1104.2 cm^3 的真空容器中放入 1.2798 g 的 $N_2O_4(g)$，实验测得在 25 ℃反应 $N_2O_4(g)\!=\!\!=\!\!=\!2NO_2(g)$ 达平衡时气体的总压为 39.943 kPa。试求此反应在 25 ℃时的标准平衡常数。

例 6-3 解析

6.2.2　平衡组成的计算

已知某化学反应在温度 T 下的 $K^{\ominus}$ 或 $\Delta_r G_m^{\ominus}$，即可由系统的起始组成及压力计算在该温度下的平衡组成，或做相反的计算。

平衡常数的重要应用，在于求出平衡转化率及产率，为提高产品产量和质量提供理论依据。在计算平衡组成常用到转化率这一术语。转化率是指转化掉的某反应物占起始反应物的分数。转化率和产率的计算公式分别为：

$$转化率=\dfrac{某反应物消耗掉的数量}{该反应物的原始数量} \qquad (6\text{-}17)$$

$$产率=\dfrac{转化为指定产物的某反应物数量}{该反应物的原始数量} \qquad (6\text{-}18)$$

若无副反应，则产率等于转化率；若有副反应，产率小于转化率。在化学平衡中所说的转化率均指平衡转化率。

例 6-4

某甲烷转化反应为：

$$CH_4(g)+H_2O(g)\!=\!\!=\!\!=\!CO(g)+3H_2(g)$$

在 900 K 下该反应的标准平衡常数 $K^{\ominus}=1.280$。若取等物质的量的 $CH_4(g)$ 和 $H_2O(g)$ 反应。试求在该温度及 101.3 kPa 下达到平衡时系统的组成。

例 6-4 解析

思考练习题

6.2-1　填空题

1. 当各化学平衡常数 $K^{\ominus}=K_p=K_x$ 时，$\sum \nu_B =$ _____。

2. 影响 $K^{\ominus}$ 大小的因素是_____。

6.2-2　判断题

1. 平衡常数因条件变化而改变，则化学平衡一定发生移动；但平衡的移动则不一定是由于平衡常数的改变。　　　　　　　　　　　　　　　　　　　　　　　　　　　　　（　　）

2. $K^{\ominus}=1$ 的反应，在标准态下可以达到平衡。　　　　　　　　　　　　　　　　　（　　）

6.2-3　单选题

1. 已知下列反应的平衡常数：

$H_2(g)+S(s)\!=\!=\!H_2S(g),K_1$；

$S(s)+O_2(g)\!=\!=\!SO_2(g),K_2$。

则反应 $H_2S(g)+O_2(g)\!=\!=\!H_2(g)+SO_2(g)$ 的平衡常数为_____。

A. $\dfrac{K_2}{K_1}$　　　　　　　B. K_1-K_2　　　　　　　C. K_1K_2　　　　　　　D. $\dfrac{K_1}{K_2}$

2. 在某一反应温度下，已知反应（1）$2NH_3(g)\rightleftharpoons 3H_2(g)+N_2(g)$ 的标准平衡常数为 $K_p^{\ominus}(1)=0.25$。则在相同的反应条件下，反应 $\dfrac{3}{2}H_2(g)+\dfrac{1}{2}N_2(g)\rightleftharpoons NH_3(g)$ 的标准平衡常数 $K_p^{\ominus}(2)$ 为_____。

A. 4　　　　　　　　B. 0.5　　　　　　　C. 2　　　　　　　D. 1

6.2-4　问答题

请简述盖斯定律的主要内容及其有何应用。

6.2-5　习题

1. 在 900 ℃时氧化铜在密闭的抽空容器中分解，反应为：$2CuO(s)\!=\!=\!Cu_2O(s)+1/2O_2(g)$，测得平衡时氧气的压力为 1.672 kPa。试计算该反应平衡常数 K 的值。

2. 在 1100 ℃时，有下列反应：

（1）$C(s)+2S(s)\!=\!=\!CS_2(g),K_1^{\ominus}=0.258$；

（2）$Cu_2S(s)+H_2(g)\!=\!=\!2Cu(s)+H_2S(g)$，$K_2^{\ominus}=3.9\times10^{-3}$；

（3）$2H_2S(g)\!=\!=\!2H_2(g)+2S(s)$，$K_3^{\ominus}=2.29\times10^{-2}$。

试计算 1100 ℃时反应 $C(s)+2Cu_2S(s)\!=\!=\!4Cu(s)+CS_2(g)$ 的反应平衡常数 K。

3. 在温度为 718.2 K 时，反应：$H_2(g)+I_2(g)\!=\!=\!2HI(g)$ 的标准平衡常数为 50.1。取 5.3 mol 的 I_2 与 7.94 mol 的 H_2，使之发生反应。试计算平衡时产生的 HI 的量。

任务 6.3　化学平衡的移动

6.3.1　温度对化学平衡的影响

通常由标准热力学函数 $\Delta_f H_m^{\ominus}$、$S_m^{\ominus}$、$\Delta_f G_m^{\ominus}$ 求得化学反应的 $\Delta_r G_m^{\ominus}$ 多是在 25 ℃下的值，再由 $\Delta_r G_m^{\ominus}=-RTnK^{\ominus}$ 求得的标准平衡常数 $K^{\ominus}$ 也是 25 ℃下的值。因此，若想求出其他温度 T 下的 $K^{\ominus}(T)$，就要研究温度对 $K^{\ominus}$ 的影响。

由热力学基本方程曾导得吉布斯函数与温度之比 G/T 随温度 T 变化的吉布斯-亥姆霍兹方程，即：

$$\left[\frac{\partial(G/T)}{\partial T}\right]_p = -\frac{H}{T^2}$$

将其应用于化学反应 $0 = \sum_B \nu_B B$ 中标准压力下的每种物质，得：

$$\frac{d(\Delta_r G_m^\ominus/T)}{dT} = -\frac{\Delta_r H_m^\ominus}{T^2}$$

$$\frac{\Delta_r G_m^\ominus}{T} = -Rn K^\ominus$$

故　　　　　　　$$\frac{d(\ln K^\ominus)}{dT} = \frac{\Delta_r H_m^\ominus}{T^2} \qquad\qquad (6\text{-}19)$$

式(6-19)称为范特霍夫方程。该式表明温度对标准平衡常数的影响与反应的标准摩尔反应焓有关。

由范特霍夫方程可以看出：当 $\Delta_r H_m^\ominus > 0$，即反应吸热，温度升高则 $K^\ominus$ 增大，以达到平衡的化学反应将向生成产物方向移动；当 $\Delta_r H_m^\ominus < 0$，即反应放热时，温度升高则 $K^\ominus$ 减小，以达到平衡的化学反应将向生成反应物方向移动。这与平衡移动原理是一致的。

6.3.2　压力对化学平衡的影响

由范特霍夫方程可知，在 $\Delta_r H_m^\ominus \neq 0$ 时，$K^\ominus$ 将随 T 而变，所以 T 对化学平衡的影响是改变了 $K^\ominus$。在 T 一定时虽然 $K^\ominus$ 一定，但若能改变反应气体组分 B 的分压 p_B，即改变其 μ_B，则也会对化学平衡产生影响。等温方程就表明了这一影响。

本节再从一定温度下改变气体总压，恒压下通入惰性气体即改变反应物配比，讨论对理想气体反应平衡转化率的影响。假设反应物及产物均为理想气体。

若气体总压为 p，任意反应组分的分压 $p_B = y_B p$，由 $K^\ominus$ 的表达式为：

$$K^\ominus = \prod_B \left(\frac{p_B}{p^\ominus}\right)^{\nu_B} = \prod_B \left(\frac{y_B p}{p^\ominus}\right)^{\nu_B} = \left(\frac{p}{p^\ominus}\right)^{\sum \nu_B} \prod_B y_B^{\nu_B}$$

由此可见，$\sum \nu_B \neq 0$，则改变总压将影响平衡系统的 $\prod\limits_B y_B^{\nu_B}$。当 $\prod\limits_B y_B < 0$ 时，p 增大，$\prod\limits_B y_B^{\nu_B}$ 必增大，这表明平衡系统产物的含量增高而反应物的含量降低，即平衡向体积缩小方向移动；当 $\sum \nu_B > 0$，则结论正相反。这与平衡移动原理是一致的。

例 6-5

对于合成氨反应 $\dfrac{1}{2}N_2 + \dfrac{3}{2}H_2 = NH_3$，在 500 K 时 $K^\ominus = 0.2968$。若反应物 N_2 与 H_2 符合化学计量比，试估算在 500 K，压力 100 kPa 到 1000 kPa 时的平衡转化率 α。（该反应中的气体可近似看成理想气体）

例 6-5 解析

6.3.3 其他因素对化学平衡的影响

6.3.3.1 惰性组分对平衡转化率的影响

若原料气中有物质的量为 n_0 的某惰性组分，平衡时参加化学反应组分 B 的物质的量为 n_B 总压为 p，反应组分 B 的分压为 $\dfrac{n_B}{n_0 + \sum n_B} p$，一定温度下反应的标准平衡常数为：

$$K^\ominus = \prod_B \left(\frac{n_B}{n_0 + \sum n_B} \frac{p}{p^\ominus} \right)^{\nu_B} = \left(\frac{p/p^\ominus}{n_0 + \sum n_B} \right)^{\sum \nu_B} \prod_B n_B^{\nu_B}$$

式中，ν_B 为参加化学反应各组分的化学计量数，$\sum n_B$、$\sum \nu_B$ 分别为反应组分（不包括惰性组分）的物质的量，化学计量数求和。从此式可以看出，若 $\sum \nu_B > 0$，在恒压下加入惰性组分，因 $n_0 + \sum n_B$ 增大，故 $\prod_B n_B^{\nu_B}$ 增大，这表明平衡向生成产物的方向移动，即增加惰性组分后有利于气体的物质的量增大的反应；若 $\sum \nu_B < 0$，则正好相反。

例如，乙苯脱氢制苯乙烯的反应：$C_6H_5C_2H_5(g) = C_6H_5C_2H_3(g) + H_2$，$\sum \nu_B > 0$，故生产上为提高转化率，要向反应系统中通入大量惰性组分水蒸气。

另外，对于合成氨反应：$N_2(g) + 3H_2(g) = 2NH_3(g)$，$\sum \nu_B < 0$，惰性组分增大，对反应不利。实际生产中，未反应完全的原料气 N_2、H_2 混合物要循环使用。在循环中，不断加入新的原料气，N_2 和 H_2 不断反应，而其中惰性组分，如甲烷氩等因不起反应而不断地积累，含量逐渐增高。为了维持转化，则要定期放空一部分反应过的原料气，以减少惰性组分的含量。

例 6-6

在总压 $p = 30.4$ MPa 时，用体积比 1:3 的氮氢混合气体，进行氨的合成反应：$\dfrac{1}{2}N_2(g) + \dfrac{3}{2}H_2(g) \longrightarrow NH_3(g)$，$K^\ominus = 3.75 \times 10^{-3}$。500 ℃ 时，假设该反应为理想气体反应，试估算下列两种情况下的平衡转化率：

例 6-6 解析

（1）原料气只含有 1:3 的氮和氢；

（2）原料气中除 1:3 的氮和氢，还含有 10% 的惰性组分。（7% 甲烷，3% 氩）

6.3.3.2 反应物的摩尔比对平衡转化率的影响

对与气相化学反应

$$aA + bB \longrightarrow yY + zZ$$

若原料气中只有反应物而无产物，另反应物的摩尔比 $r = \dfrac{n_B}{n_A}$，其变化范围 $0 < r < \infty$。在维持总压力相同的情况下，随着 r 的增加，气体 A 的转化率增加，而气体 B 的转化率减少。但

产物在混合气体中的平衡含量随着增加，存在着一极大值。可以证明，当摩尔比 $r = \dfrac{b}{a}$，即原料气中两种气体物质的量之比等于化学计量比时，产物 Y 和 Z 在混合气体中的含量（摩尔分数）为最大。

因此，如合成氨反应，总是使原料气中氢与氮的体积比为 3∶1，以使氨的含量最高。

如果两种原料气中，气体 B 较气体 A 便宜，而气体 B 又不容易从混合气体中分离，那么根据平衡移动原理，为了充分利用气体 A，可以使气体 B 大大过量，以尽量提高 A 的转化率。这样做虽然在混合气体产物的含量低了，但经过分离便得到更多的产物，在经济上还是有益的。

思考练习题

6.3-1　填空题

1. 常压下，对于反应 $(NH_4)_2S(s) \Longrightarrow 2NH_3(g) + H_2S(g)$ 的 $\Delta H > 0$，则该反应在＿＿＿＿＿＿＿下自发进行。

2. 实际气体反应的标准平衡常数数值与＿＿＿＿＿＿＿无关。

6.3-2　判断题

1. 在一定温度和压力下，对于一个化学反应，$\Delta_r G_m$ 可判断其反应方向。　　　　（　　）

2. 任何指定单质的标准摩尔生成吉布斯函数均为零。　　　　　　　　　　　（　　）

6.3-3　单选题

1. 理想气体反应 $CO(g) + 2H_2(g) \Longrightarrow CH_3OH(g)$ 的 $\Delta_r G_m^{\ominus}$ 与温度 T 的关系为：$\Delta_r G_m^{\ominus}(J/mol) = -21660 + 52.92T(K)$。若要使反应的平衡常数大于 1，则应控制的反应温度为＿＿＿＿＿＿＿。

　　A. 必须低于 409.3 ℃　　　　　　　　B. 必须高于 409.3 K

　　C. 必须低于 409.3 K　　　　　　　　D. 必须等于 409.3 K

2. 在 973 K 时，反应 $CO(g) + H_2O(g) \rightleftharpoons CO_2(g) + H_2(g)$ 的标准平衡常数 $K_p^{\ominus} = 0.71$。若将分压为 $p_{(CO)} = 100$ kPa，$p_{(H_2O)} = 50$ kPa，$p_{(CO_2)} = 10$ kPa 和 $p_{(H_2)} = 10$ kPa 的理想气体混合在一起，在相同温度下反应的方向将＿＿＿＿＿＿＿。

　　A. 向右进行　　　　　　　　　　　　B. 向左进行

　　C. 处于平衡状态　　　　　　　　　　D. 无法判断

6.3-4　问答题

1. 化学反应如何利用体系中的反应物、生成物的浓度和平衡常数判断平衡移动的方向？

2. 合成氨是放热反应，为何实际生产过程中还采取高温的条件？

6.3-5　习题

1. 对于反应 $MgCO_3(菱镁矿) \rightleftharpoons MgO(方镁石) + CO_2(g)$：

（1）计算 298 K 时的 $\Delta_r H$，$\Delta_r S$ 和 $\Delta_r G$ 值；

（2）计算 298 K 时 $MgCO_3$ 的解离压力；

（3）设在 25 ℃ 时地表 CO_2 的分解压力为 $p(CO_2) = 32.04$ Pa，试问此时的 $MgCO_3$ 能否自动分解为 MgO 和 CO_2。

已知 298 K 时的数据如下：

	$MgCO_3(s)$	$MgO(s)$	$CO_2(g)$
$\Delta H/kJ \cdot mol^{-1}$	-1112.9	-601.83	-393.5
$S/J \cdot K^{-1} \cdot mol^{-1}$	65.7	27	213.6

2. 在总压 101.325 kPa 时,有化学反应:$SO_2(g) + \dfrac{1}{2}O_2(g) \rightleftharpoons SO_3(g)$。反应前气体含 6% SO_2、12% O_2（物质的量分数）其余为惰性气体 Ar。试问在什么温度下, 该反应达到平衡时, 有 80% SO_2 转变为 SO_3。

3. 已知 298 K 的标准生成热 $\Delta_f H_m^{\ominus}$（kJ/mol）为:$SO_3 -395.76$, $SO_2 -296.90$；298 K 的标准熵 $S_m^{\ominus}$ [J/(K·mol)] 为:SO_3 256.6, SO_2 248.11, O_2 205.04, 并设反应的 $\Delta_r C_p$ 为 0。

4. 工业上, 制水煤气的反应方程式可表示为:$C(s) + H_2O(g) = CO(g) + H_2(g)$, $\Delta_r H_m = 133.5$ kJ/mol。设反应在 673 K 时达到平衡, 讨论下列因素对平衡的影响。

任务 6.4　实验：化学平衡常数及分配系数的测定

6.4.1　实验目的

测定 $KI + I_2 \rightarrow KI_3$ 反应的平衡常数及分配系数。

6.4.2　实验原理

定温、定压下, 碘和碘化钾在水溶液中建立如下的平衡:

$$KI + I_2 \longrightarrow KI_3$$

为了测定平衡常数, 若用标准溶液来滴定溶液中 I_2 的浓度, 平衡将向左移动, 使 KI_3 继续分解, 因而最终只能测定溶液中 I_2 和 KI_3 的总量。为了解决这个问题, 可在上述溶液中加入四氯化碳, 然后充分摇混（KI 和 KI_3 不溶于四氯化碳）, 当温度和压力一定时, 上述平衡及 I^2 在四氯化碳和水层的分配平衡同时建立。测得四氯化碳层中 I_2 的浓度, 即可根据分配系数求得水层中 I_2 的浓度。其反应式为:

$$S_2O_3^{2-} + I_2 \longrightarrow S_4O_6^{2-} + I^-$$

设水层中 KI 和 KI_3 总浓度为 b, KI 的初始浓度为 c, 四氯化碳层 I_2 的浓度为 a', I_2 在水层及四氯化碳的分配系数为 K, 实验测定分配系数 K 及四氯化碳层中 I_2 的浓度 a' 后, 则根据 $K = \dfrac{a'}{a}$, 即可求得水层中 I_2 的浓度 a。再从已知 c 及测得的 b, 即可求得平衡常数:

$$K_c = \frac{[KI_3]}{[I_2][KI]} = \frac{b-a}{a[c-(b-a)]}$$

6.4.3　实验仪器与原料

实验仪器:恒温槽 1 套, 250 mL 碘量瓶 3 个, 50 mL 移液管, 250 mL 锥形瓶 4 个, 碱式滴定管 1 支, 100 mL 量筒 1 个。

实验原料:0.01 mol/L 的 $Na_2S_2O_3$ 标准溶液, 0.1 mol/L 的 KI 溶液, 分析纯四氯化碳, 碘的四氯化碳饱和溶液, 0.1% 淀粉溶液。

6.4.4　实验步骤

（1）按列表要求将溶液配于碘量瓶中，并将数据记录于表中；

（2）将配好的溶液置于 30 ℃的恒温槽内，每隔 5 min 取出震荡一次，约 30 min 后，按表列数据取样进行分析。

（3）水层分析时，用 $Na_2S_2O_3$ 滴定，加淀粉溶液做指示剂，然后仔细滴定至蓝色恰好消失。

（4）取 CCl_4 层分析时，用洗耳球使移液管较微鼓泡通过水层进入四氯化碳层，以免水进入移液管中。于锥形瓶中加入 10～15 mL 水，6 滴淀粉溶液，然后将四氯化碳层样放入水层（为增快 I_2 进入水层，可加入 KI）。小心地滴定至水层蓝色消失，四氯化碳不再显红色。滴定各瓶上、下两层所需 $Na_2S_2O_3$ 量，记于表中。

（5）滴定后和未用完的四氯化碳层，皆应倾入回收瓶中。

6.4.5　数据记录与处理

室温：_____　气压：_____　KI 浓度：_____　$Na_2S_2O_3$ 浓度：_____

实验编号			1	2	3
混合液组成 /mL	H_2O		200	50	0
	碘的 CCl_4 饱和溶液		25	20	25
	KI 溶液		0	5	100
	CCl_4		0	5	0
分析取样体积 /mL	CCl_4 层				
	H_2O 层				
滴定时消耗 $Na_2S_2O_3$ 溶液的体积 （mL）	CCl_4 层	1			
		2			
		平均			
	H_2O 层	1			
		2			
		平均			
分配系数和平衡常数			$K=$	$K_{c1}=$	$K_{c2}=$

6.4.6　实验注意事项

（1）整个测定过程，保持在恒温条件下进行；

（2）为加快反应速度到达平衡即使 I_2 进入水层，可加入 KI。

6.4.7　实验思考题

（1）测定平衡常数及分配系数时为什么要求恒温？

（2）配制 1、2、3 瓶溶液时，哪些试剂需要准确计量其体积？

本章小结

拓展阅读

项目 7　化学动力学

在化学反应的研究中，人们常常关心两个方面的内容：一方面是如何确定反应的限度；另一方面是达到这一限度所需要的时间。前者归属于化学热力学的研究范畴，而后者则是化学动力学研究的领域。

化学动力学是研究化学反应速率和化学反应机理的科学，它的最终目的是揭示化学反应的本质，使人们更好地控制化学反应进程，以满足科学研究和实际生产的需要。它的基本任务如下。

（1）研究化学反应的速率及其各种因素，包括浓度、温度、催化剂、介质等对化学反应速率影响的规律。从而给人们提供最合适的反应条件，掌握控制化学反应进行的主动权，使化学反应按我们所希望的速率进行。

（2）研究化学反应的机理。所谓反应机理是指反应究竟按什么途径，经过哪些步骤，使反应物转化为产物。适当地选择反应途径，可以使热力学所期望的可能性变成现实。知道了反应机理，可以找出决定反应速率的关键步骤，从而加快主反应，抑制副反应，在生产上真正做到多、快、好、省。

任务7.1　化学反应速率

化学反应速率是指表示化学反应进行的快慢，通常以单位时间内反应物或生成物浓度的变化值（减少值或增加值）来表示。反应速度与反应物的性质和浓度、温度、压力、催化剂等都有关，如果反应在溶液中进行，也与溶剂的性质和用量有关。其中，压力关系较小（气体反应除外），催化剂影响较大。可通过控制反应条件来控制反应速率以达到某些目的。

7.1.1　反应速率的表示方法

任一化学反应可用 $aA+bB \rightarrow dD+eE$ 表示。

化学反应速率定义为单位时间内反应物或生成物浓度的变化量的正值称为平均反应速率，用 $\bar{v}$ 表示。对于生成物，随着反应的进行，生成物的浓度增加 $\bar{v}=\dfrac{\Delta c}{\Delta t}$；对于反应物，随着反应的进行，反应物的浓度减少，$\bar{v}=-\dfrac{\Delta c}{\Delta t}$。

例如，对于反应 $aA+bB \rightarrow cC+dD$，平均反应速率 $\bar{v}$ 可以描述为单位时间内反应物 A 或 B 浓度的减少量的负值，或者生成物 C 或 D 的增加值，即：

$$\bar{v}(A)=-\frac{\Delta c_A}{\Delta t}, \quad \bar{v}(B)=-\frac{\Delta c_B}{\Delta t}, \quad \bar{v}(C)=\frac{\Delta c_C}{\Delta t}, \quad \bar{v}(D)=\frac{\Delta c_D}{\Delta t}$$

浓度常用 mol/L 为单位，时间单位有 s、min、h 等，视反应快慢不同，反应速率的单位可用 mol/(L·s)、mol/(L·min)、mol/(L·h)。

上述反应体系中，虽然反应数值不同，但有确定的数值关系：

$$\bar{v}(A):\bar{v}(B):\bar{v}(C):\bar{v}(D)=a:b:c:d$$

这样一个反应体系内用不同物质浓度表示的反应速率有不同的数值，易造成混乱，使用不方便。

为了反应只有一个反应速率 v，现行国际单位制建议 $\dfrac{\Delta c}{\Delta t}$ 值除以反应式中的计量系数，即：

$$v=-\frac{1}{a}\frac{\Delta c_A}{\Delta t}=-\frac{1}{b}\frac{\Delta c_B}{\Delta t}=\frac{1}{c}\frac{\Delta c_C}{\Delta t}=\frac{1}{d}\frac{\Delta c_D}{\Delta t}$$

这样就得到一个反应体系的速率 v 都有一致的确定值。

在容积不变的反应容器里，反应速率 v 等于单位体积内反应进度 $\left(\xi=\dfrac{\Delta n}{v_B}\right)$ 对时间的变化率，即：

$$v=\frac{1}{V}\frac{\mathrm{d}\xi}{\mathrm{d}t}=\frac{1}{Vv_B}\frac{\mathrm{d}n_B}{\mathrm{d}t}=\frac{1}{v_B}\frac{\mathrm{d}c_B}{\mathrm{d}t}$$

平均反应速率，其大小也与指定时间以及时间间隔有关。随着反应的进行，开始时反应物的浓度较大，单位时间反应浓度减小得较快，反应产物浓度增加也较快，也就是反应较快；在反应后期，反应物的浓度变小，单位时间内反应物减小得较慢，反应产物浓度增加也较慢，也就是反应速率较慢。

在实际工作中，通常测量反应的瞬时反应速率，是 $c(t)$-t 曲线某时刻 t 时该曲线的斜率即为该反应在时刻 t 时的反应速率。对于一般反应，其瞬时反应速率可以表示为：

$$v=\lim_{\Delta \to 0}\frac{\Delta c}{\Delta t}=\frac{\mathrm{d}c}{\mathrm{d}t}$$

7.1.2　反应速率的实验测定

反应速率是以浓度（反应物或产物）随时间的变化率来表示的，所以要测定化学反应速率就必须分析不同时间内反应物或产物的浓度。化学反应速率的实验测定，就是在不同时刻测得某反应物 A 或某产物 B 的浓度，得到此反应产物（B）或此产物的浓度随时间的变化曲线（也称动力学曲线或 c-t 曲线），如图 7-1 所示；然后由曲线上某时刻切线的斜率确定此反应物或此产物的瞬时反应速率。

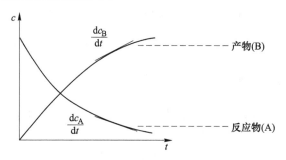

图 7-1　反应物和产物的浓度随时间的变化曲线

测定反应物（或产物）在不同反应时刻的浓度一般可用化学法和物理法。

化学法是在某一时刻从反应系统中取出一部分物质，由于在取出的样品中反应仍可继续进行，可采用骤冷、冲稀、加阻化剂或除去催化剂等方法迅速使反应停止，然后进行化学分析，一般用于液相反应。该方法的设备简单，可以直接得到不同时刻某物质的浓度，但实验操作较为烦琐，若反应冻结的方法应用不当，将会产生较大的偏差。

物理法是在反应过程中测定反应混合物的某些与浓度有关的物理量随时间的变化，进行连续监测，间接得到不同时刻的浓度。随着化学反应的进行反应物的浓度不断减少，生成物的浓度不断增加（达平衡时为止）或反应物的转化率不断增加。然后根据事先理论导出或实验测出的这些物理量与浓度的关系（最好是呈线性关系）求出物质浓度的变化，从而绘制出 c-t 曲线。通常测定的物理量有压强、体积、旋光度、折射率、吸收光谱、吸光度、电导率、电动势、介电常数、黏度等，对于不同反应可以选择不同的物理量。物理法的优点是可在反应进行过程中连续监测，不必取样终止反应，测量方法快速方便，但需要较昂贵的测试装置。此法较化学方法迅速而方便，既易于跟踪反应，又可制成能自动记录的装置。采用此法的关键是要明确待测的物理量同浓度的关系。选取物理量不仅要灵敏度高测量方便，而且要满足在变化范围内物理量同各有关物质的浓度近似呈线性关系。

7.1.3　反应速率的图解表示

在一定温度下，随着化学反应的进行反应物的浓度不断减少，生成物的浓度不断增加（达平衡时为止）或反应物的转化率不断增加。通过实验可测得 c-t 数据，作图可得图 7-1 中的 c-t 曲线，由曲线在某时刻切线的斜率确定此反应物或此产物的瞬时反应速率。在 c_A-t 曲线上各点切线斜率的绝对值即为相应时刻反应物的消耗速率，在 c_B-t 曲线上各点切线斜率的绝对值，即为相应时刻产物的生成速率。

思考练习题

7.1-1　填空题

1. 反应物种经过一个单一的反应步骤就生成计量式中产物物种的反应称为_____；一般反应由许

多_____组成。

2. 反应 $eE+fF = gG+hH$ 的化学反应速率表示式为_____。

7.1-2　判断题

1. 化学热力学既能预测反应的可能性，又能预测反应能否发生。　　　　　　（　　）

2. 化学反应速率有方向性。　　　　　　　　　　　　　　　　　　　　　（　　）

3. 物理法测定化学反应速率时，最好选择与浓度变化呈线性关系的一些物理量。（　　）

4. 化学法测定化学反应速率时，较简单，但设备昂贵。　　　　　　　　　（　　）

7.1-3　选择题

化学动力学的研究对象包括_____。

A. 化学反应的速率

B. 反应的机理

C. 温度、压力、催化剂、溶剂和光照等外界因素对反应速率的影响

D. 热力学

7.1-4　习题

1. 平均速率和瞬时速率的区别是什么？

2. 简要描述化学反应速率测定的化学方法和物理方法。

3. 根据质量作用定律写出下列基元反应的反应速率表示式（试用各种物质分别表示）：

（1）$A+B = 2P$；（2）$2A+B = 2P$；（3）$A+2B = P+2S$；（4）$2Cl+M = Cl_2+M$。

4. 升高温度、增加反应物浓度或加入催化剂，均能使反应速率增大，其原因是否一样？

任务 7.2　浓度对反应速率的影响

影响反应速率的因素有反应本性、物质的浓度、温度、催化剂、光和溶剂等。在一定温度下，考察浓度和时间的函数关系，找出化学反应的速率方程。反应浓度改变，化学反应速率也发生改变，如物质在纯氧中燃烧比在空气中燃烧更剧烈。显然，反应物浓度越大，反应速率越大。

在一定温度下，表示化学反应速率与浓度之间的函数关系，或表示浓度等参数与时间关系的方程称为化学反应的速率方程，也称为动力学方程。速率方程的具体形式随反应的不同而不同。

7.2.1　基元反应、简单反应和复杂反应

7.2.1.1　基元反应

通常见到的化学反应方程式仅表示反应的化学计量式，而不能表明反应经历的具体步骤。化学动力学的研究表明，人们所熟悉的许多化学反应并不是按化学反应计量方程式表示的那样一步直接完成的，反应物分子一般总是经历若干个简单的步骤，最后才转化为产物分子。每一个简单的反应步骤就是一个基元反应。例如，HCl 气相合成反应，计量反应式是：

$$H_2+Cl_2 \longrightarrow 2HCl$$

事实上，该反应是通过如下一系列反应来完成的：

（1）$Cl+M \longrightarrow 2Cl \cdot +M$；

(2) Cl·+H$_2$——→HCl+H·；

(3) H·+Cl$_2$——→HCl+Cl·；

(4) Cl·+Cl·+M——→Cl$_2$+M。

式中，Cl·和 H·分别称为氯自由基和氢自由基。自由基是含有不成对价电子的原子或原子团等。M 是起能量传递作用的第三体。由此可见，化学反应计量方程式仅表示反应的宏观总效果，称为总反应。把这种能代表反应机理的、由反应物微粒（指分子、原子、离子或自由基等）一步直接作用而生成产物的反应步骤称为基元反应。

仅由一种基元反应组成的总反应称为简单反应，由两种或两种以上基元反应所组成的总反应称为复杂反应。绝大多数宏观总反应都是复杂反应，比如氯化氢气相合成。M 反应器壁或其他第三体的分子（惰性物质，只起传递能量作用）。方程 H$_2$+Cl$_2$→2HCl 只是表示系列反应(1)～反应(4)的总结果。人们将由反应物分子（或原子、离子以及自由基等）直接碰撞、一步完成的反应称为基元反应（或元反应），它代表了反应的真实步骤，像反应(1)～反应(4)这 4 个反应均属于基元反应。而表示一系列反应总结果的 H$_2$+Cl$_2$→2HCl 是非基元反应，也称为总包反应或总反应。

基元反应为组成一切化学反应的基本单元，它们的集合构成反应机理。例如上述四个基元反应就构成了 H$_2$+Cl$_2$→2HCl 的反应机理。

化学反应方程式，除非特别说明，一般都属于化学计量方程，而不代表基元反应。例如反应 N$_2$+3H$_2$→2NH$_3$，只说明参加反应的各个组分（N$_2$、H$_2$ 和 NH$_3$）在反应过程中的数量变化符合方程式系数间的比例关系（即 1∶3∶2），并不能说明一个 N$_2$分子与三个 H$_2$分子相碰撞直接就生成两个 NH$_3$分子。

7.2.1.2 反应分子数

在基元反应步骤中，反应物的粒子数目称为基元反应的分子数。在上述基元反应中，反应(1)～反应(3)均为双分子反应，反应(4)则为三分子反应。无论在气相或液相中，最常见的是双分子反应。因为多个分子同时在空间某处相碰撞的机会很少，所以在气相中三分子反应极为少见，分子数大于三的反应尚未发现。但在液相中，由于分子间距很小及溶剂分子的存在，三分子反应较为多见。需要强调的是，反应分子数是微观概念，只有基元反应才有反应分子数之说。反应分子数的数值只能是 1、2、3，不可能为零、分数或负数。

7.2.2 反应速率方程

一般来说，只知道一化学反应的计量方程式是不能预言其速率方程的。反应的速率方程形式通常只能通过实验方可确定。

实验结果证明，基元反应的反应速率与基元反应中各反应物浓度的幂乘积成正比，其中各反应物的幂指数为基元反应中各反应物化学计量系数的绝对值。这一规律称为质量作用定律。

对于任意基元反应 aA+bB →eE+fF，其速率方程可根据质量作用定律直接写出：

$$r_A = k_A c_A^a c_B^b$$

式中，k_A 为速率系数。幂指数之和称为反应级数，用 n 表示。其计算公式为：

$$n = a+b$$

基元反应的级数只能是 1、2、3 这样的正整数。

反应级数可以是整数或分数，也可以是正数、零或负数。反应级数都是由实验确定的，注意反应级数与反应计量数不一定相同，不能混为一谈。反应级数与反应分子数是两个不同的概念，只有基元反应才有反应分子数的概念。具有零或正整数级数的简单级数的反应，其机理不一定简单，不一定是简单反应。例如，反应 $H_2 + I_2 \rightarrow 2HI$ 是二级反应，却属于复杂反应。

速率方程中的比例常数 k_A 为用 $-\dfrac{dc_A}{dt}$ 表示反应速率时的速率系数，其物理意义是在一定温度下，参加反应的各有关组分的浓度皆为单位浓度时的反应速率。k_A 值的大小与反应物浓度或压强的大小无关，当催化剂等其他条件确定时，k_A 只是温度的函数。不同的反应有不同的 k_A 值，对同一反应，k_A 值随温度、溶剂和催化剂等而变化。显然，质量作用定律只适用于基元反应。对于非基元反应，只有分解为若干个基元反应时，才能逐个运用质量作用定律。k_A 值的大小可直接反映反应速率的快慢，体现反应的速率特征，是化学动力学中的一个重要的物理量。

速率系数的量纲为 $[浓度]^{1-n} \cdot [时间]^{-1}$，所以从速率系数的单位可以推知化学反应的级数。

用不同反应组分表示的反应速率方程，反应速率系数的大小与相应的化学计量系数成正比。

例如，反应 $aA + bB \rightarrow dD + eE$，有：

$$r_A = k_A c_A^\alpha c_B^\beta \cdots, \quad r_B = k_B c_A^\alpha c_B^\beta \cdots, \quad r_D = k_D c_A^\alpha c_B^\beta \cdots, \quad r_E = k_E c_A^\alpha c_B^\beta \cdots$$

$$k_A : k_B : k_D : k_E = a : b : d : e$$

对于反应 $aA + bB \rightarrow dD + eE$，实验测得反应的速率方程为：

$$r_A = k_{A,c} c_A^n$$

若参与反应的物质均为气体，也可以用混合气体组分分压表示为：

$$r_A' = -\frac{dp_A}{dt} = k_{A,p} p_A^n$$

若气体可视为理想混合气体，则可以推导出：

$$k_{A,p} = k_{A,c} (RT)^{1-n}$$

有时为了简化起见，$k_{A,p}$ 也用 k_A 表示，只是用 p_A 代替浓度，如：

$$r_A = k_A p_A^n$$

7.2.3　简单级数反应的速率方程

速率方程的微分式说明了反应速率与组分浓度的关系，为了求得浓度和时间的函数关系，必须对微分式进行积分。当反应级数为简单正整数时，人们称之为简单级数反应。以下介绍具有简单级数反应的速率方程及其特征。

7.2.3.1　一级反应

一级反应的速率与反应物 A 浓度的一次方成正比，其速率方程的微分式为：

$$-\frac{dc_A}{dt} = k_A c_A \tag{7-1}$$

若开始 A 的浓度为 $c_{A,0}$，某一时刻 t 时 A 的浓度为 c_A，对式（7-1）积分，得：

$$\ln \frac{c_{A,0}}{c_A} = k_A t \tag{7-2}$$

某一时刻反应物 A 反应掉的分数称为该时刻 A 的转化率 x_A，即：

$$x_A = \frac{c_{A,0} - c_A}{c_{A,0}} \tag{7-3}$$

将 $c_A = c_{A,0}(1-x_A)$ 代入式(7-2)，得：

$$\ln \frac{1}{1-x_A} = k_A t \tag{7-4}$$

式(7-4)是一级反应速率方程积分式的另一形式。

由以上关系式，可总结出一级反应的特征如下：

（1）以 $\ln \frac{c}{[c]}$ 对 t 作图可得到一条直线，直线的斜率为 $-k_A$，如图 7-2 所示。

（2）反应物反应掉一半所需要的时间，称为反应的半衰期，用 $t_{\frac{1}{2}}$ 表示。将 $x_A = \frac{1}{2}$ 代入式(7-4)，可以得到一级反应的半衰期为：

$$t_{\frac{1}{2}} = \frac{\ln 2}{k_A} = \frac{0.693}{k_A} \tag{7-5}$$

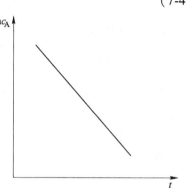

图 7-2　一级反应的 $\ln c_A$-t 图

由式(7-5)可以看出，温度一定时，一级反应的半衰期与反应速率系数成反比，而与反应物的起始浓度无关。

由式(7-5)可知，反应物浓度由 c_0 降至 $\frac{1}{2c_0}$、由 $\frac{1}{2c_0}$ 降至 $\frac{1}{4c_0}$、由 $\frac{1}{4c_0}$ 降至 $\frac{1}{8c_0}$ 所需的时间是相同的，都等于 $t_{\frac{1}{2}}$。

（3）一级反应速率系数的量纲为 $[时间]^{-1}$。

气体物质的热分解、溶液中组分的分解以及放射性衰变等都属于一级反应。

例 7-1

放射性同位素 Po-210 经 a 蜕变生成稳定的 Pb-206，实验测得此放射性同位素经 14 天后放射性降低了 6.85%。试求此同位素蜕变的 k_A 和 $t_{\frac{1}{2}}$，并计算 Po-210 蜕变掉 90% 所需的时间。

例 7-1 解析

7.2.3.2　二级反应

二级反应的速率与反应物 A 的浓度的平方成正比，或与两种反应物 A 和 B 的浓度的乘积成正比，如乙烯、丙烯的二聚、乙酸乙酯的皂化、二氧化氮的分解等都是二级反应。

对于只有一种反应物的二级反应 $aA \rightarrow bB + dD$，其速率方程为：

$$-\frac{dc_A}{dt} = k_A c_A^2$$

$$\frac{1}{c_A} - \frac{1}{c_{A,0}} = k_A t \tag{7-6}$$

若某一时刻反应物 A 的转化率为 x_A，则：

$$\frac{1}{c_A} - \frac{1}{c_{A,0}} = \frac{1}{c_{A,0}(1-x_A)} - \frac{1}{c_{A,0}} = \frac{1}{c_{A,0}} \frac{x_A}{1-x_A}$$

$$\frac{1}{c_{A,0}} \frac{x_A}{1-x_A} = k_A t$$

此种类型的二级反应有如下特征。

（1）$\frac{1}{c_A}$ 与 t 呈线性关系，直线的斜率为 k_A，如图 7-3 所示。

（2）反应的半衰期为：

$$t_{\frac{1}{2}} = \frac{1}{k_A}\left(\frac{1}{c_{A,0}/2} - \frac{1}{c_{A,0}}\right) = \frac{1}{k_A c_{A,0}}$$

由此可见，二级反应的半衰期与反应物的初始浓度成反比。

（3）速率系数的量纲是 ［浓度］$^{-1}$·［时间］$^{-1}$。

对于有两种反应物的二级反应 $aA + bB \rightarrow eE + fF$，当 $a = b$ 且两种反应物初始浓度 $c_{B,0} = c_{A,0}$ 时，则任一时刻两反应物的浓度仍相等 $c_A = c_B$。于是有：

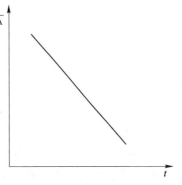

图 7-3 二级反应的 $1/c_A$-t 图

$$-\frac{dc_A}{dt} = k_A c_A^2$$

该式积分结果同式(7-6)。

若 $a \neq b$ 且两种反应物初始浓度满足 $\frac{c_{B,0}}{b} = \frac{c_{A,0}}{a}$，则在任一时刻两种反应物的浓度均满足 $\frac{c_{B,0}}{b} = \frac{c_{A,0}}{a}$。于是有：

$$-\frac{dc_A}{dt} = k_A c_A c_B = \frac{b}{a} k_A c_A^2 = k_A' c_A^2$$

该式积分结果也同式(7-6)，但式(7-6)中的 k_A 变为 k_A'。

例 7-2

在定温 300 K 的密闭容器中，发生如下气相反应 $A(g) + B(g) \rightarrow Y(g)$，测知其速率方程为 $-\frac{dp_A}{dt} = k_{A,p} p_A p_B$，假定反应开始只有 $A(g)$ 和 $B(g)$（初始体积比为 $1:1$），初始总压强为 200 kPa，设反应进行到 10 min 时，测得总压强为 150 kPa，则该反应在 300 K 时的速率系数为多少？若再过 10 min 时，容器内总压强为多少？

例 7-2 解析

7.2.3.3 零级反应

零级反应的速率与反应物的浓度无关，其速率方程的微分式为：

$$-\frac{dc_A}{dt} = k_A c_A^0 = k_A$$

积分得 $\quad\quad\quad c_{A,0} - c_A = k_A t \quad\quad\quad$ (7-7)

零级反应的主要特征如下。

（1）c_A 与 t 呈线性关系，直线的斜率为 k_A，如图 7-4 所示。

（2）将 $c_A = \dfrac{c_{A,0}}{2}$ 代入式 (7-7)，得反应的半衰期为：

$$t_{\frac{1}{2}} = \frac{c_{A,0}}{2k_A} \quad\quad\quad (7\text{-}8)$$

即零级反应的半衰期正比于反应物的初始浓度。

（3）速率系数的量纲是 ［浓度］·［时间］$^{-1}$。

零级反应也很常见，比如：纯液体或纯固体的分解，一些表面催化反应和光化学反应等。

简单级数反应的速率方程及特征见表 7-1。

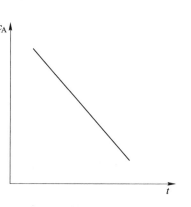

图 7-4　零级反应的 c_A-t 图

表 7-1　具有简单级数反应的速率方程及特征

级数	速率方程		特　　征		
	微分式	积分式	$t_{\frac{1}{2}}$	直线关系	k 的量纲
0	$-\dfrac{dc_A}{dt} = k_A$	$c_{A,0} - c_A = k_A t$	$\dfrac{c_{A,0}}{2k_A}$	c_A-t	［浓度］·［时间］$^{-1}$
1	$-\dfrac{dc_A}{dt} = k_A c_A$	$\ln\dfrac{c_{A,0}}{c_A} = k_A t$	$\dfrac{\ln 2}{k_A}$	$\ln c_A$-t	［时间］$^{-1}$
2	$-\dfrac{dc_A}{dt} = k_A c_A^2$	$\dfrac{1}{c_A} - \dfrac{1}{c_{A,0}} = k_A t$	$\dfrac{1}{k_A c_{A,0}}$	$\dfrac{1}{c_A}$-t	［浓度］$^{-1}$·［时间］$^{-1}$
n	$-\dfrac{dc_A}{dt} = k_A c_A^n$ $n \neq 1$	$\dfrac{1}{1-n}\left(\dfrac{1}{c_A^{n-1}} - \dfrac{1}{c_{A,0}^{n-1}}\right) = k_A t$	$\dfrac{2^{n-1}-1}{(n-1)k_A c_{A,0}^{n-1}}$	$\dfrac{1}{c_A^{n-1}}$-t	［浓度］$^{1-n}$·［时间］$^{-1}$

例 7-3

在某化学反应中随时检测物质 A 的含量，1 h 后发现 A 已反应了 45%，如果该反应对 A 为零级反应。试问 2 h 后 A 还剩余多少没有反应，并求出反应完所需时间。

例 7-3 解析

7.2.4　动力学方程式的建立

动力学方程式即反应速率方程的确定，就是要找出反应速率与反应物浓度的关系。由速率方程的一般形式可知，在一定温度下，k 为常数，因此求算反应级数是建立动力学方程式的关键。动力学研究的基本任务之一就是确定反应的级数和速率系数，确定反应级数有下列几种方法：

7.2.4.1　积分法

所谓积分法就是利用速率方程的积分形式来确定反应的级数。

（1）尝试法。在一定温度下，不同时刻测得的反应物浓度的数据代入反应速率方程的积分公式中，求算其速率常数 k 的数值。如按某个公式计算的 k 近似为一常数，则该公式对应的级数即为该反应的级数。

（2）作图法。该法是根据反应物浓度与时间关系的图形特征来确定反应级数。这是因为：对一级反应，以 $\ln c$ 对 t 作图应得直线；对二级反应，以 $\dfrac{1}{c}$ 对 t 作图应得直线；对三级反应，以 $\dfrac{1}{c^2}$ 对 t 作图应得直线；对零级反应，以 c 对 1 作图应得直线。

将一组 $c\text{-}t$ 数据分别按上述方法作图，如若有一种图呈直线关系，则该图所代表的级数即为反应的级数。

（3）半衰期法。由上述讨论可知，不同级数的反应，其半衰期与反应物起始浓度的关系不同，即与其初始浓度的 $(n-1)$ 次方成反比 （因为对一定温度下的指定反应而言，n 及 k 为定值），即：

$$t_{\frac{1}{2}}=ka^{1-n}$$

式中，k 为与速率常数有关的比例常数。

取对数，得：

$$\ln t_{\frac{1}{2}}=\ln k+(1-n)\ln a$$

以 $\ln t_{\frac{1}{2}}$ 对 $\ln a$ 作图应为一直线，由其斜率可得反应级数 n。

7.2.4.2　微分法

微分法根据的是动力学微分式。原则上由实测的反应物浓度与时间的 $c\text{-}t$ 曲线，用这种方法确定级数，要求作图准确。

思考练习题

7.2-1　填空题

1. 基元反应指_____。

2. 速率方程又称为动力学方程，它说明了反应速率与浓度等参数之间的关系或浓度等参数与_____的关系。速率方程可表示为_____或_____。

3. 在反应开始 （$t=0$）时的速率称为_____，在研究化学反应动力学时它是一个较为重要的参数。

4. _____是经过若干个基元反应才能完成的反应，这些基元反应代表了反应所经过的途径，在动力学上称其为_____。

5. 在基元反应中，实际参加反应的分子数目称为_____。

6. 一级反应指_____。

7. 半衰期指_____。

8. 零级反应中最多的反应是_____。

9. 写出零级反应、一级反应、二级反应、n 级反应速率常数的单位：_____、_____、

_____、_____。

7.2-2　判断题

1. 不同级数的反应，其半衰期与反应物起始浓度的关系不同。　　　　　　　　　　（　　）

2. 零级反应的半衰期反比于反应物的初始浓度。　　　　　　　　　　　　　　　（　　）

7.2-3　单选题

1. 对于一个一级反应，如其半衰期 $t_{1/2}$ 在 0.01 s 以下，即称为快速反应，此时它的速率常数 k 值在_____。

　A. 69.32 s^{-1} 以上　　　　B. 6.932 s^{-1} 以上　　　　C. 0.06932 s^{-1} 以上　　　　D. 6.932 s^{-1} 以上

2. 一级反应完成 99.9% 所需时间是完成 50% 所需时间的_____。

　A. 2 倍　　　　　　　B. 5 倍　　　　　　　C. 10 倍　　　　　　　D. 20 倍

3. 某反应的速率常数 $k = 7.7 \times 10^{-4}\ s^{-1}$，又初始浓度为 $0.1\ mol/dm^3$，则该反应的半衰期为_____。

　A. 86580 s　　　　　B. 900 s　　　　　　C. 1800 s　　　　　　D. 13000 s

4. 反应在指定温度下，速率常数 k 为 $0.0462\ min^{-1}$，反应物初始浓度为 $0.1\ mol/dm^3$，该反应的半衰期应是_____。

　A. 150 min　　　　　　　　　　　　　B. 15 min

　C. 30 min　　　　　　　　　　　　　D. 条件不够，不能求算

5. 已知二级反应半衰期 $t_{\frac{1}{2}}$ 为 $\dfrac{1}{k_2 c_0}$，则反应掉 $\dfrac{1}{4}$ 所需时间 $t_{\frac{1}{4}}$ 应为_____。

　A. $\dfrac{2}{k_2 c_0}$　　　　　B. $\dfrac{1}{3 k_2 c_0}$　　　　　C. $\dfrac{3}{k_2 c_0}$　　　　　D. $\dfrac{4}{k_2 c_0}$

6. 某二级反应，反应物消耗 $\dfrac{1}{3}$ 需时间 10 min，若再消耗 $\dfrac{1}{3}$ 还需时间为_____。

　A. 10 min　　　　　B. 20 min　　　　　C. 30 min　　　　　D. 40 min

7. $2M \rightarrow P$ 为二级反应，若 M 的起始浓度为 $1\ mol/dm^3$，反应 1 h 后，M 的浓度减少 $\dfrac{1}{2}$，则反应 2 h 后，M 的浓度是_____。

　A. $\dfrac{1}{4} mol/dm^3$　　　　　　　　　　B. $\dfrac{1}{3} mol/dm^3$

　C. $\dfrac{1}{6} mol/dm^3$　　　　　　　　　　D. 缺少 k 值无法求

8. 某化学反应为 $2A + B \rightarrow P$（速率常数为 k_1），实验测定其速率常数为 $0.25(mol \cdot dm^{-3})^{-1} \cdot s^{-1}$，则该反应的级数为_____。

　A. 零级反应　　　　　B. 一级反应　　　　　C. 二级反应　　　　　D. 三级反应

9. 某一基元反应为 $mA \rightarrow P$，动力学方程为 $r = k[A]^m$，$[A]$ 的单位是 mol/dm^3，时间的单位是 s，则 k 的单位是_____。

　A. $mol^{1-m} \cdot dm^{3(m-1)} \cdot s^{-1}$　　　　　　　　B. $mol^{-m} \cdot dm^{3m} \cdot s^{-1}$

　C. $mol^{m-1} \cdot dm^{3(1-m)} \cdot s^{-1}$　　　　　　　　D. $mol^m \cdot dm^{-3m} \cdot s^{-1}$

7.2-4　习题

1. 对于一级反应，列式表示当反应物反应掉 $\dfrac{1}{n}$ 所需要的时间 t 是多少？

2. 试证明一级反应的转化率分别达到 50%、75%、87.5% 所需的时间分别为 $t_{\frac{1}{2}}$、$2t_{\frac{1}{2}}$、$3t_{\frac{1}{2}}$。

3. 298 K 时，$N_2O_5(g) \rightarrow N_2O_4(g) + \dfrac{1}{2}O_2(g)$，该分解反应的半衰期 $t_{\frac{1}{2}} = 5.7\ h$，此值与 $N_2O_5(g)$ 的起

始浓度无关。试求：

（1）该反应的速率常数；

（2）转化掉 90% 所需的时间。

4. 对反应 A →P，当 A 反应掉 $\frac{3}{4}$ 所需时间为 A 反应掉 $\frac{1}{2}$ 所需时间的 3 倍，该反应是几级反应？

5. 某物质 A 分解反应为二级反应，当反应进行到 A 消耗了 $\frac{1}{3}$ 时，所需时间为 2 min，若继续反应掉同样量的 A，应需多长时间？

6. 某一反应进行完全所需时间是有限的，且等于 $\frac{c_0}{k}$（c_0 为反应物起始浓度），则该反应是几级反应？

7. 含有相同物质量的 A、B 溶液，等体积相混合，发生反应 A+B →C，在反应经过 1.0 h 后，A 已消耗了 75%；当反应时间为 2.0 h 时，在下列情况下，A 还有多少未反应？

（1）当该反应对 A 为一级，对 B 为零级；

（2）当对 A、B 均为一级；

（3）当对 A、B 均为零级。

8. 在气相反应动力学中，往往可用压力来代替浓度，若反应 aA →P 为 n 级反应，式中 k_p 是以压力表示的反应速率常数，p_A 是 A 的分压。所有气体可看作理想气体时，请证明：$k_p = k_c(RT)^{1-n}$。

9. 设有一 n 级反应（$n \neq 1$），若反应物的起始浓度为 a，证明其半衰期表示式为（式中 k 为速率常数）$t_{\frac{1}{2}} = \frac{2^{n-1} - 1}{(n-1)a^{n-1}k}$。

10. 在 298 K 时，测定乙酸乙酯皂化反应速率。反应开始时，溶液中乙酸乙酯与碱的浓度都为 0.01 mol·dm^{-1}，每隔一定时间，用标准酸溶液滴定其中的碱含量，实验所得结果见表 7-2。

表 7-2　实验结果

t/min	3	5	7	10	15	21	25
$[OH^-]/\times10^{-3}$ mol·dm^{-3}	7.40	6.34	5.50	4.64	3.63	2.88	2.54

（1）证明该反应为二级反应，并求出速率常数 k 值。

（2）若乙酸乙酯与碱的浓度都为 0.002 mol/dm，试计算该反应完成 95% 时所需的时间及该反应的半衰期。

11. 从反应机理推导速率方程时通常有哪几种近似方法，各有什么适用条件？

12. 用积分法求反应级数。已知乙胺加热分解成氨和乙烯，化学计量方程为 $C_2H_5NH_2(g) = NH_3(g) + C_2H_4(g)$ 在 773 K 及恒容条件下，在不同时刻测得的总压力的变化值 Δp 见表 7-3，Δp 指在 t 时刻系统压力的增加值。反应开始时只含乙胺，压力 $p_0 = 7.33$ kPa。求该反应的级数和速率常数 k 值。

表 7-3　总压力的变化值 Δp

t/min	Δp/kPa	t/min	Δp/kPa
1	0.67	10	4.53
2	1.20	20	6.27
4	2.27	30	6.93
8	3.87	40	7.18

13. 用微分法求反应级数。已知一氧化氮和氢气发生的化学计量方程为 $2NO(g) + 2H_2(g) = N_2(g) +$

$2H_2O$ 反应在恒容的条件下进行，测定两组实验数据。第一组保持 $H_2(g)$ 的初压力一定，改变 $NO(g)$ 的初压力，然后测定以总压随时间的变化所表示的反应初速率；第二组保持 $NO(g)$ 的初压力不变，改变 $H_2(g)$ 的初压力，同样记录反应的初速率。实验数据见表 7-4，求反应分别对 $NO(g)$ 和 $H_2(g)$ 的级数？

表 7-4　实验数据

$p_{H_2}^{\ominus}=53.33$ kPa			$p_{NO}^{\ominus}=53.33$ kPa		
实验	$p_{NO}^{\ominus}/kPa$	$-\left(\dfrac{dp_A}{dt}\right)_0/kPa \cdot min^{-1}$	实验	$p_{H_2}^{\ominus}/kPa$	$-\left(\dfrac{dp_A}{dt}\right)_0/kPa \cdot min^{-1}$
1	47.86	20.00	1	38.53	21.33
2	40.00	13.73	2	27.33	14.67
3	20.27	3.33	3	19.60	10.53

14. 已知某反应的速率方程可表示为 $r=k[A]^{\alpha}[B]^{\beta}[c]^{x}$，请根据实验数据（见表 7-5），分别确定该反应对各反应物的级数 α、β、γ 的值。并计算速率常数 k。

表 7-5　实验数据

$r/\times10^{-5}$ mol $\cdot$ dm^{-3} $\cdot$ s^{-1}	5.0	5.0	2.5	14.1
$[A]_0/mol \cdot dm^{-3}$	0.010	0.010	0.010	0.020
$[B]_0/mol \cdot dm^{-3}$	0.005	0.005	0.010	0.005
$[C]_0/mol \cdot dm^{-3}$	0.010	0.015	0.010	0.010

15. 用半衰期法求反应级数和速率常数。在 780 K 及 $p_0=100$ kPa 时，某碳氢化合物的气相热分解反应的半衰期为 2 s。若 p_0 降为 10 kPa 时，半衰期为 20 s。试求该反应的级数和速率常数。

16. 在 298 K 时，用旋光仪测定蔗糖的转化速率，在不同时间所测得的旋光度 α_t，见表 7-6。

表 7-6　实验数据

t/min	0	10	20	40	80	180	300	∞
$\alpha_t/(°)$	6.60	6.17	5.79	5.00	3.71	1.40	-0.24	-1.98

试求该反应的速率常数 k 值。

17. 碳的放射性同位素 ^{14}C 在自然界树木中的分布基本保持为总碳量的 $1.10\times10^{-3}\%$。某考古队在一山洞中发现一些古代木头燃烧的灰烬，经分析 ^{14}C 的含量为总碳量的 $9.87\times10^{-14}\%$。已知 ^{14}C 的半衰期为 $5700a$，试计算这些灰烬距今约有多少年。

18. 某抗生素在人体血液中分解呈现简单级数的反应，如果给患者在上午 8 点注射一针抗生素，然后在不同时刻 t 测定抗生素在血液中的质量浓度 ρ [质量浓度单位以 mg/(100 cm^3) 表示]，得到数据见表 7-7。

表 7-7　实验数据

t/h	4	8	12	16
$\rho/mg \cdot (100cm^3)^{-1}$	0.480	0.326	0.222	0.151

（1）试计算该分解反应的级数。

（2）反应的速率常数 k 和半衰期 $t_{\frac{1}{2}}$ 为多少？

（3）若抗生素在血液中质量浓度不低于 0.370 mg/(100 cm^3) 才为有效，求应该注射第二针的时间。

19. 气相反应合成 HBr，$H_2(g)+Br_2(g)\!=\!2HBr(g)$，其反应历程为：

（1）$Br_2+M \xrightarrow{k_1} 2Br\cdot M$

（2）$Br\cdot+H_2 \xrightarrow{k_2} HBr+H\cdot$

（3）$H\cdot+Br_2 \xrightarrow{k_3} HBr+Br\cdot$

（4）$H\cdot+HBr \xrightarrow{k_4} H_2+Br\cdot$

（5）$Br\cdot+Br\cdot+M \xrightarrow{k_5} Br_2+M$

试推导 HBr 生成反应的速率方程。

已知键能数据见表7-8，估算各基元反应之活化能。

表7-8 键能数据

化学键	Br—Br	H—Br	H—H
$\varepsilon/100\ kJ\cdot mol^{-1}$	192	364	435

任务7.3 温度对反应速率的影响

温度影响反应速率是早已被人们了解的事实。温度是影响化学反应速率的重要因素，大多数情况下，不论吸热还是放热反应，温度升高，反应速率增大。例如，氢气和氧气在常温下反应速率极小，几乎不发生化合反应，当温度超过600 ℃时，立即发生剧烈的爆炸。一般温度升高 10 ℃，反应速率增加 2~4 倍。但对于不同类型的反应，温度对反应速率的影响是不相同的。

反应物浓度恒定时，温度与反应速率的关系大致有五种类型，如图7-5所示。

（1）第Ⅰ种类型的反应速率随温度的升高而逐渐加快，它们之间呈指数关系，这类反应最常见。

（2）第Ⅱ种类型是有爆炸极限的化学反应。温度达到某一数值时，化学反应速率急剧增大，发生爆炸。如 1986 年 1 月 28 日，美国挑战者号航天飞机升空时失事，其原因是助推火箭密封装置失灵，引起燃烧箱内的液氢和液氧在高温下迅速发生反应，导致爆炸。

（3）第Ⅲ种类型是在一些多相催化反应中发现的，表示反应速率在一定温度范围内达到最大值，温度过高或过低反应速率都会变小，例如生物酶的催化反应，在适宜的温度范围内，生物酶具有催化作用，反应速率最大。

（4）第Ⅳ种类型是在碳的氧化反应中观察到的。

（5）第Ⅴ种类型温度升高反应速率反而下降，如 $2NO(g)+O_2(g)\rightarrow 2NO_2(g)$。本模块仅讨论常见的第Ⅰ种类型的反应。

7.3.1 范特霍夫规则

1884 年，范特霍夫根据大量实验数据归纳出一条温度对反应速率影响的近似规则：反

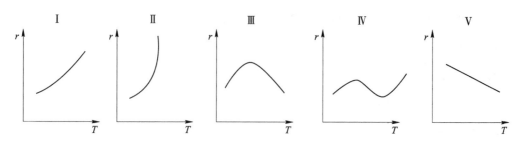

图 7-5　反应速率和温度关系的几种类型

应温度每升高 10 K，反应速率系数 k 要增大 2~4 倍，即：

$$\frac{k_{T+10\,K}}{k_T} \approx 2\text{~}4 \tag{7-9}$$

范特霍夫规则最早指出了速率系数和温度的定量关系，但此经验规则很不精确，只有在数据缺乏或不要求精确结果时才加以采用。

7.3.2　阿仑尼乌斯方程

1889 年，阿仑尼乌斯（Arrhenius）通过大量实验与理论的论证揭示了温度对反应速率影响的实质，提出了表示 k-T 关系较为准确的经验方程，称为阿仑尼乌斯方程，即：

$$k = A\exp\left(-\frac{E_a}{RT}\right) \tag{7-10}$$

式中，E_a 为阿仑尼乌斯活化能，简称活化能，J/mol；A 为指前因子或频率因子，其单位与 k 相同。

式（7-10）是阿仑尼乌斯方程的指数形式，A 和 E_a 称为反应的动力学参量。将式（7-10）两边取对数，得：

$$\ln\frac{k}{[k]} = -\frac{E_a}{RT} + \ln\frac{A}{[A]} \tag{7-11}$$

由式（7-11）可知，以 $\ln\dfrac{k}{[k]}$ 面对 $\dfrac{1}{T}$ 作图可得一直线，直线的斜率为 $-\dfrac{E_a}{R}$；直线的截距为 $\ln\dfrac{A}{[A]}$，据此可以计算 E_a 和 A。

例 7-4

测得 700~1000 K 温度区间，乙醛分解反应的速率系数与温度的关系见表 7-9。

例 7-4 解析

表 7-9　乙醛分解反应的速率系数与温度的关系

T/K	700	730	760	790	810	840	910	1000
$k/\text{dm}^3 \cdot \text{mol}^{-1} \cdot \text{s}^{-1}$	0.011	0.035	0.105	0.343	0.789	2.17	20.0	145

求反应的活化能 E_a 和指前因子 A。

直线的斜率为 -2.207×10^4，所以 $E_a = -2.207 \times 10^4 \times 8.314 = 183$ kJ/mol，所以将式 (7-11) 对 T 微分得：

$$\frac{\mathrm{dln}\left\{\frac{k}{[k]}\right\}}{\mathrm{d}T} = \frac{E_a}{RT^2} \tag{7-12}$$

式 (7-12) 是阿仑尼乌斯方程的微分式。由此可以看出，活化能越大的反应，其反应速率对温度越敏感。而对于同一反应，在低温区反应速率对温度更敏感。

若温度变化范围不大，E_a 可视为常数，将式 (7-12) 积分，得：

$$\ln \frac{k_2}{k_1} = -\frac{E_a}{R}\left(\frac{1}{T_2} - \frac{1}{T_1}\right) \tag{7-13}$$

式 (7-13) 称为阿仑尼乌斯方程的定积分式，可用于 E_a、T_1、T_2、k_1、k_2 的相互求算。

式 (7-11) 也称为阿仑尼乌斯方程不定积分式。阿仑尼乌斯方程适用于基元反应和非基元反应，甚至某些非均相反应。

例 7-5

丙酮二羧酸 $CO(CH_2COOH)_2$ 在水溶液中分解，已知 283 K 时，$k_1 = 1.08 \times 10^{-4}$ s^{-1}，333 K 时 $k_2 = 5.48 \times 10^{-2}$ s^{-1}。试求：

（1）反应的活化能 E_a 和指前因子 A；

例 7-5 解析

（2）反应在 303 K 时的速率系数、半衰期和丙酮二羧酸分解 65% 所需的时间。

7.3.3 基元反应的活化能

7.3.3.1 活化能的概念

阿仑尼乌斯对其经验式进行解释，提出了活化分子和活化能的概念，他认为分子之间反应的首要条件是它们必须相互碰撞，但并不是所有的碰撞都能发生反应，只有活化分子碰撞才能引起化学反应。所谓活化分子，是指那些比一般分子高出一定能量，一次碰撞就可以引起化学反应的分子。活化分子的平均能量比反应物分子的平均能量的超出值称为反应的活化能。设某化学反应为 $A \rightarrow P$，反应物（作用物）A 必须获得能量 E_a 变成活化状态 A^* 才能越过能峰变成产物（生成物）P。同理对于逆反应，P 必须获得 E_a' 的能量才能越过能峰变成 A，如图 7-6 所示。

基元反应的活化能可看作是分子进行反应时所需克服的能峰，活化能越大，反应的阻力越大，反应速率就越慢。对于指定反应，其活化能为定值，当温度升高时，活化分子的数目及其碰撞次数增多，因而反应速率加快。可以证明，恒容反应热等于正、逆反应活化能之差，即：

$$Q_V = \Delta_r U_m = E_a - E_a'$$

若 $E_a > E_a'$，则反应物的平均能量低于产物的平均能量，所以正反应要吸热；若 $E_a < E_a'$，则正反应是放热的。

上述活化能与活化状态的概念和图示，对反应速率理论的发展起了很大的作用。

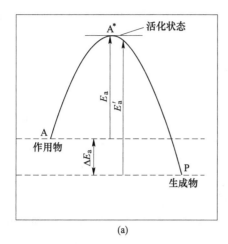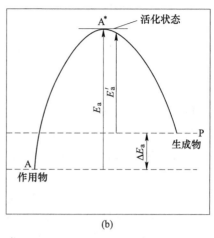

图 7-6　正逆反应的活化能

（a）放热反应；（b）吸热反应

7.3.3.2　表观活化能

对于非基元反应，E_a 实际上是组成该总反应的各基元反应活化能的特定组合，称为表观活化能。

例如，反应 $H_2 + I_2 \rightarrow 2HI$，$k = A\exp\left(-\dfrac{E_a}{RT}\right)$，反应机理为：

（1）$I_2 \underset{k_{-1}}{\overset{k_1}{\rightleftharpoons}} 2I$

（2）$2I + H_2 \xrightarrow{k_2} 2HI$

上面三个基元反应的活化能依次为 E_{a1}、E_{a-1}、E_{a2}，根据阿仑尼乌斯方程可推得反应的表观活化能 E_a 和各基元反应活化能之间的关系为：

$$E_a = E_{a2} + E_{a1} - E_{a-1} \tag{7-14}$$

即表观活化能 E 等于各基元反应活化能的代数和。

思考练习题

7.3-1　填空题

1. 阿仑尼乌斯方程的定积分式为＿＿＿＿＿＿＿＿＿。

2. 阿仑尼乌斯方程适用于＿＿＿＿和＿＿＿＿＿反应，甚至某些＿＿＿＿＿反应。

7.3-2　判断题

1. 阿仑尼乌斯公式总结了反应速率常数、温度和活化能之间的定性关系。　　　　　　（　　）

2. 基元反应的活化能可看作是分子进行反应时所需克服的能峰，活化能越大，反应的阻力越大，反应速率就越慢。　　　　　　　　　　　　　　　　　　　　　　　　　　（　　）

3. 大多数情况下，不论吸热还是放热反应，温度升高，反应速率增大。　　　　　（　　）

7.3-3　选择题

1. 催化剂能极大地改变反应速率，以下说法不正确的是＿＿＿＿＿＿。

A. 催化剂改变了反应历程

B. 催化剂降低了反应的活化能

C. 催化剂改变了反应的平衡，以致使转化率大大地提高了

D. 催化剂能同时加快正向和逆向反应速率

2. 同一个反应在相同反应条件下未加催化剂时平衡常数及活化能为 k 及 E_a，加入正催化剂后则为 k'、E'_a，则存在下述关系_____。

A. $k' = k$，$E'_a = E_a$ 　　　　　　　　　　B. $k' \neq k$，$E'_a \neq E_a$

C. $k' = k$，$E_a > E'_a$ 　　　　　　　　　　D. $k' < k$，$E_a > E'_a$

3. 两个活化能不相同的反应，如 $E_1 < E_2$，且都在相同的升温区内升温，则_____。

A. $\dfrac{\mathrm{d}\ln k_2}{\mathrm{d}T} > \dfrac{\mathrm{d}\ln k_1}{\mathrm{d}T}$ 　　　　　　　　　B. $\dfrac{\mathrm{d}\ln k_2}{\mathrm{d}T} < \dfrac{\mathrm{d}\ln k_1}{\mathrm{d}T}$

C. $\dfrac{\mathrm{d}\ln k_2}{\mathrm{d}T} = \dfrac{\mathrm{d}\ln k_1}{\mathrm{d}T}$ 　　　　　　　　　D. 不能确定

4. 某反应速率常数与各基元反应速率常数的关系为 $k = k_2 \left(\dfrac{k_1}{2k_4} \right)^{\frac{1}{2}}$，则该反应的表观活化能与各基元反应活化能的关系为_____。

A. $E_a = E_{a2} + \dfrac{1}{2} E_{a1} - E_{a4}$ 　　　　　　　B. $E_a = E_{a2} + \dfrac{1}{2} (E_{a1} - E_{a4})$

C. $E_a = E_{a2} + (E_{a1} - 2E_{a4})^{\frac{1}{2}}$ 　　　　　　　D. $E_a = E_{a2} + E_{a1} - E_{a4}$

5. 某反应的活化能为 $E_a = 83.63 \ \mathrm{kJ/mol}$，在 300 K 时，每增加 1.0 K，反应速率常数增加的百分数为_____。

A. 5% 　　　　　　B. 50% 　　　　　　C. 11.2% 　　　　　　D. 20%

7.3-4　习题

1. 某反应的 E_a 值为 190 kJ/mol，加入催化剂后活化能降为 136 kJ/mol。设加入催化剂前后指前因子 A 值保持不变，则在 773 K 时，加入催化剂后的反应速率常数是原来的多少倍？

2. 在一恒容均相反应系统中，某化合物分解 50% 所经过的时间与起始压力成反比。在不同起始压力和温度下，测得分解反应的半衰期见表 7-10。

表 7-10　分解反应的半衰期

T/K	967	1030
p_0/kPa	39.20	48.00
$t_{\frac{1}{2}}/\mathrm{s}$	1520	212

推断其反应级数，并计算两种温度时的 k 值，用 $(\mathrm{mol \cdot dm^{-3}})^{-1} \cdot \mathrm{s}^{-1}$ 表示。试求：

(1) 反应的实验活化能；

(2) 967 K 时阿仑尼乌斯经验式中的指前因子。

3. 某总包反应速率常数 k 与各基元反应速率常数的关系为 $k = k_2 \left(\dfrac{k_1}{2k_4} \right)^{\frac{1}{2}}$，则该反应的指前因子与的指前因子的关系如何？

4. 某反应在 300 K 时进行，完成 40% 需时 24 min。如果保持其他条件不变，在 340 K 时进行，同样完成 40%，需时 6.4 min。试求该反应的实验活化能。

5. 某定容基元反应的热效应为 100 kJ/mol，则该正反应的实验活化能 E_a 的数值将大于、等于还是小

于 100 kJ/mol，或是不能确定？如果反应热效应为−100 kJ/mol，则 E_a 的数值又将如何？

6. 在 673 K 时，设反应 $NO_2(g) = NO(g) + \frac{1}{2}O_2(g)$ 可以进行完全，设产物对反应速率无影响，经实验证明该反应是二级反应，速率方程可表示为 $-\frac{d[NO_2]}{dt} = k[NO_2]^2$，速率常数 k 与反应温度 T 之间的关系为 $\ln(k((mol \cdot dm^{-3})^{-1} \cdot s^{-1})) = -\frac{12886.7}{T(K)} + 20.27$。试计算该反应的指前因子和实验活化能 E_a。

7. 根据 van't Hoff 经验规则："温度每升高 10 K，反应速率增加 2~4 倍"。在 298~308 K 的温度区间内，服从此规则的化学反应之活化能值 E_a 的范围为多少？

8. 为什么有的反应温度升高，速率反而下降？

任务 7.4 典型的复杂反应

现实中遇到的反应是很复杂的，它们往往是一些基元反应的组合，这种由两个或两个以上基元反应组成的反应称为复合反应。典型的复合反应有对峙反应、平行反应、连串反应和链反应等。下面分别进行讨论。

7.4.1 对峙反应

正向和逆向同时进行的反应称为对峙反应（也称可逆反应或对行反应）。绝大部分的反应都存在可逆性，一些反应在一般条件下并非可逆反应，而改变条件（如将反应物置于密闭环境中、高温反应等）会变成可逆反应。

对峙反应的平衡常数 K_c 等于正、逆反应速率系数之比，即：

$$\frac{c_{B,C}}{c_{A,C}} = \frac{k_1}{k_{-1}} = K_c \tag{7-15}$$

积分式为：

$$\ln\frac{c_{A,0} - c_{A,e}}{c_A - c_{A,e}} = (k_1 + k_{-1})t \tag{7-16}$$

综上所述，对峙反应有如下主要特点。

（1）正、逆反应速率系数之比等于平衡常数，即：

$$K_c = \frac{k_1}{k_{-1}}$$

（2）1-1 级对峙反应的 c-t 关系，如图 7-7 所示。达到平衡后，反应物和产物的浓度不再随时间的改变而改变。

总反应速率与 k_1 和 K_c 有关。对于正向反应是吸热的对峙反应，升高温度将使平衡常数增大，同时也将使反应速率加快，即升温总是有利于正向反应。当然，温度也不是越高越好，还要考虑到能量消耗、副反应和催化剂的活性温度等其他因素。对于正向反应是放热的对峙反应，温度升高将使平衡常数降低，但反应速率会加快，可缩短到达平衡的时间，两者是矛盾的。当温度较低时，$\frac{1}{K_c}$ 较小，k_1 是影响反应速率的主要因素，因此升高温

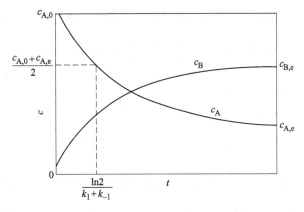

图7-7　一级对峙反应 c-t 图

度，则速率增大；但当温度升高到一定程度时，$\dfrac{1}{K_c}$ 则成为影响反应速率的主要因素，再升温反应速率反而降低。升温过程中反应速率出现极大值，这时的温度称为最佳反应温度 T_m，如图7-8所示。在化工生产中，要尽量创造条件使反应在最佳反应温度下进行。

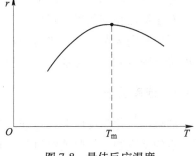

图7-8　最佳反应温度

一些分子内重排或异构化反应，符合一级对峙反应规律。为了克服对峙反应中逆向反应的存在对产率及反应速率的不利影响，生产上常常采取种种措施，如增加反应物的浓度、降低产物的浓度、分段设计反应器等。

7.4.2　平行反应

当反应物同时进行两个或两个以上不同的且相互独立的反应时，称为平行反应。平行反应中，生成主要产物的反应称为主反应，其余的反应称为副反应。这类反应在化工生产中很常见，例如，氯苯的再氯化，可得对位和邻位二氯苯两种产物；苯酚的硝化反应即为平行反应，可得邻位、对位、间位三种硝基苯酚，主产物为邻硝基苯酚（约占59%）；乙醇可以平行地进行脱水和脱氢两种反应。选择不同的催化剂可使这两种反应之一占优势。这也就是所谓选择性。有时平行反应的产物是相同的，例如一氧化氮可以通过均相和多相两种不同方式平行地进行分解而得到氧和氮。

$$\frac{dc_B}{dc_C}=\frac{k_1}{k_2} \tag{7-17}$$

由于 $c_{B,0}=0$，$c_{C,0}=0$，积分后得：

$$\frac{c_B}{c_C}=\frac{k_1}{k_2} \tag{7-18}$$

由此可见，在反应的任一瞬间，两产物浓度之比等于两反应速率系数之比。式中 $\dfrac{k_1}{k_2}$ 代表了反应的选择性，比值越大，表示反应的选择性越好。通过设法改变 $\dfrac{k_1}{k_2}$ 的比值，可以达到改变主、副产物浓度之比的目的。通常采用的方法如下。

（1）选择适当的催化剂。例如甲苯的氯化，既可直接在苯环上取代，也可在侧链甲基上取代。实验表明，低温（30～50 ℃）下，使用 $FeCl_3$ 为催化剂，主要发生苯环上取代；高温（120～130 ℃）下，用光激发，则主要发生侧链取代。

（2）改变反应温度。如果 B 为产物，C 为副产物，则所选温度要使 $\dfrac{k_1}{k_2}$ 比值尽可能大。如果活化能 $E_{a1} > E_{a2}$，则提高温度有利于 $\dfrac{k_1}{k_2}$ 值增大，即有利于产物 B 的生成；如果 $E_{a1} < E_{a2}$，则提高温度将有利于副产物 C 的生成而不利于产物 B 的生成，此时反应宜在低温下进行。

平行反应的选择性为一般可采用改变反应温度或添加特定催化剂等方法改变某平行反应的选择性，以利于更多得到所期望的产物。

若平行反应均为一级反应，在任一瞬间，生成物浓度之比等于两个反应的速率常数之比。对于级数相同的平行反应，其产物浓度之比等于速率常数之比，而与反应物的初始浓度和反应时间无关。几个平行反应的活化能往往不同，温度升高有利于活化能大的反应，温度降低则有利于活化能小的反应。

7.4.3　连串反应

如果某一化学反应要经过连续几步反应才能得到最终产物，并且前一步的生成物恰是下一步的反应物，如此连续进行，称为连串反应，或称为连续反应。反应产物同时可以进一步反应而生成其他产物的反应。反应通式可表示为：A →B →C。其主要特征是随着反应的进行，中间产物浓度逐渐增大，达到极大值后又逐渐减少。连串反应是化学反应中最基本的复杂反应之一。也是化学工业中最重要的复杂反应之一。许多化工如氯苯、乙苯等的生产过程都属于连串反应。以中间产物为目的产物的生产工艺称为连串反应工艺。

连串反应常用于工业之中，是指反应产物同时可以进一步反应而生成其他产物的反应。主要特征是随着反应的进行，中间产物浓度逐渐增大，达到极大值后又逐渐减少。如乙烷热裂解反应为

$$C_2H_6 \longrightarrow CH_2 \Longleftrightarrow CH_2 + H_2$$
$$CH_2 \Longleftrightarrow CH_2 \longrightarrow 2C + 2H_2$$

对于这类反应，如何控制反应时间使所需产物的量增大是关键问题。上面提到的乙烷热裂解反应，希望原料气在管式反应器中的停留时间要短。这样可减少产物乙烯进一步分解为碳，这个副反应的发生不但降低了乙烯的产率，而且造成积炭使管式炉炉管易被破坏。

7.4.4　复杂反应速率方程的近似处理法

大量实践证明，大多数化学反应是由多个基元反应组合而成的复合反应，随着反应步骤和反应组分的增加，求解速率方程的难度急剧增大，甚至无法求解。为了使复杂问题简

单化，提出了复合反应速率方程的近似处理问题。常用的近似处理方法有以下几种。

（1）速控步法。在一个连串反应中，如果有一步反应速率比其他步反应慢得多，则总反应的速率就等于这最慢一步的速率，因此称这最慢的一步为速率控制步骤，简称速控步。速控步的速率与其他各个串联步骤的速率相差的倍数越大，所得结果就越正确。选取速控步法可大大简化连串反应动力学方程的求解过程。

（2）平衡假设法。在连串反应中，若速控步前面有对峙反应，因为与速控步相比对峙反应的速度快得多，所以可以假设它们在反应过程中始终维持平衡状态。平衡假设法是化学动力学中求解复合反应速率近似的一种重要方法。在一个含有对峙反应的连续反应中，如果在对峙反应后存在速控步骤，则总反应速率及表观速率常数仅取决于速控步及它以前的平衡过程，与速控步以后的各快反应无关。由于速控步反应很慢，可以假定快速平衡不受其影响，对峙反应的平衡关系仍然存在，从而利用平衡常数 K 和反应物浓度来求出中间产物的浓度。这种处理方法称为平衡假设法。

用平衡假设法从机理推导速率方程的思路首先是找出控制步骤，并将其速率除以该反应的计量数作为总反应的速率。然后应用控制步骤前的快速平衡步骤的平衡关系式消除该反应速率表达式中出现的任何中间体的浓度。

（3）稳态近似法。在链反应或其他连续反应中，由于自由基等中间产物极活泼、浓度低、寿命又短，可以近似地认为在反应达到稳定状态后，它们的浓度基本上不随时间而变化，即 $\dfrac{d[M]}{dt}=0$（M 表示中间产物），这样的处理方法称为稳态近似法。

因为只有在流动的敞开系统中，控制必要的条件，有可能使反应系统中各物质的浓度保持一定，不随时间而变。而在封闭系统中，由于反应物浓度不断下降，生成物浓度不断增高，要保持中间产物浓度不随时间而变，严格地讲是不太可能的。所以说稳态近似法只是一种近似方法，但确能解决很多问题。

思考练习题

7.4-1 填空题

连续反应又称_____，指前一步_____中的一部分或全部作为下一步反应的部分或全部_____，如此依次连续进行。

7.4-2 判断题

1. 用合适的催化剂可以改变某一反应的速率，从而提高主反应产物的产量。　　　（　　）

2. 对于实际生产中的连续反应而言，反应时间越长越有利。　　　（　　）

3. 在一个含有对峙反应的连续反应中，如果存在速控步，则总反应速率及表观反应速率常数仅取决于速控步及它以前的平衡过程，与速控步以后的各快反应无关。　　　（　　）

4. 反应级数等于反应分子数。　　　（　　）

5. 反应级数不一定是正整数。　　　（　　）

6. 具有简单级数的反应是基元反应。　　　（　　）

7.4-3 单选题

1. 关于对峙反应的特点，表述不准确的是_____。

A. 净速率等于正、逆反应速率之差值

B. 达到平衡时，反应净速率不等于零

C. 正、逆速率系数之比等于平衡常数 $K=\dfrac{k_1}{k_{-1}}$

D. 在 $c\text{-}t$ 图上，达到平衡后，反应物和产物的浓度不再随时间而改变

2. 平行反应的总速率与各平行反应速率之和的关系为_____。

A. 平行反应的总速率大于各平行反应速率之和

B. 平行反应的总速率等于各平行反应速率之和

C. 平行反应的总速率小于各平行反应速率之和

D. 无法确定

3. 在平行反应中要提高活化能较低的反应的产率，应采取的措施为_____。

A. 升高反应温度　　　　　　　　　　B. 降低反应温度

C. 反应温度不变　　　　　　　　　　D. 不能用改变温度的方法

4. 两个一级平行反应 $A\xrightarrow{k_1}B$，$A\xrightarrow{k_2}C$，_____是不正确的。

A. $k_{总}=k_1+k_2$ 　　　　　　　　　B. $\dfrac{k_1}{k_2}=\dfrac{[B]}{[C]}$

C. $E_{总}=E_1+E_2$ 　　　　　　　　　D. $t_{\frac{1}{2}}=\dfrac{0.693}{k_1+k_2}$

5. 连续反应 $A\xrightarrow{k_1}B\xrightarrow{k_2}C$，其中 $k_1=0.1\ \text{min}^{-1}$，$k_2=0.2\ \text{min}^{-1}$，假定反应开始时只有 A，且浓度为 1 mol/dm，则 B 浓度达到最大的时间为_____。

A. 0.3 min　　　　B. 5.0 min　　　　C. 6.93 min　　　　D. ∞

6. 关于连串反应的各种说法中正确的是_____。

A. 连串反应进行时，中间产物的浓度定会出现极大值

B. 连串反应的中间产物的净生成速率等于零

C. 所有连串反应都可用稳态近似法处理

D. 在不考虑可逆反应时，达稳定态的连串反应受最慢的基元步骤控制

7. 某化学反应的方程式为 $2A\longrightarrow P$，则在动力学研究中表明该反应为_____。

A. 二级反应　　　B. 基元反应　　　C. 双分子反应　　　D. 以上都无法确定

8. 某二级反应，反应物消耗 $\dfrac{1}{3}$ 需时间 10 min，若再消耗 $\dfrac{1}{3}$ 还需时间为_____。

A. 10 min　　　　B. 20 min　　　　C. 30 min　　　　D. 40 min

9. $2M\rightarrow P$ 为二级反应，若 M 的起始浓度为 1 mol/dm^3，反应 1 h 后，M 的浓度减少 $\dfrac{1}{2}$，则反应 2 h 后，M 的浓度是_____。

A. $\dfrac{1}{4}$ mol/dm^3 　　　　　　　　B. $\dfrac{1}{3}$ mol/dm^3

C. $\dfrac{1}{6}$ mol/dm^3 　　　　　　　　D. 缺少 k 值无法求

7.4-4　习题

1. 在 298 K，某有机羧酸在 0.2 mol/dm^3 的 HCl 溶液中异构化为内酯的反应是 1-1 级对峙反应。当羧酸的起始浓度为 18.23（单位可任意选定）时，内酯含量随时间的变化见表 7-11。

表 7-11　内酯含量与时间的关系

$t/\min$	0	21	36	50	65	80	100	∞
内酯浓度/$\mathrm{mol \cdot dm^{-3}}$	0	2.41	3.73	4.96	6.10	7.08	8.11	13.28

试计算：

（1）反应的平衡常数；（2）正、逆反应的速率常数。

2. 某个 1-2 级对峙反应为：

$$A \underset{k_{-2}}{\overset{k_1}{\rightleftharpoons}} 2B$$

在 300 K 时，平衡常数 $K_c = 100\ \mathrm{mol/dm^3}$，恒容反应热 $\Delta_r U_m = -25.0\ \mathrm{kJ/mol}$，在反应的温度区间内可视为常数。已知正反应 $k_1 = \left\{ 10^9 \times \exp\left(-\dfrac{1000\ \mathrm{K}}{T} \right) \right\} \mathrm{s}^{-1}$，若反应从纯物质 A 开始，在 A 转化率为 50%时，物料总浓度为 0.3 $\mathrm{mol/dm^3}$。试求在这样的组成时使反应速率达到最大的最佳温度。

3. 有正、逆反应均为一级的对峙反应：

$$D{-}R_1R_2R_3CBr \underset{k_{-1}}{\overset{k_1}{\rightleftharpoons}} L{-}R_1R_2R_3CBr$$

正、逆反应的半衰期均为 $t_{\frac{1}{2}} = 10$ min。若起始 $D{-}R_1R_2R_3CBr$ 的物质的量为 1.0 mol。试计算在 10 min 后，生成 $L{-}R_1R_2R_3CBr$ 的量。

4. 在 800 K 时，有两个都是一级反应组成的某平行反应，设反应一为主反应，反应二为副反应：

$$A \begin{cases} \xrightarrow{k_1,\,E_{a1}} P(产物) \\ \xrightarrow{k_2,\,E_{a2}} S(副产物) \end{cases}$$

（1）当反应物 A 消耗一半所需时间为 138.6 s，试求反应物 A 消耗 99%所需的时间（设可以忽略副反应）。

（2）若不忽略副反应，当反应物 A 消耗 99%所需的时间为 837 s，试计算 $k_1 + k_2$ 的值。

5. 反应 $OCl^- + I^- {=\!=} OI^- + Cl^-$ 的可能机理如下：

（1）$OCl^- + H_2O \underset{k_{-1}}{\overset{k_1}{\rightleftharpoons}} HOCl + OH^-$　　　　快平衡$\left(K = \dfrac{k_1}{k_{-1}} \right)$

（2）$HOCl + I^- \xrightarrow{k_2} HOI + Cl^-$　　　　决速步

（3）$OH^- + HOI \xrightarrow{k_3} H_2O + OI^-$　　　　快反应

试推导出反应的速率方程，并求表观活化能与各基元反应活化能之间的关系。

6. N_2O_5 分解反应的历程如下：

（1）$N_2O_5 \underset{k_{-1}}{\overset{k_1}{\rightleftharpoons}} NO_2 + NO_3$

（2）$NO_2 + NO_3 \xrightarrow{k_2} NO + O_2 + NO_2$

（3）$NO + NO_3 \xrightarrow{k_3} 2NO_2$

（1）当用 O_2 的生成速率表示反应的速率时，试用稳态近似法证明：$r_1 = \dfrac{k_1 k_2}{k_{-1} + 2k_2}[N_2O_5]$；

（2）设反应（2）为决速步，反应（1）为快平衡，用平衡假设写出反应的速率表示式 r_2；

（3）在什么情况下，$r_1 = r_2$？

7. 已知某反应的计量方程式以及速率方程式，能否确定该反应是否为基元反应？

8. 什么是反应机理？

9. 零级反应是否是基元反应，具有简单级数的反应是否一定是基元反应，反应 $Pb(C_2H_5)_4 \Longrightarrow Pb + 4C_2H_5$ 是否可能为基元反应？

任务7.5　链　反　应

通过在反应过程中交替和重复产生的活性中间体（自由基或自由原子）而使反应持续进行的一类化学反应。如反应 $H_2 + Cl_2 \rightarrow 2HCl$ 的机理如下：

$$Cl_2 + M \longrightarrow 2Cl + M \tag{1}$$

$$Cl + H_2 \longrightarrow HCl + H \tag{2}$$

$$H + Cl_2 \longrightarrow HCl + Cl \tag{3}$$

$$2Cl + M \longrightarrow Cl_2 + M \tag{4}$$

在反应（1）中，靠热、光、电或化学作用产生活性组分——氯原子，随之在反应（2）和反应（3）中活性组分与反应物分子作用而交替重复产生新的活性组分——氯原子和氢原子，使反应能持续不断地循环进行下去，直到活性组分消失，此即链反应。反应中的活性组分称为链载体。

链反应的机理一般包括以下三个步骤。

（1）链引发。是依靠热、光、电、化学等作用在反应系统中产生第一个链载体的反应，一般为稳定分子分解为自由基的反应，如反应（1）。

（2）链的传递。由链载体与饱和分子作用产生新的链载体和新的饱和分子的反应，如反应（2）和反应（3）。

（3）链终止。链载体的消亡过程，如反应（4）。式中 M 为接受链终止所释放出能量的第三体（其他分子或反应器壁等）。

在链传递阶段，若一个旧的链载体消失只导致产生一个新的链载体，称为直链反应；若一个旧的链载体消失而导致产生两个或两个以上的新的链载体，则称为支链反应。

7.5.1　直链反应

在链反应中，活性组分自由基不断再生，自由价保持不变，例如以下反应：

$$Cl \cdot + H_2 \longrightarrow HCl + H \cdot$$

$$H \cdot + Cl_2 \longrightarrow HCl + Cl \cdot$$

反应中单自由价的氯原子（或氢原子）产生单自由价的氢原子（或氯原子）。

7.5.2　支链反应与爆炸界限

在链反应中，当一个单自由价的链载体和分子反应时，能产生多于一个的新自由基，为支链反应，例如下列反应：

$$H + O_2 \longrightarrow HO + O$$

$$O + H_2 \longrightarrow OH + H$$

再加上其他链传递过程： $OH+H_2 \longrightarrow H_2O+H$

不难看出，上述反应中，与核反应中一个中子能产生三个新中子一样，一个H产生三个新的H，依次类推。因此，在某些条件下，该反应的速率可变为无限大，因而可以发生爆炸。

表7-12中列举了部分可燃气体在空气中的爆炸极限数据。这些数据对化工生产及实验室的安全操作很有参考价值。值得说明的是，有的资料记载的爆炸极限比表中的数值更宽，因此实际工作中应尽可能在远离爆炸极限的条件下进行相关的操作，以确保安全。

表7-12　一些可燃气体在空气中的爆炸极限（体积分数）

气体	爆炸下限/%	爆炸上限/%	气体	爆炸下限/%	爆炸上限/%
氢气	4.1	74	戊烷	1.6	7.8
氨	16	27	乙烯	3.0	29
二硫化碳	1.24	44	丙烯	2	11
一氧化碳	12.5	74	乙炔	2.5	8.0
甲烷	5.3	14	苯	1.4	6.7
乙烷	3.2	12.5	甲醇	7.3	36
丙烷	2.4	9.5	乙醇	4.3	19
丁烷	1.9	8.4	乙醚	1.9	48

若有第三组分存在时，则爆炸下限和上限值都会发生变化，这时必须另行测定，而不能以表7-12为依据。

有时在一个有限空间内发生了强烈的放热反应，反应热一时无法散发，使系统温度骤升，而温度的升高又使反应速率加快，同时又放出更多的热量，如此循环，使反应速率不断地增加，最后导致爆炸，这样的爆炸称为热爆炸。例如，炸药在炸弹内爆炸、黑火药在爆竹内的爆炸等都是热爆炸。

在链的支化过程中生成了比链载体更为稳定的活泼分子（如有机过氧化物），而这种活泼性分子又能分解出多于一个的支链载体，使支化过程得以进行。但这种分子分解产生链载体的过程，比链载体所进行的反应要缓慢得多。这就是退化支链反应。某些有机物的液相氧化反应属于此类反应。

思考练习题

7.5-1 填空题

1. 链反应的三个基本步骤为＿＿＿＿＿、＿＿＿＿＿、＿＿＿＿＿。
2. 根据链的传递方式不同，可将链反应分为＿＿＿＿＿反应和＿＿＿＿＿反应。

7.5-2 判断题

1. 反应中的活性组分称为链载体。　　　　　　　　　　　　　　　　　　（　　）
2. 在链传递阶段，若一个旧的链载体消失只导致产生一个新的链载体，称为支链反应。（　　）

7.5-3 单选题

氢和氧的反应发展为爆炸是因为＿＿＿＿＿＿。

A. 大量的引发剂引发　　　　　　　　B. 直链传递的速度增加

C. 自由基被消除　　　　　　　　　　D. 生成双自由基形成支链

7.5-4　习题

已知 N_2O_5 的分解反应机理为：

（1）$N_2O_5 \underset{k_{-1}}{\overset{k_1}{\rightleftharpoons}} NO_2 + NO_3$

（2）$NO_2 + NO_3 \overset{k_2}{\longrightarrow} NO + O_2 + NO_2$

（3）$NO + NO_3 \overset{k_3}{\longrightarrow} 2NO_2$

1）用稳态近似法证明它在表观上为一级反应；

2）在 298 K 时，N_2O_5 分解的半衰期为 342 min，求表观速率常数和分解完成 80% 所需的时间。

任务 7.6　催 化 作 用

7.6.1　催化作用及其催化剂的基本特征

　　能改变化学反应速率，而本身的数量和化学性质在反应前后并不改变的物质称为催化剂。催化剂改变反应速率的作用称为催化作用，有催化剂参加的反应称为催化反应。使反应速率加快的催化剂称为正催化剂，使反应速率减慢的催化剂称为负催化剂。通常的催化剂一般作为指正催化剂。催化剂在工业上的应用广泛，无机化工原料硝酸、硫酸、合成氨的生产、汽油、煤油、柴油的精制，橡胶及化纤单体的合成和聚合等，都是随着催化剂的研制成功而实现的。现代化学工业产品 80% 是由催化过程生产的，生物体内的各种生化反应也是靠酶催化来进行的。甲苯是重要的化工原料，由存在于石油中的甲基环己烷脱氢制得，因该反应极慢，长时间不能用于工业生产，直到发现能显著加速反应的 Cu、Ni 催化剂后，才有了工业生产价值。某些反应如金属腐蚀，加入缓蚀剂可减慢其反应速率，延缓腐蚀，缓蚀剂起负催化的作用。

　　催化剂具有以下特征。

　　（1）在催化反应过程中催化剂参与了反应，改变了反应历程和反应活化能。物理性质可能发生变化。例如，MnO_2 催化 $KClO_3$ 分解时由粒状变为粉状；Pt 催化氨氧化时，其表面变得粗糙等。但反应终了时，催化剂的化学性质和数量都不变。

　　（2）催化剂只能缩短达到平衡的时间，而不能改变平衡状态。催化剂对正向反应和逆向反应的速率都按相同的比例加速，即不能改变平衡常数。由此可得出以下结论：在一定反应条件下，对正反应是优良的催化剂必然也是逆向反应的优良催化剂。这一规律在选择催化剂中得到应用，如合成氨反应需要高压，因此可在常压下用氨的分解实验寻找合成氨的催化剂。

　　（3）催化剂不改变反应热。这一特点可以方便地用来在较低温度下测定反应热。许多非催化反应常需在高温下进行反应热测定，在有适当催化剂时，则可在接近常温下进行测定，这显然比高温下测定要容易得多。

　　（4）催化剂具有选择性。所谓选择性是指当一个反应系统中同时可能存在几种反应时，催化剂的存在可以使其中某反应的速率显著改变，而使另外一些反应的速率改变很小，甚至不改变，从而使反应朝着需要的方向进行。一种催化剂往往对某种或某几种特定的反应起催化作用，因此催化剂具有选择性。例如，V_2O_5 宜于催化 SO_2 氧化反应；铁宜于合成氨生产等。相同的反应物采用不同的催化剂，会得到不同的产物。根据这一特性，可由一种原料制取多种产品。

工业上常用下式来定义催化剂的选择性：

$$选择性 = \frac{转化为目标产品的原料量}{原料总的转化量} \times 100\%$$

7.6.2 催化剂的活性及其影响因素

催化剂的活性是指催化剂的催化能力，即在指定条件下，单位时间内单位质量（或单位体积）的催化剂能生成的产物量。许多催化剂在开始使用时，活性从小到大，逐渐达到正常水平，活性稳定一段时间后又下降，直至"衰老"而不能使用。催化剂的活性稳定期称为催化剂的寿命，其长短因催化剂的种类和使用条件而异。"衰老"的催化剂有时可以用再生的办法（如灼烧或化学处理）使之重新活化。催化剂在活性稳定期可能因接触少量杂质而使其活性立刻下降，这种现象称为催化剂中毒，这些少量杂质称为催化剂的毒物。例如，氨在铂网上被空气氧化时，在混合气体中只要有一亿分之一的磷化氢（PH_3），就能显著地影响铂的催化活性；只要有一亿分之二十二的 PH_3，就能使铂完全失去活性。如果催化剂消除中毒因素后活性仍能恢复，称为暂时性中毒，否则为永久性中毒。

在实际应用中，催化剂通常不是单一的物质，而是由多种物质组成。催化剂分为催化剂的主体部分与载体部分。主体部分由主催化剂与助催化剂构成，其中能使所研究的反应速率得到显著改善的主要活性组分，称为主催化剂；而助催化剂是指本身没有催化活性或催化活性很小，但是能提高催化活性物质的活性、选择性或稳定性的组分。在催化剂的制备中，为了充分发挥催化剂的效率，常常将催化剂分散在表面积很大的多孔性惰性物质上，这种物质称为载体。常用的载体有硅胶、氧化铝、浮石、石棉、活性炭、硅藻土等。

7.6.3 催化反应的一般机理及速率系数

催化剂之所以能改变反应速率，是由于催化剂与反应物生成不稳定的中间化合物，改变了反应途径，改变了表观活化能，或改变了表观指前因子。因为活化能在阿仑尼乌斯方程的指数项上，所以活化能的降低对反应的加速尤为显著。

假设催化剂 K 能加速反应 A+B →AB，该反应机理为：

$$A+K \underset{k_{-1}}{\overset{k_1}{\rightleftharpoons}} AK \tag{7-19a}$$

$$AK+B \xrightarrow{k_2} AB+K \tag{7-19b}$$

若这里的对峙反应能很快达到平衡，则：

$$\frac{k_1}{k_{-1}} = K_c = \frac{c_{AK}}{c_A c_K}$$

$$c_{AK} = \frac{k_1}{k_{-1}} c_A c_K$$

总反应速率为：

$$\frac{dc_{AB}}{dt} = k_2 c_{AK} c_B = k_2 \frac{k_1}{k_{-1}} c_K c_A c_B = k c_A c_B$$

其中

$$k = k_2 \frac{k_1}{k_{-1}} c_K$$

k 称为催化反应的表观速率系数，其值不仅与温度及催化剂性质有关而且与催化剂浓度有关。

7.6.4　催化反应的活化能

将式（7-19）中各基元反应的速率系数用阿仑尼乌斯方程 $k = A_i \exp\left(-\dfrac{E_a}{RT}\right)$ 表示，得：

$$k = A_2 \frac{A_1}{A_{-1}} c_K \exp\left(-\frac{E_1 - E_{-1} + E_2}{RT}\right) = A c_K \exp\left(-\frac{E}{RT}\right) \tag{7-20}$$

式中，A 为表观指前因子，$A = \dfrac{A_1 A_2}{A_{-1}}$。由式（7-20）可以看出，总反应的表观活化能 E 与各基元反应活化能的关系为：

$$E = E_1 - E_{-1} + E_2$$

上述机理可用能峰示意图表示，如图 7-9 所示。在图 7-9 中，非催化反应要克服一个高的能峰，活化能为 $E_{非催化}$。在催化剂 K 参与下，反应途径改变，只需翻越两个小的能峰，这两个小能峰总的活化能 $E_{催化}$ 为 E_1、E_{-1} 与 E_2 的代数和。因此，只要催化反应的表观活化能 $E_{催化}$ 小于非催化反应的活化能 $E_{非催化}$，则在指前因子变化不大的反应途径下，反应速率显然是要增加的。

由这个机理并结合图 7-9 可以推想，催化剂应易于与反应物作用，即 E_1 要小，但二者的中间化合物 AK 不应太稳定，即 AK 的能量不应太低，否则下一步反应的活化能 E_2 就要增大，不利于反应进行到底。因此，那些不宜与反应物作用，或虽能作用但生成稳定中间化合物的物质不能成为催化剂。

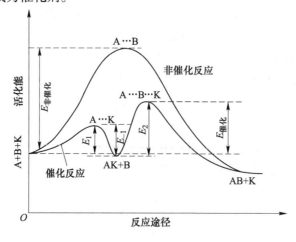

图 7-9　催化反应与非催化反应活化能

7.6.5　常见的催化反应

按反应机理进行分类，可将催化反应分为酸碱型催化反应、氧化还原型催化反应；按反应类型分类，可分为加氢、脱氢、氧化、羰基化、聚合、卤化、裂解、水合、烷基化、异构化等。

催化反应分为单相反应和多相反应两种。单相反应是在气态下或液态下进行的，反应过程中的温度、压力及其他条件较易调节，危险性较小。在多相反应中，催化作用发生于相界面及催化剂的表面上，这时温度、压力较难控制。危险性较大。催化反应应当正确选择催化剂，催化剂加量适当，保证散热良好，防止局部反应激烈，并注意严格控制温度。如果催化反应过程能够连续进行，采用温度自动调节系统，就可以减少其危险性。

在催化反应中，当原料气中杂质和催化剂发生反应，可能会生成爆炸性危险物，这是非常危险的。例如，在乙烯催化氧化合成乙醛的反应中，由于在催化剂体系中含有大量的亚铜盐，若原料气中含有乙炔过高，则乙炔与亚铜反应生成乙炔铜，其为红色沉淀，自燃点在 $260 \sim 270 \ ^\circ\text{C}$，在干燥状态下极易爆炸，在空气作用下易氧化并燃烧。烃与催化剂中的金属盐作用生成难溶性的钯块，不仅使催化剂组成发生变化，而且钯块也极易引起爆炸。

在催化反应过程中有的产生氯化氢，有腐蚀和中毒危险；有的产生硫化氢，则中毒危险性更大。另外，硫化氢在空气中的爆炸极限较宽，生产过程还有爆炸危险性。在产生氢气的催化反应中，有更大的爆炸危险性，尤其高压下，氢的腐蚀作用使金属高压容器脆化，从而造成破坏性事故。

—— 思考练习题 ——

7.6-1　填空题

1. 催化反应分为_____和_____两种。
2. 催化剂的活性是指_____。
3. 催化剂是指_____。

7.6-2　判断题

1. 在催化反应中，当原料气中杂质和催化剂发生反应，可能会生成爆炸性危险物。　　（　　）
2. 在催化反应过程中有的产生氯化氢，有腐蚀和中毒危险。　　（　　）
3. 催化剂之所以能改变反应速率，是由于催化剂与反应物生成不稳定的中间化合物，改变了反应途径，改变了表观活化能，或改变了表观指前因子。　　（　　）

7.6-3　多选题

催化剂的特征有_____。

A. 在催化反应过程中催化剂参与了反应，改变了反应历程和反应活化能
B. 催化剂只能缩短达到平衡的时间，而不能改变平衡状态
C. 催化剂不改变反应热
D. 催化剂具有选择性

任务 7.7　实验：乙酸乙酯皂化反应速率常数测定

7.7.1　实验目的

（1）通过测定乙酸乙酯皂化反应过程电导率的变化，求反应的速度常数及其活化能；

（2）会使用电导率仪。

7.7.2　实验原理

对于二级反应 A+B →产物，若 A、B 两物质起始浓度相同，用 c_0 表示，则反应速率方程式为：

$$\frac{dx}{dt} = k(c_0 - x)^2 \tag{7-21}$$

式中，x 是时间为 t 时反应物消耗掉的摩尔数，将式（7-21）积分，得：

$$k = \frac{1}{tc_0} \frac{x}{c_0 - x} \tag{7-22}$$

以 $\dfrac{x}{c_0 - x}$-t 作图为一直线，从直线的斜率可求出反应速率常数 k。

乙酸乙酯皂化反应是二级反应，其反应式为：

$$CH_3COOC_2H_5 + Na^+ + OH^- \longrightarrow CH_3COO^- + Na^+ + C_2H_5OH$$

设　　　$t=0$ 时　　　　a　　　　　b　　　　　0　　　　　　0

　　　　$t=t$ 时　　　$a-x$　　　$b-x$　　　　x　　　　　x

反应速度方程为：

$$\frac{dx}{dt} = k(a-x)(b-x) \tag{7-23}$$

当 $a=b$ 时，积分得：

$$\frac{x}{a(a-x)} = kt \tag{7-24}$$

如果已知反应物的初浓度 a，只要测出 t 时的 x 值，反应速度常数 k 即可求。

本实验不是采用直接测定浓度 x 的方法，而是通过测定反应过程中溶液电导率 κ 的变化来求得浓度随时间变化的规律。由于反应物 $CH_3COOC_2H_5$ 和生成物 C_2H_5OH 导电能力很小，可不考虑，而 Na^+ 在反应前后浓度不变，因而反应进程中导电能力的改变是因为导电能力强的 OH^- 逐渐被导电能力弱的 CH_3COO^- 取代的缘故。显然，电导率的减少值与生成物醋酸钠的浓度 x（在溶液中可认为它全部电离，所以也即 CH_3COO^- 的浓度）的增大成正比。

设时间为 0、t、∞ 时溶液的电导率分别为 κ_0、κ_t、κ_∞，反应有以下关系式存在：

$$\kappa_0 - \kappa_t = Ax \tag{7-25}$$

$$\kappa_0 - \kappa_\infty = Aa \tag{7-26}$$

式中，A 是与温度、电解质性质、溶剂等因素有关的比例常数。

将式（7-25）和式（7-26）代入式（7-24），得：

$$k = \frac{1}{ta} \frac{\kappa_0 - \kappa_t}{\kappa_t - \kappa_\infty} \tag{7-27}$$

整理得：

$$\kappa_t = \frac{1}{ak} \frac{\kappa_0 - \kappa_t}{t} + \kappa_\infty \tag{7-28}$$

以 κ_t 对 $\dfrac{\kappa_0-\kappa_t}{t}$ 作图得一直线，斜率为 $\dfrac{1}{ak}$，反应速率常数 k 即可求得。

7.7.3　实验器皿与试剂

实验器皿：恒温槽 1 个；DDS-11 型电导率仪 1 个；"人"字形电导池 1 个；DJS-1 型铂黑电导电极 1 根；秒表 1 块；10 mL 移液管 2 根；小烧杯 1 个；洗耳球 1 个。

实验试剂：0.0200 mol/L 氢氧化钠溶液；0.020 mol/L 乙酸乙酯溶液；0.0200 mol/L 标准氯化钾溶液。

7.7.4　实验步骤

（1）调节恒温槽温度至 20 ℃，分别用移液管吸取 10 mL 蒸馏水和 10 mL 0.0200 mol/L 的 NaOH 溶液于干净的"人"字形电导池中，混合均匀，将铂黑电导电极用蒸馏水淋洗干净，并用滤纸小心吸干（滤纸切勿触及两极的铂黑，以防铂层抹掉），插入溶液中。把电导池置于恒温槽中，待恒温后，按电导率仪操作步骤接通电导率仪，测定溶液的电导率，即为 κ_0。

（2）分别用移液管吸取 10 mL 0.0200 mol/L 的 $CH_3COOC_2H_5$ 溶液和 0.0200 mol/L NaOH 溶液于另一干洁的"人"字形电导池的直支管和侧支管中（注意勿使两溶液混合），将电导池置于恒温槽中，铂黑电导电极也置于电导池中。恒温数分钟后，就在恒温槽中将电导池两支管中溶液往返混合数次，使溶液混合均匀，同时按秒表，开始记录反应时间（秒表打开后不能按停，直至实验结束）。继续恒温，待秒表指针达 2 min 时，从电导率仪上读取并记下电导率数值，随后每隔 2 min 测一次，连测五次；以后每隔 3 min 测一次，连测 5 次；每隔 5 min 再测三次，即可结束。

（3）重复上述步骤，测定 30 ℃时反应液电导率随时间的变化值。

（4）实验结束后，关闭电源，倾去溶液，洗净电导池，用蒸馏水淋洗铂黑电导电极并浸入蒸馏水中备用。

7.7.5　数据记录与处理

7.7.5.1　数据记录

实验温度：30 ℃　　　　　　　气压：101.78 kPa

t/min	2	4	6	8	10	13	16
κ_t/mS·cm^{-1}	2.41	2.24	2.11	2.00	1.92	1.82	1.74
$(\kappa_0-\kappa_t)$/mS·cm^{-1}							
$\dfrac{\kappa_0-\kappa_t}{t}$/mS·cm^{-1}·min^{-1}							

t/min	19	22	25	30	35	40
κ_t/mS·cm^{-1}	1.67	1.62	1.58	1.52	1.48	1.44
$(\kappa_0-\kappa_t)$/mS·cm^{-1}						
$\dfrac{\kappa_0-\kappa_t}{t}$/mS·cm^{-1}·min^{-1}						

7.7.5.2　数据处理

分别计算出二种温度下的各时间 t 对应的 $\dfrac{\kappa_0-\kappa_t}{t}$，将其值填入上表，并以 κ_t 对 $\dfrac{\kappa_0-\kappa_t}{t}$ 作图各得一直线（见图7-10），由斜率求得反应速率常数 k。

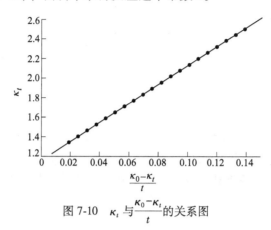

图 7-10　κ_t 与 $\dfrac{\kappa_0-\kappa_t}{t}$ 的关系图

根据图 7-10 可求得直线的斜率，再由斜率求得反应速率常数 k。

本章小结

拓展阅读

项目 8 电 化 学

学习目标

(1) 了解原电池反应原理；

(2) 能够根据原电池电动势计算相关热力学函数；

(3) 了解电极的类型，能够运用能斯特方程进行相关计算；

(4) 掌握法拉第定律及相关计算；

(5) 了解离子电迁移现象，掌握电迁移规律；

(6) 掌握电导率，摩尔电导率等物理量的计算方法；

(7) 了解金属的腐蚀过程，能够提出金属防腐的有效方案。

电化学是研究电能和化学能之间相互转化规律的科学。将化学能转换为电能的装置，称为原电池；而将电能转换为化学能的过程称为电解，相应的装置被称为电解池。

电化学是物理化学中的一个重要组成部分，其理论研究和实际应用都有着重要的意义。本项目将结合物理化学中热力学的相关知识，对电化学的相关内容进行学习。

任务 8.1 原 电 池

8.1.1 原电池的定义及表示方法

8.1.1.1 原电池的定义

原电池是通过氧化还原反应产生电流的装置。通过原电池，可以将化学能转变成电能。有的原电池反应是可逆的，因此可以构成可逆电池；而有的原电池则不属于可逆电池。原电池放电时，负极发生氧化反应，正极发生还原反应。例如铜锌原电池（又称丹尼尔电池，见图 8-1），其正极是铜极，浸在硫酸铜溶液中；负极是锌板，浸在硫酸锌溶液中。两种电解质溶液用盐桥连接，两极用导线相连就组成原电池。

平时生活中所使用的干电池，也是根据原电池原理制成的。因此，根据原电池的定义，普通的干电池、蓄电池、燃料电池都可以称为原电池。

构成原电池需要如下条件：

（1）活动性不同的两种金属（或一种金属、一种能导电的非金属，如石墨）作为两个电极；

（2）两个电极必须以导线相连或直接接触；

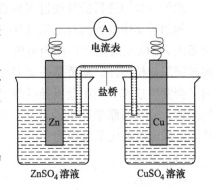

图 8-1 原电池

（3）电极插入电解质溶液中形成闭合回路。

原电池可分为一次电池（如干电池等一次性使用的）、二次电池（可以反复充电使用的蓄电池等）和燃料电池。

8.1.1.2　原电池的表示方法

电池的组成和结构最直接的表示方法是用图像，但是该法比较麻烦。相对简便的方法是采用化学式和符号。例如，有盐桥的丹尼尔（Daniell）电池可用以下符号表示：

$$Zn(s) \mid ZnSO_4(c_1) \parallel CuSO_4(c_2) \mid Cu(s)$$

按惯例，电池的表示方法应注意以下要点。

（1）负极写在左边（发生氧化反应），正极写在右边（发生还原反应）。

（2）用单垂线"｜"表示相界面，包括电极与溶液之间、一种溶液与另一种溶液之间、两个不同浓度的同种溶液之间的界面；双垂线"‖"表示盐桥。需要指出的是，盐桥的存在可使不同电解质溶液间的液接电势略有降低（1~2 mV），且不能完全消除。

（3）要注明温度和压力。如不写明，一般指 298.15 K 和标准态压力 10^5 Pa；一般要标明电极的物态（若是气体则要注明压力和所依附的惰性电极种类），以及所用电解质溶液的活度（稀溶液可用浓度表示）。

8.1.2　可逆电池与不可逆电池

原电池是利用不同电极上发生的氧化还原反应，将化学能转换为电能的装置。在可逆反应过程中，当压力 p 和温度 T 恒定时，电池反应的 $\Delta G = W'_r$，即化学能转化为电功，因此可通过测定可逆电池的电动势，来求取该电池反应的 ΔG，进而根据相关热力学方程获得其他热力学函数。因此，研究可逆电池具有重要的理论意义。

8.1.2.1　可逆电池

可逆电池是指电池充、放电时进行的任何反应与过程都必须是可逆的。构成可逆电池需要同时满足以下两个条件。

（1）化学反应可逆。可逆电池放电反应与充电反应必须互为逆反应。

（2）能量变化可逆。可逆电池在工作时，不论是充电还是放电，所通过的电流必须十分微小，电池是在接近平衡的状态下工作的。即不会有电功不可逆地转化为热的现象发生。

此外电池中进行的其他过程也必须是可逆的。

例如前文中提到的丹尼尔（Daniel）电池（即铜-锌电池），该电池是由锌电极（将锌片插入 $ZnSO_4$ 水溶液中）作为负极，由铜电极（铜片插入 $CuSO_4$ 水溶液中）作为正极，两溶液间用盐桥相连。盐桥是一支 U 形管，充满用 KCl 饱和的琼脂冻，在电势差的作用下，离子会发生迁移。当用金属导线将锌片和铜片连接起来，中间串有电流计，电流计指针发生偏转，证明回路中有电流产生。根据电流计指针偏转方向，可知电子由 Zn 片流向 Cu 片。其放电时的电极反应为：

（1）负极：　　　　　　　　　　$Zn - 2e^- === Zn^{2+}$

（2）正极：　　　　　　　　　　$Cu^{2+} + 2e^- === Cu$

将这种把负极和正极分别置于不同溶液中的电池，称为双液电池。该电池电极反应虽具可逆性，但因在液体接界处的扩散过程是不可逆的，故严格地讲双液电池均为不可逆电池。

但若不考虑液体接界处的不可逆性，在可逆充、放电的条件下，可将丹尼尔电池近似按可逆电池处理，当外界充电电压大于电池自身的电动势时，将发生下列充电反应：

（1）阴极： $$Zn^{2+} + 2e^- \text{===} Zn$$

（2）阳极： $$Cu - 2e^- \text{===} Cu^{2+}$$

由此可以看出，该铜锌电池的化学反应可逆。

8.1.2.2 不可逆电池

若在电池反应时，反应不可逆，则为不可逆电池。如图 8-2 所示，将金属铜和锌插入稀硫酸中构成的电池就不是可逆电池。

其放电时的电极反应为：

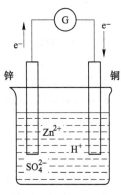

（1）正极反应： $$2H^+ + 2e^- \text{===} H_2$$

（2）负极反应： $$Zn - 2e^- \text{===} Zn^{2+}$$

当外界充电电压大于电池自身的电动势时，原电池将发生充电反应，但是由于电解质溶液为稀硫酸，溶液中有大量游离的 H^+，根据离子放电顺序，H^+ 先于 Zn^{2+} 放电，其电极反应为：

（1）阳极反应： $$Cu - 2e^- \text{===} Cu^{2+}$$

（2）阴极反应： $$2H^+ + 2e^- \text{===} H_2$$

图 8-2　$Zn-Cu-H_2SO_4$ 原电池

通过对比该原电池的电极反应可以得知，放电时与充电时的电极反应并不完全相同，故该铜锌电池的化学反应不可逆。

8.1.3 原电池的电动势

可逆电池电动势的测定必须在电流无限接近于零的条件下进行。因有电流通过时，极化作用的存在将无法测得可逆电池电动势，极化作用将在后续章节进行讨论。

对消法测量原电池电动势是常采用的一种方法，其原理是外加一个方向相反、大小可调的电动势，用于对抗待测原电池的电动势。调整外加电动势的大小，使电路中电流恰好为 0 时，外加电动势的大小即与原电池电动势数值相等，只是方向相反。

对消法测量原电池电动势线路如图 8-3 所示。E_s 为标准电池，E 为工作电池，E_x 为待测电池。工作电池 E 经 AB 与待测电池 E_x 构成一个通路，在滑动变阻器 AB 上产生均匀电势降。待测电池的正极经过检流计和工作电池的正极相连；负极连接到滑动变阻器的接触点上。这样，就在待测电池的外电路中加上了一个方向相反的电势差，它的大小由滑动接触点所在的位置决定。改变滑动接触点的位置，找到点 P，若开关闭合时，检流计中无电流通过，则待测电池的电动势恰为 AP 段的电势差完全抵消。

为了求得 AP 段的电势差，可换用标准电池与开关相连。标准电池的电动势 E_s 是已知的，而且保持恒定。用同样方法可以找出检流计中无电流通过的另一点 P'。AP' 段的电势差就等于 E_s。因电势差与电阻线的长度成正比，故待测电池的电动势为：

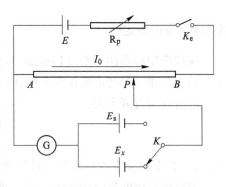

图 8-3　对消法测电动势

$$E_x = E_s \frac{AP}{AP'}$$

思考练习题

8.1-1　填空题

1. 利用_____反应而使_____能转变为_____能的装置就是原电池。

2. 电化学是研究_____和_____间相互关系的学科。

3. 原电池装置中，要使_____反应和_____反应分隔在两处进行。

8.1-2　判断题

1. 在书写电池中的负极反应和正极反应时，得、失电子数可以不同。　　　　（　　）

2. 只要发生化学反应我们就可以将其设计成原电池。　　　　　　　　　　（　　）

3. 生活中用到的电池都是可逆电池。　　　　　　　　　　　　　　　　　（　　）

8.1-3　单选题

1. 关于原电池的下列叙述中，错误的是_____。

A. 盐桥中的电解质可以保持两半电池中的电荷平衡

B. 盐桥用于维持电池反应的进行

C. 电子通过盐桥流动

D. 可以采用 KCl-琼脂作为盐桥填充物

2. 电解质溶液的导电能力_____。

A. 随温度升高而减小

B. 随温度升高而增大

C. 与温度无关

D. 因电解质溶液种类不同，有的随温度升高而减小，有的随温度升高而增大

3. 丹尼尔电池（铜-锌电池）在放电和充电时锌电极分别称为_____。

A. 负极和阴极　　　　　B. 正极和阳极　　　　　C. 阳极和负极　　　　　D. 阴极和正极

8.1-4　问答题

1. 请举例说明原电池的放电原理。

2. 原电池的两个电极分别发生什么反应？

任务 8.2　原电池热力学

8.2.1　法拉第定律

法拉第定律是法拉第（Faraday M）研究电解时从实验结果归纳得出的，它表示通过电极的电荷量与参与电极反应的物质的量之间的关系。

电极反应可表示为：

$$M^{z+} + ze^- \Longrightarrow M$$

$$A^{z-} - ze^- \Longrightarrow A$$

其中，z 为电极反应的电荷数（即转移电子数），取正值。

当电极反应的反应进度为 ξ 时，通过电极的元电荷的物质的量为 $z\xi$，通过的电荷数为

$zN_A\xi$（N_A 为阿伏伽德罗常数），因每个元电荷的电荷量为 e，故通过的电荷量为 $Q=zN_Ae\xi$。因 $F=N_Ae$ 为法拉第常数，故得出通过电极的电荷量正比于电极反应的反应进度与电极反应电荷数的乘积，即：

$$Q=zF\xi \tag{8-1}$$

式（8-1）为法拉第定律。

因为 $N_A=6.0221367\times10^{23}$ mol^{-1} 和 $e=1.60217733\times10^{-19}$ C，所以 $F=N_Ae=96485.309$ C/mol。在一般计算中可近似取 $F=96485$ C/mol。

例如：（1）电极反应 $Ag^++e^-\rightleftharpoons Ag$（电解 $AgNO_3$ 溶液时的阴极反应），$z=1$，当 $Q=96485$ C 时，得：

$$\xi=\frac{Q}{zF}=\frac{96485}{1\times96485}=1\ (mol)$$

$$\xi=\frac{\Delta n(Ag)}{v(Ag)}=\frac{\Delta n(Ag^+)}{v(Ag^+)}$$

$$\Delta n(Ag)=v(Ag)\xi=1\ mol,\ \Delta n(Ag^+)=v(Ag^+)\xi=-1\ mol$$

即每有 1 mol Ag^+ 被还原或 1 mol Ag 沉积下来，通过的电荷量一定为 96485 C。

（2）电极反应 $Cu=Cu^{2+}+2e^-$（Cu 电极电解 $CuSO_4$ 水溶液时的阳极反应），$z=2$，当 $Q=96485$ C 时，得：

$$\xi=\frac{Q}{zF}=\frac{96485}{2\times96485}=0.5\ (mol)$$

又因为 $\xi=\frac{\Delta n(Cu)}{v(Cu)}$ 得：$\Delta n(Cu)=v(Cu)\xi=-0.5\ mol$。

但同一电极反应。若写作：

$$\frac{1}{2}Cu=\frac{1}{2}Cu^{2+}+e^-$$

$z=1$，当 $Q=96485$ C 时，得：

$$\xi=\frac{Q}{zF}=\frac{96485}{1\times96485}=1(mol)$$

由于 $\xi=\frac{\Delta n(Cu)}{v(Cu)}$，现 $v(Cu)=-0.5$，得：

$$\Delta n(Cu)=v(Cu)\xi=-0.5\ mol$$

需要说明的是，法拉第定律虽是在研究电解时归纳出来的，但它对原电池放电过程的电极反应也是适用的。

法拉第定律没有使用的限制条件，适用于任何温度和压力，是自然界中最准的定律之一，各种电量计就是基于该定律设计的。法拉第定律不仅适用于电解池，也适用于原电池的电极反应，它对电化学的发展起到了奠基的作用。

依据法拉第定律，人们往往通过分析测定电解过程中电极反应的反应物或产物物质的量的变化（常常测量阴极上析出的物质的量）来计算电路中通过的电荷量，相应的测量装置称为电量计或库仑计。最常用的有银电量计、铜电量计等。

8.2.2　由可逆电动势计算电池反应的 $\Delta_r G_m$

电化学系统热力学建立了可逆电池的电动势与相应的电池反应的热力学函数变之间的关系，因而可以通过对前者的精确测量来确定后者。

当压力 p 和温度 T 恒定时，对于可逆电池 $\Delta_r G_m = W_r'$。根据 $W_r' = -zEF$，得：

$$\Delta_r G_m = -zEF \tag{8-2}$$

式中，E 为电池电动势；F 为法拉第常数。

由式(8-2)可见，若一化学反应 $\Delta_r G_m < 0$，则 $E > 0$，说明在恒温恒压下，原电池中发生可逆的化学反应，该反应吉布斯函数的减少全部转变为对环境做的电功。利用该规律，可以通过测定一定温度和压力下原电池的可逆电动势 E 计算电池反应的摩尔吉布斯函数变 $\Delta_r G_m$。

需要指出的是，同一原电池，若电池反应计量式写法不同，转移电子数不同，但该电池的电动势不变，而与计量式对应的摩尔吉布斯函数变则不同，故电池反应的摩尔吉布斯函数变应与电池反应计量式相对应。

8.2.3　由原电池电动势的温度系数计算电池反应的 $\Delta_r S_m$

根据式(3-71)，当压力恒定时，得：

$$\left(\frac{\partial \Delta_r G_m}{\partial T} \right)_P = -\Delta_r S_m \tag{8-3}$$

将式(8-3)代入式(8-2)，得：

$$\Delta_r S_m = \left(\frac{\partial \Delta_r G_m}{\partial T} \right)_P = zF \left(\frac{\partial E}{\partial T} \right)_P \tag{8-4}$$

式中，$\left(\frac{\partial E}{\partial T} \right)_P$ 为原电池电动势的温度系数，它表示恒压下电动势随温度的变化率，V/K，其值可通过实验测定一系列不同温度下的电动势求得。式(8-4)可以用来计算电池反应的 $\Delta_r S_m$。

8.2.4　由电动势及电动势温度系数计算电池反应的 $\Delta_r H_m$

根据式 $\Delta_r G_m = \Delta_r H_m - T\Delta_r S_m$ 和式(8-2)，得：

$$-zFE = \Delta_r H_m - zFT \left(\frac{\partial E}{\partial T} \right)_P \tag{8-5}$$

$$\Delta_r H_m = -zEF + zFT \left(\frac{\partial E}{\partial T} \right)_P \tag{8-6}$$

式(8-6)可以用来计算电池反应的 $\Delta_r H_m$。依此式计算出的 $\Delta_r H_m$ 是在反应没有非体积功的情况下进行时的恒温恒压反应热。电池的电动势能够精确地测量，故按式(8-6)计算出来的 $\Delta_r H_m$ 往往比用量热法测得的更为准确。

8.2.5　原电池可逆放电时的反应热

原电池可逆放电时，化学反应热为可逆热 Q_r，在恒温下 $Q_r = T\Delta S$，将式(8-4)代入，得：

$$Q_r = T\Delta_r S_m = zFT\left(\frac{\partial E}{\partial T}\right)_P \tag{8-7}$$

由式(8-7)可知，在恒温下电池可逆放电时，

（1）若$\left(\frac{\partial E}{\partial T}\right)_P = 0$，即$Q_r = 0$，则电池不吸热也不放热；

（2）若$\left(\frac{\partial E}{\partial T}\right)_P < 0$，即$Q_r < 0$，则电池向环境放热；

（3）若$\left(\frac{\partial E}{\partial T}\right)_P > 0$，即$Q_r > 0$，则电池从环境吸热。

需要指出的是，电池反应的可逆热，不是该反应的恒压反应热，因为通常所说的反应热要求过程无非体积功，电池可逆热是有非体积功的过程热。

例 8-1

25 ℃时，电池 $Ag\,|\,AgCl(s)\,\|\,HCl(g)\,|\,Cl_2(g, 100\ kPa)\,|\,Pt$的电动势 $E = 1.136\ V$，电动势的温度系数$\left(\frac{\partial E}{\partial T}\right)_p = -5.95 \times 10^{-4}\ V/K$。电池反应为：

例 8-1 解析

$$Ag + \frac{1}{2}Cl_2(g, 100\ kPa) \longrightarrow AgCl(s)$$

试计算该反应的 ΔG、ΔS、ΔH 和电池恒温可逆放电时过程的可逆热 Q_r。

思考练习题

8.2-1 填空题

1. 在电池反应过程中，两个电极上发生化学变化的物质_____与通入的_____成正比。

2. 在电解池中，与外电源_____极相连的电极称为阳极，在阳极上总是_____电子、发生_____反应。

8.2-2 判断题

1. 描述电极上通过的电量与已发生电极反应的物质的量之间的关系是能斯特方程。　　　　（   ）

2. 将 $AgNO_3$ 和 $CuCl_2$ 溶液用适当装置串联，通过一定电量后，各阴极上析出金属的质量相同。

（   ）

3. 法拉第定律适用于所有液态和固态导电物质。　　　　　　　　　　　　　　（   ）

8.2-3 单选题

1. 在一个电解槽进行电解反应时，通过的电流为 15 A，电流效率 91%，通电 5 min 后，进行主产物电解反应所消耗电量是_____。

A. 4500 C   B. 4095 C   C. 4945 C   D. 无法计算

2. 用 0.1A 的电流，从 200 mL 浓度为 0.1 mol/L 的 $AgNO_3$ 溶液中分离，从溶液中分离一半 Ag 所需时间为 _____。

A. 10 min   B. 16 min   C. 100 min   D. 160 min

8.2-4　问答题

1. 在电解过程中实际消耗的电量比理论计算量要大，为什么？

2. 从 0.5 mol/L 的 $CuSO_4$ 溶液电解得到 1 mol 的 Cu 与从 1 mol/L 的 $AgNO_3$ 得到 1 mol 的 Ag 所用电量是否相同？

8.2-5　习题

1. 以铂为电极，当强度为 0.10 A 的电流通过 $AgNO_3$，溶液时，在阴极有银析出，同时阳极放氧气。试计算通电 10 min 后：

（1）阴极析出银的质量；

（2）温度为 298 K，压力为 100 kPa 时，析出氧气的体积。

2. 在电路中串联两个库仑计，一个是银库仑计，一个是铜库仑计，当有一法拉第的电荷量通过电路时。试问两个库仑计上分别析出多少摩尔的银和铜？

任务 8.3　电极电位及能斯特方程

8.3.1　可逆电极的类型

可逆电池是由可逆电极构成的，主要有以下三类。

8.3.1.1　第一类电极

这类电极主要包括金属电极或者是将吸附了某种气体的惰性金属置于含有该元素离子的溶液中，包括金属电极、氢电极等。

A　金属电极

金属电极是指金属和电解质溶液中该金属离子达到平衡的电极，如将铜棒插入含有铜离子的溶液中，此时就会构成一个金属电极：

$$Cu^{2+}_{(aq)} \mid Cu_{(s)} \qquad\qquad Cu^{2+} + 2e^- \Longrightarrow Cu$$

需要指出的是，一些特别活泼的金属会与水反应（如 K、Ca、Na），该类金属不可直接和其相对应的离子溶液组成电极，但可以把金属溶于汞，做成汞齐电极。

B　氢电极

氢电极是将惰性金属铂片浸入含有 H^+ 的溶液中，并不断通入 H_2，如图 8-4 所示。该电极的电极反应为：

$$2H^+ + 2e^- \Longrightarrow H_2(g)$$

氢电极最大优点是其电极电势随温度改变很小。但是它的使用条件比较苛刻，既不能用在含有氧化剂的溶液中，也不能用在含有汞或砷的溶液中。

通常所说的氢电极是在酸性溶液中，但也可将镀有铂黑的铂片浸入碱性溶液中并通入 H_2，此时即构成碱性溶液中的氢电极：

$$H_2O, OH^- \mid H_2(g) \mid Pt$$

其电极反应为：

$$2H_2O + 2e^- \Longrightarrow H_2(g) + 2OH^-$$

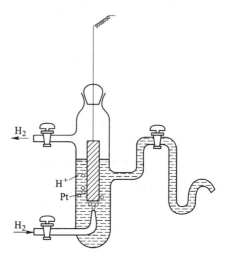

图 8-4　氢电极构造简图

8.3.1.2　第二类电极

这类电极包括金属-难溶盐电极和金属-难溶氧化物电极。它们容易制备，电极电势比较稳定，故在电化学中常被用作标准电极或者参比电极。

A　金属-难溶盐电极

这类电极是在金属上覆盖一层该金属的难溶盐，然后将它浸入含有与该难溶盐具有相同负离子的溶液中而构成的。最常用的有银-氯化银电极和甘汞电极，饱和甘汞电极示意图如图 8-5 所示。

在甘汞电极中，金属为 Hg，难溶盐为 $Hg_2Cl_2(s)$，易溶盐溶液为 KCl 溶液，因而电极可表示为 $Cl^-|Hg_2Cl_2(s)|Hg$。

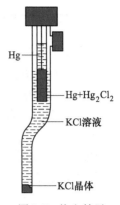

图 8-5　饱和甘汞电极示意图

电极反应为：　$Hg_2Cl_2(s)+2e^- \rightleftharpoons 2Hg+2Cl^-$

甘汞电极的电极电势在温度恒定下只与 Cl^- 的活度有关，按 KCl 溶液浓度的不同，常用的甘汞电极有三种，见表 8-1。

表 8-1　不同浓度甘汞电极的电极电势

KCl 溶液浓度/mol·dm⁻³	$\varphi_t(25\ ℃\sim t)$/V	$\varphi(298.15\ K)$/V
0.1	$0.3335\sim7\times10^{-5}$	0.3335
1	$0.2799\sim2.4\times10^{-4}$	0.2799
饱和	$0.2410\sim7.6\times10^{-4}$	0.2410

甘汞电极的优点是容易制备，电极电势稳定。在测量电池电动势时，常用甘汞电极作为参比电极。

B　金属-难溶氧化物电极

以锑-氧化锑电极为例，在锑棒上覆盖一层三氧化二锑，将其浸入含有 H^+ 或 OH^- 的溶液中就构成了锑-氧化锑电极。此电极对 H^+ 和 OH^- 可逆。

（1）酸性溶液中：　　　　　$H^+,H_2O|Sb_2O_3(s)|Sb$

电极反应：　　　$Sb_2O_3(s)+6H^++6e^- \rightleftharpoons 2Sb+3H_2O$

（2）碱性溶液中：　　　　　$OH^-,H_2O|Sb_2O_3(s)|Sb$

电极反应：　　　$Sb_2O_3(s)+3H_2O+6e^- \rightleftharpoons 2Sb+6OH^-$

锑-氧化锑电极为固体电极，应用起来很方便，直接浸入溶液中即可，但不能应用于强酸性溶液中。

8.3.1.3　第三类电极

第三类电极也称为氧化还原电极。这类电极是把惰性电极插入含有某种离子的不同氧化态的溶液中，在电极上进行两种不同氧化态离子之间的氧化还原反应，比如：电极 $Fe^{3+},Fe^{2+}|Pt$；$MnO_4^-,Mn^{2+},H^+,H_2O|Pt$。

两电极的电极反应分别为：

$$Fe^{3+}+e^- \rightleftharpoons Fe^{2+}$$

$$MnO_4^-+8H^++5e^- \rightleftharpoons Mn^{2+}+4H_2O$$

这类电极中有一种很重要的电极——醌氢醌电极。此电极常用来测定溶液的 pH 值。

8.3.2　电极电位的产生

8.3.2.1　电极电势

目前，尚无办法直接测得单个电极的电势差，因为实验测得的电动势均为两个电极组成的整个电池的电动势。于是，人们提出了电极电势的概念。电极电势实际上是一个相对电势，它的引入，为比较不同电极上电势差的大小及计算任何两个电极组成的电池的电动势提供了方便。在实际应用时，只要知道电动势的相对值就可以了。

1953 年，国际纯粹与应用化学联合会（IUPAC）建议选用标准氢电极作为标准电极，规定任意温度下，标准氢电极的电极电位为 0，即：

$$\varphi^{\ominus}[\,H^+\,|\,H_2(g)\,] = 0$$

8.3.2.2　标准电极及标准电极电势

标准氢电极是常见的标准电极。标准氢电极的制备方法为：将镀有铂黑的铂片浸入氢离子活度为 1 的溶液中，然后通入标准压力的纯净氢气，使其不断的冲击铂片，并被铂黑吸附至饱和，由此构成标准氢电极。

标准电极电势是利用下列电池的电动势定义的：

$$Pt\,|\,H_2(g,100\ kPa)\,|\,H^+(\alpha = 1)\,\|\,给定电极$$

即由标准氢电极作为阳极，给定电极作为阴极，所组成电池的电动势定义为给定电极的电极电势，以 φ（电极）表示。

当给定电极中各组分均处在各自的标准态时，相应的电极电势即标准电极电势，以 $\varphi^{\ominus}$（电极）表示。显然，按此规定，任意温度下，氢电极的标准电极电势恒为 0。

8.3.3　能斯特方程

根据式(6-7)~式(6-14)化学反应等温方程可知，如对于 $0 = \sum\limits_{B} v_B B$ 的反应，有：

$$\Delta_r G_m = \Delta_r G_m^{\ominus} + RT\ln J_p^{eq} \tag{8-8}$$

对于气体而言，有：

$$J_p = \prod_{B(g)}\left(\frac{p_{B(g)}}{p^{\ominus}}\right)^{v_{B(g)}} \tag{8-9}$$

在一定温度下的可逆电池反应，式(8-8)和式(8-9)依旧适用。式中，$\Delta_r G_m^{\ominus}$ 为标准摩尔吉布斯能变。根据式(8-2)，得：

$$\Delta_r G_m^{\ominus} = -zFE^{\ominus}$$

式中，$E^{\ominus}$ 为原电池的标准电动势，它等于参加电池反应的各物质均处在各自标准态时电池的电动势。

将式(8-2)代入等温方程，得：

$$E = E^{\ominus} - \frac{RT}{zF}\ln\prod_{B} a_B^{v_B} \tag{8-10}$$

式(8-10)称为电池反应的能斯特（Nernst）方程。它是原电池的基本方程，它表示恒温下可逆电池的电动势与参加电池反应的各组分的活度之间的定量关系。

在 25 ℃时，有：

$$\frac{RT}{F}\ln 10 = \frac{8.314 \times 298.15}{96485} \times 2.302585 = 0.05916 \ (V)$$

于是，式(8-10)可表示成：

$$E = E^{\ominus} - \frac{0.05916}{z}\ln \prod_B a_B^{v_B} \qquad (8-11)$$

在电池反应达到平衡时，$\Delta_r G_m = 0$，$E = 0$，于是可以得到：

$$E^{\ominus} = \frac{RT}{zF}\ln K^{\ominus} \qquad (8-12)$$

式中，$K^{\ominus}$为电池反应的标准平衡常数。

由式(8-12)可知，若能求得原电池的标准电动势 $E^{\ominus}$，即可求得该电池反应的标准平衡常数。

例 8-2

25 ℃时，电池

$$Pt \mid Fe^{2+}(a_{Fe^{2+}} = 1), Fe^{3+}(a_{Fe^{3+}} = 1) \parallel Ce^{2+}(a_{Ce^{2+}} = 1), Ce^{3+}(a_{Ce^{3+}} = 1) \mid Pt$$

的标准电动势 $E^{\ominus} = 0.869$ V。试计算该电池反应的标准平衡常数。

例 8-2 解析

思考练习题

8.3-1　填空题

1. 在标准氢电极中，氢离子浓度为_____，氢气的压力为_____，其电极电位值为_____。

2. 金属及其难溶盐电极因其电位稳定，使用方便，常代替标准氢电极作为参比电极，最常用的两种是_____电极和_____电极。

8.3-2　判断题

1. 醌氢醌电极属于氧化还原电极，在使用时操作方便，精确度高。　　　　　　　　（　　）

2. 玻璃电极不受溶液中氧化剂或还原剂的影响。　　　　　　　　　　　　　　　（　　）

3. 氢电极因其容易制备，使用方便，不易中毒，是最广泛地用于测定溶液 pH 的电极。　（　　）

8.3-3　单选题

1. 甘汞电极属于_____。

A. 金属-金属离子电极　　　　　　　　　　B. 气体电极

C. 氧化-还原电极　　　　　　　　　　　　D. 金属-金属难溶化合物电极

2. 在 Zn-Cu 电池电动势测定实验中，Zn/Zn 电极是_____。

A. 第一类可逆电极，作正极　　　　　　　B. 第三类可逆电极，作负极

C. 第一类可逆电极，作负极　　　　　　　D. 第三类可逆电极作正极

3. 原电池电动势中所采用的标准电极是_____。

A. 标准氢电极　　　　B. 甘汞电极　　　　C. 浓差电极　　　　D. 都不是

4. 与电极电动势的大小无关是_____。

A. 电极种类　　　　　B. 溶液浓度　　　　C. 温度　　　　　　D. 光线的明暗程度

8.3-4　问答题

1. 电极大体分几种？请举例。

2. 浓度对电极电势有什么的影响？

8.3-5　习题

1. 已知电池 $Pb \mid PbSO_4(s) \mid Na_2SO_4$ 饱和溶液 $\mid Hg_2SO_4(s)$ 在 25 ℃时电动势为 0.9647 V，电动势的温度系数为 1.74×10^{-4} V/K。当二者构成原电池时，试计算 25 ℃时该反应的及电池恒温可逆放电时该反应过程的 $\Delta_r G_m$。

2. 电池 $Pt \mid H_2(101.325 \text{ kPa}) \mid HCl(0.1 \text{ mol/kg}) \mid Hg_2Cl_2(s) \mid Hg$ 电动势 E 与温度 T 的关系为：

$$E(\text{V}) = 0.0694 + 1.881 \times 10^{-3} T(\text{K}) - 2.9 \times 10^{-6} T^2$$

试计算 25 ℃该反应的 $\Delta_r G_m$、$\Delta_r S_m$、$\Delta_r H_m$。

任务 8.4　电解质溶液的导电机理及金属的电镀

8.4.1　导体及电解质溶液的导电机理

金属和电解质溶液均可以导电，但二者导电机理不同。金属依靠自由电子的定向移动而导电，因而称为电子导体。除金属外，石墨和某些金属氧化物也属于电子导体。这类导体的特点是当电流通过时，导体本身不发生任何电化学变化。电解质溶液的导电则依靠离子的定向运动，故称为离子导体。但这类导体在导电的同时必然伴随着电极与溶液界面上发生的得失电子反应。

一般而言，阴离子在阳极上失去电子发生氧化反应，失去的电子经外线路流向电源正极；阳离子在阴极上得到外电源负极提供的电子发生还原反应。只有这样整个电路才有电流通过，如图 8-6 所示。

在电解质溶液导电过程中，在回路上的任一截面，无论是金属导线、电解质溶液，还是电极与溶液之间的界面，在相同时间内，必然有相同的电荷量通过。

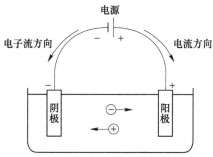

图 8-6　电解质溶液导电

电化学中把电极上进行的有电子得失的化学反应称为电极反应。两个电极反应的总和即为电池反应。同时规定，发生氧化反应的电极为阳极，发生还原反应的电极为阴极。因正极、负极是依电势高低来确定的，故对电解池而言，阳极即正极，阴极即负极。

需要注意的是：在原电池中，阳极是负极，阴极则为正极。

8.4.2　金属电镀

8.4.2.1　金属电镀的含义

电镀是利用电解原理在某些金属表面上镀上一薄层其他金属或合金的过程，在镀件表面附着的一层金属膜可起到防止金属氧化，提高耐磨性、导电性、反光性、抗腐蚀性及增进美观等作用。比如：一些机械零件或者家庭用品上镀铬，钢板或者钢管上镀锌，食品包装罐上镀锡等。

8.4.2.2　金属电镀的原理

电镀一般是在含有预镀金属（也称镀层金属）的盐类溶液中，以被镀基体金属为阴极，通过电解作用，使镀液中预镀金属的阳离子在基体金属表面以单质的形式沉积出来，从而形成镀层。镀层性能不同于基体金属，具有新的特征。根据镀层的功能分为防护性镀层，装饰性镀层及其他功能性镀层。

实际的电镀生产过程包括以下几类物质。

（1）主盐。主盐是指镀液中能在阴极上沉积出所要求镀层金属的盐，用于提供金属离子。镀液中主盐浓度必须在一个适当的范围，主盐浓度增加或减少，在其他条件不变时，都会对电沉积过程及最后的镀层组织有影响。比如：主盐浓度升高，电流效率提高，金属沉积速度加快，镀层晶粒较粗，溶液分散能力下降。

（2）络合剂。有些情况下，若镀液中主盐的金属离子为简单离子时，则镀层晶粒粗大，因此要采用络合离子的镀液。获得络合离子的方法是加入络合剂，即能络合主盐的金属离子形成络合物的物质。络合物是一种由简单化合物相互作用而形成的分子化合物。在含络合物的镀液中，影响电镀效果的主要是主盐与络合剂的相对含量，即络合剂的游离量，而不是绝对含量。

（3）附加盐。附加盐是电镀中除主要盐外的某些碱金属或碱土金属盐类，主要用于提高电镀液的导电性，对主盐中的金属离子不起络合作用。有些附加还能改善镀液的深镀能力，分散能力，产生细致的镀层。

（4）缓冲剂。缓冲剂是指用来稳定溶液酸碱度的物质。这类物质一般是由弱酸和弱酸盐或弱碱和弱碱盐组成的，能使溶液遇到碱或酸时，溶液的 pH 值变化幅度缩小。

（5）阳极活化剂。镀液中能促进阳极活化的物质称阳极活化剂。阳极活化剂的作用是提高阳极开始钝化的电流密度，从而保证阳极处于活化状态而能正常地溶解。阳极活化剂含量不足时阳极溶解不正常，主盐的含量下降较快，影响镀液的稳定。严重时，电镀不能正常进行。

（6）添加剂。添加剂是指不会明显改变镀层导电性，而能显著改善镀层性能的物质。根据在镀液中所起的作用，添加剂可分为光亮剂、整平剂和抑雾剂等。

8.4.2.3　金属电镀举例

以金属表面镀铜为例。主盐选用硫酸铜溶液，其主要有硫酸铜、硫酸和水，以及其他添加剂。硫酸铜是铜离子（Cu^{2+}）的来源，当溶解于水中会离解出铜离子，铜离子会在工件作为阴极的电极表面得到电子，从而被还原沉积成金属铜。

阴极主要反应：
$$Cu^{2+}(aq) + 2e^- \longrightarrow Cu(s)$$

随着电镀过程的进行，溶液中铜离子浓度因消耗而下降，影响沉积过程。这个问题可以通过两个方法解决：（1）在溶液中补充硫酸铜；（2）用铜作阳极。添加硫酸铜方法比较麻烦，需要分析计算。用铜作阳极的方法比较简单。阳极作为导体，将电路回路接通的同时，阳极铜还会被氧化，形成铜离子，进入到溶液中，从而达到补充铜离子的目的。

8.4.3　离子的迁移数

8.4.3.1　离子电迁移现象

在电解质溶液中通入电流后，溶液中的阴阳离子将发生定向移动。离子在电场作用下的这种运动称为电迁移，如图 8-7 所示。

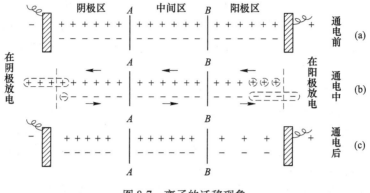

图 8-7　离子的迁移现象

电迁移的存在是电解质溶液导电的必要条件。电解质溶液在直流电场的作用下，阳离子向阴极移动，阴离子向阳极移动。与此同时，在两极上发生氧化还原反应，完成导电过程。

在图 8-7 中，A、B 为两个假想界面，它们将电解质溶液隔为阴极区、中间区和阳极区三个部分，每个部分均含有 6 mol 阳离子和 6 mol 阴离子，分别用"＋""－"号的数量来代表两种离子的物质的量，如图 8-7(a) 所示。该状态表示通电前的状态。

现将两个电极接上直流电源，并假设有 4×96485 C 电荷量通过，根据法拉第定律，阴极上，阳离子要得到 4 mol 电子发生还原反应，还原态产物在阴极上析出；而阳极上，阴离子要失去 4 mol 电子发生氧化反应，氧化态产物在阳极析出，如图 8-7(b) 所示。

在电解质溶液中：若假设阳离子运动速率（v_+）是阴离子运动速率（v_-）的 3 倍，即 $v_+=3v_-$，则在任一截面上均有 3 mol 阳离子和 1 mol 阴离子逆向通过，即任何一个截面上通过的电荷量都是 4×96485 C。通电后中间区电解质的物质的量维持不变（由 A 面迁出或迁入的离子正好由 B 面迁入或迁出的离子所补偿），而由于发生电极反应，阴极区和阳极区电解质的物质的量均有下降，但下降程度不同：阴极区内减少的电解质的量，等于阴离子迁出阴极区的物质的量（1 mol）；阳极区内减少的电解质的量等于阳离子迁出阳极区的物质的量（3 mol），如图 8-7(c) 所示。

由以上分析可知，阴、阳离子运动速度的不同决定了阴、阳离子迁移的电荷量在通过溶液的总电荷量中所占的比例不同，也决定了离子迁出相应电极区内物质的量的不同，即：

$$\frac{阳离子运动速率\ v_+}{阴离子运动速率\ v_-}=\frac{阳离子运载的电荷量\ Q_+}{阴离子运载的电荷量\ Q_-}=\frac{阳离子迁出阳极区物质的量}{阴离子迁出阴极区物质的量} \tag{8-13}$$

定义某离子运载的电流与通过溶液的总电流之比为该离子的迁移数，以 t 表示，其量纲为 1。当溶液中只有一种阳离子和一种阴离子时，以 I_+，I_-、I 分别代表阳离子、阴离子运载的电流及总电流（$I=I_++I_-$），则结合式(8-13)，得：

$$t_+=\frac{I_+}{I_++I_-}=\frac{Q_+}{Q_++Q_-}=\frac{V_+}{V_++V_-}=\frac{阳离子迁出阳极区物质的量}{发生电极反应的物质的量} \tag{8-14}$$

$$t_- = \frac{I_-}{I_+ + I_-} = \frac{Q_-}{Q_+ + Q_-} = \frac{V_-}{V_+ + V_-} = \frac{\text{阴离子迁出阴极区物质的量}}{\text{发生电极反应的物质的量}} \quad (8\text{-}15)$$

显然，$t_+ + t_- = 1$。

由式(8-14)和式(8-15)可知，离子迁移数主要取决于溶液中阴、阳离子的运动速率，故凡是能影响离子运动速率的因素均有可能影响离子迁移数。而离子在电场中的运动速率除了与离子本性及溶剂性质有关外，还与温度、浓度及电场强度等因素有关。

为了便于比较，通常将离子在指定溶液中电场强度 $E = 1$ V/m 时的运动速度称为该离子的电迁移率（历史上称为离子淌度），以 u 表示。离子 B 的电迁移率与其在电场强度 E 下的运动速度 v_B 之间的关系为：

$$u_B = \frac{v_B}{E} \quad (8\text{-}16)$$

其中，电迁移率的单位为 $m^2/(V \cdot s)$。

表8-2列出了25 ℃无限稀释水溶液中几种离子的电迁移率。

表8-2　25 ℃无限稀释水溶液中几种离子的电迁移率

阳离子	$u^\infty / m^2 \cdot V^{-1} \cdot s^{-1}$	阴离子	$u^\infty / m^2 \cdot V^{-1} \cdot s^{-1}$
H^+	36.30×10^{-8}	OH^-	20.52×10^{-8}
K^+	7.62×10^{-8}	SO_4^{2-}	8.27×10^{-8}
Ba^{2+}	6.59×10^{-8}	Cl^-	7.91×10^{-8}
Na^+	5.19×10^{-8}	NO_3^-	7.40×10^{-8}
Li^+	4.01×10^{-8}	HCO_3^-	4.61×10^{-8}

根据迁移数的定义，显然有：

$$t_+ = \frac{u_+}{u_+ + u_-}, \quad t_- = \frac{u_-}{u_+ + u_-} \quad (8\text{-}17)$$

需要指出的是，电场强度虽影响离子运动速度，但并不影响离子迁移数，因为当电场强度改变时，阴、阳离子运动速度按相同比例改变。

8.4.3.2　希托夫（Hittorf）法测定离子迁移数

由式(8-14)知，只要测定阳离子迁出阳极区或阴离子迁出阴极区的物质的量及发生电极反应的物质的量，即可求得离子的迁移数，此即为希托夫法。实验装置如图8-8所示。

串联的电量计用于测定电极反应的物质的量。通过测定通电前后阳极区或阴极区溶液中电解质浓度的变化，可计算出相应区域内电解质的物质的量的变化。

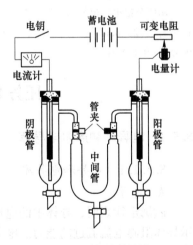

图8-8　希托夫法测定
离子迁移数的装置

思考练习题

8.4-1　填空题

1. 在电镀过程中，以被镀金属为_____极，镀层金属为_____极，通过电解作用，使镀液中预镀金属的阳离子在基体金属表面以单质的形式沉积出来，从而形成镀层。

2. 电解时，在_____极发生还原反应，即金属离子还原成金属单质，或氢离子还原成_____。析出电位越_____的离子，越易优先析出。

8.4-2　判断题

1. 电镀是使 Pt 片作阴极，镀件为阳极进行的电解过程。　　　　　　　　　　　（　　）

2. 用铜电极电解 $CuCl_2$ 的水溶液，在阴极上发生的反应是析出金属铜。　　　　（　　）

8.4-3　单选题

1. 水溶液中 H^+ 和 OH^- 的电迁移率特别大，其原因是_____。

A. 发生电子传导　　　　　　　　　　B. 发生质子传导

C. 离子荷质比大　　　　　　　　　　D. 离子水化半径小

2. 以下说法中正确的是_____。

A. 电解质溶液中各离子迁移数之和为 1

B. 电解池通过 1F 电量时，可以使 1 mol 物质电解

C. 因离子在电场作用下可定向移动，所以测定电解质溶液的电导率时要用直流电桥

D. 无限稀电解质溶液的摩尔电导率可以看成是正、负离子无限稀摩尔电导率之和，这一规律只适用于强电解质

3. 用铂电极（惰性）电解下列溶液时，阴极和阳极上的主要产物分别是 H_2 和 O_2 的是_____。

A. 稀 NaOH 溶液　　　　　　　　　　B. HCl 溶液

C. 酸性 $CuSO_4$ 溶液　　　　　　　　D. 酸性 $AgNO_3$ 溶液

8.4-4　问答题

1. 电解或者电镀时如何判断阴阳极？

2. 电镀的基本原理是什么？

8.4-5　习题

用两个银电极电解 $AgNO_3$ 水溶液。在电解前，溶液中 1 kg 水含 43.50 mmol $AgNO_3$。实验后，银电量计中有 0.723 mmol 的 Ag 沉积。由分析得知，电解后阳极区有 23.14 g 水和 1.390 mmol $AgNO_3$。试计算 $t(Ag^+)$ 和 $t(NO_3^-)$。

任务 8.5　电解质溶液的电导

8.5.1　电导率和摩尔电导率

8.5.1.1　电导和电导率

A　电导

欧姆定律表明，导体中的电压 U 等于电流 I 和导体的电阻 R 的乘积。其中，电阻 R 表示导体阻碍电流流过的能力。电导是描述导体导电能力大小的物理量，以 G 表示，其定义为电阻 R 的倒数，即：

$$G = \frac{1}{R} \tag{8-18}$$

其中，电导的单位为 S（西门子），$1 S = 1 \Omega^{-1}$。

对于电解质溶液，常用电导来表示其导电能力。

B　电导率

若导体电阻为 R，导体长度为 l，导体横截面积为 A，由物理学知识可知：导体的电阻

$R=\rho\dfrac{l}{A_s}$，其中 ρ 为电阻率，$\Omega\cdot m$；l 为导体长度，单位为 m；A_s 为导体的截面积，m^2。将导体的电阻计算代入，得：

$$G=\frac{1}{\rho}\frac{A_s}{l}=\kappa\frac{A_s}{l} \tag{8-19}$$

式中，比例系数 κ 称为电导率，S/m。

对电解质溶液而言，电导率指的是在相距 1 m，截面积为 $1\ m^2$ 的两平行电极间放置 $1\ m^3$ 电解质溶液时所具有的电导。

8.5.1.2　摩尔电导率和极限摩尔电导率

A　摩尔电导率

电解质溶液的导电能力与离子浓度、离子种类及离子运动速度有关。即使是相同的电解质，浓度的不同会导致离子数目和运动速度，进而影响其导电能力。因此，单纯地用电导率 κ 比较电解质溶液的导电能力是不准确的，因此引入摩尔电导率的概念。

摩尔电导率是指某浓度的电解质溶液的摩尔电导率定义为该溶液的电导率与其浓度之比，即：

$$\Lambda_m=\frac{k}{c} \tag{8-20}$$

式中，Λ_m 为摩尔电导率，$S\cdot m^2/mol$。

由式(8-20)可知：

$$\Lambda_m=\frac{k}{c}=\frac{\dfrac{Gl}{A_s}}{\dfrac{n}{V}}=\frac{\dfrac{Gl}{A_s}}{\dfrac{n}{lA_s}}=\frac{G}{n}l^2$$

摩尔电导率示意图如图 8-9 所示。若取 $l=1\ m$，则 $\Lambda_m=\dfrac{G}{n}$，即 Λ_m 相当于将含 1 mol 电解质的溶液置于两个相距 1 m 的平行板电极之间时溶液所具有的电导。

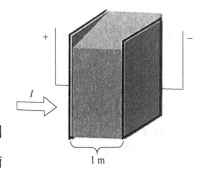

图 8-9　摩尔电导率示意图

B　极限摩尔电导率

摩尔电导率与浓度的关系可由实验得出。德国科学家柯尔劳施（Kohlrausch F）根据实验结果得出结论：在很稀的溶液中，强电解质的摩尔电导率与其浓度的平方根成直线函数。若用公式表示，则为：

$$\Lambda_m=\Lambda_m^{\infty}-A\sqrt{c} \tag{8-21}$$

式中，Λ_m^{∞} 和 A 为常数。

图 8-10 为几种电解质的摩尔电导率对浓度的平方根图。由图可见，无论是强电解质或弱电解质，其摩尔电导率均随溶液的稀释而增大。

对强电解质而言，溶液浓度降低，摩尔电导率增大。这是因为随着溶液浓度的降低，离子间引力减小，离子运动速度增加，故摩尔电导率增大。在低浓度时，图 8-10 中的曲线接近一条直线，将直线外推至纵坐标，所得截距即为无限稀释时的摩尔电导率 A，此值亦称极限摩尔电导率。

对弱电解质来说，溶液浓度降低时，摩尔电导率也增加。在溶液极稀时，随着溶液浓度的降低，摩尔电导率急剧增加。因为弱电解质的解离度随溶液的稀释而增加，因此，浓度越低，离子越多，摩尔电导率也越大。由图 8-10 可见，弱电解质无限稀释时的摩尔电导率无法用外推法求得，故式(8-21)不适用于弱电解质。柯尔劳施的离子独立运动定律解决了这一问题。

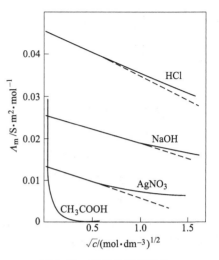

图 8-10　不同电解质摩尔
电导率与浓度的关系

8.5.1.3　离子独立运动定律和离子的摩尔电导率

如上所述，利用外推法可以求出强电解质溶液在无限稀释时的摩尔电导率。柯尔劳施研究了大量的强电解质溶液，根据大量实验数据发现了一些规律，提出了离子独立运动定律。

柯尔劳施离子独立运动定律描述的是：在无限稀释溶液中，离子的运动是彼此独立的，离子之间互不影响。无限稀释电解质的摩尔电导率等于无限稀释时阴、阳离子的摩尔电导率之和。

以 Λ_m^∞、$\Lambda_{m,+}^\infty$、$\Lambda_{m,-}^\infty$ 分别表示无限稀释时电解质、阳离子及阴离子的摩尔电导率，且 1 mol 电解质溶液中产生 v mol 阳离子和 v mol 阴离子，则柯尔劳施离子独立运动定律的公式形式为：

$$\Lambda_m^\infty = v_+ \Lambda_{m,+}^\infty + v_- \Lambda_{m,-}^\infty \tag{8-22}$$

根据离子独立运动定律，可以应用强电解质无限稀释摩尔电导率计算弱电解质无限稀释摩尔电导率。例如，弱电解质 CH_3COOH 的无限稀释摩尔电导率可由强电解质 HCl、CH_3COONa、NaCl 的无限稀释摩尔电导率计算：

$$\Lambda_m^\infty(CH_3COOH) = \Lambda_m^\infty(H^+) + \Lambda_m^\infty(CH_3COO^-)$$

$$= \Lambda_m^\infty(HCl) + \Lambda_m^\infty(CH_3COONa) - \Lambda_m^\infty(NaCl)$$

显然，若能得知无限稀释时各种离子的摩尔电导率，则可直接应用式(8-22)计算无限稀释时电解质的摩尔电导率。

表 8-3 列出了某些离子 25 ℃无限稀释水溶液中离子的摩尔电荷电导率的值。

8.5.2　电导测定的应用

8.5.2.1　水的纯度的测定

在 298 K 时，纯水的电导率约为 5.5×10^{-6} S/m，它微弱的电离出 H^+ 和 OH^-。若水中含杂质，其电导率迅速增大。电导率越大，说明水的纯度越低。自来水的电导率约为 1.0×10^{-1} S/m，普通蒸馏水的电导率约为 1.0×10^{-3} S/m，二次蒸馏水和去离子水的电导率可小于 1.0×10^{-4} S/m；一些电子工业或者精密的科学实验需要的高纯水电导率要小于 1.0×10^{-5} S/m。电导率越小，水中所含杂质离子越少，水的纯度越高。

表 8-3　25 ℃时无限稀释水溶液中一些离子的摩尔电荷电导率

阳离子	$u^\infty/m^2 \cdot V^{-1} \cdot s^{-1}$	阴离子	$u^\infty/m^2 \cdot V^{-1} \cdot s^{-1}$
H^+	349.82×10^{-4}	OH^-	198.0×10^{-4}
Li^+	38.69×10^{-4}	Cl^-	76.34×10^{-4}
Na^+	50.11×10^{-4}	Br^-	78.4×10^{-4}
K^+	73.52×10^{-4}	I^-	76.8×10^{-4}
NH_4^+	73.4×10^{-4}	NO_3^-	71.44×10^{-4}
$Ag+$	61.92×10^{-4}	CH_3COO^-	40.9×10^{-4}
$\frac{1}{2}Ca^{2+}$	59.50×10^{-4}	ClO_4^-	68.0×10^{-4}
$\frac{1}{2}Ba^{2+}$	63.64×10^{-4}	$\frac{1}{2}SO_4^{2-}$	79.8×10^{-4}
$\frac{1}{2}Sr^{2+}$	59.46×10^{-4}		
$\frac{1}{2}Mg^{2+}$	53.06×10^{-4}		
$\frac{1}{2}La^{3+}$	69.6×10^{-4}		

8.5.2.2　弱解质的解离度和解离常数的计算

在一定浓度下，弱电解质的电离程度比较小，溶液中游离的离子浓度会很低。假设溶液无限被稀释，弱电解质完全电离，但此时溶液中离子浓度依旧很低。在这样的情况下，认为离子间相互作用都可以忽略。

故近似有：

$$\Lambda_m = a\Lambda_m^\ominus \quad \text{或} \quad a = \frac{\Lambda_m}{\Lambda_m^\ominus} \tag{8-23}$$

式中，$\Lambda_m^\ominus$ 可应用式(8-22)计算。通过式(8-23)即可计算弱电解质的解离常数。

思考练习题

8.5-1　填空题

1. 电解质溶液的导电能力与_____、_____及离子运动速度有关。

2. 对强电解质而言，溶液浓度降低，摩尔电导率_____。

3. 利用电导率检验水的纯度时，电导率越_____，说明水的纯度越高。

8.5-2　判断题

1. 离子独立移动定律只适用于弱电解质，不适用于强电解质。　　　　　　　（　　）

2. 在一定温度下，电解质溶液浓度越稀，摩尔电导率越大，但电导率的变化则不一定。（　　）

3. 柯尔劳施定律适用于无限稀释的电解质溶液。　　　　　　　　　　　　　（　　）

8.5-3　单选题

1. 若向摩尔电导率为 1.4×10^{-2} S·m^2/mol 的 $CuSO_4$ 溶液中，加入 1 m^3 的纯水，这时 $CuSO_4$ 摩尔电导率_____。

A. 降低　　　　　　B. 增高　　　　　　C. 不变　　　　　　D. 不能确定

2. 用同一电导池测定浓度为 0.01 mol/dm³ 和 0.10 mol/dm³ 的同一电解质溶液的电阻，前者是后者的 10 倍，则两种浓度溶液的摩尔电导率之比为_____。

  A. 1 : 1   B. 2 : 1   C. 5 : 1   D. 10 : 1

8.5-4 问答题

1. 电解质溶液导电的原理是什么？

2. 电解质溶液的电导率随着电解质浓度的增加有什么变化？

8.5-5 习题

已知 25 ℃时 0.05 mol/L⁻¹ 的 CH₃COOH 溶液的电导率为 $3.68×10^{-2}$ S/m，试计算 CH₃COOH 的解离度 α 和 $K^{\ominus}$。

任务 8.6   电解与极化

8.6.1 分解电压

在电解过程中，直流电通过电解质溶液，阳离子向阴极移动，阴离子向阳极移动，阴阳离子在电极上发生氧化还原反应，这就是电解过程。在这个过程中，针对不同的电解质溶液，分别需要施加多大的电压才能够使电解顺利进行呢？现以电解盐酸为例来讨论。

现将两个铂电极放入 1 mol/kg 的盐酸中，并将这铂电极与电源相连接。接通电源后，当外加电压很小时，几乎没有电流通过闭合的回路；电压增加，电流略有增加；在电压增加到某一数值后，电流就随电压直线上升，同时两极出现气泡。这个过程的电流和电压关系可用图 8-11 表示。图 8-11 中，E 点所示的电压是使电解质在两极继续不断地进行分解时所需的最小外加电压，称为分解电压。

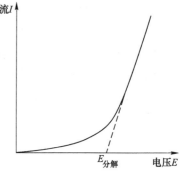

图 8-11 分解电压的电流—电压曲线

在外加电压的作用下，盐酸中的氢离子向阴极（负极）运动，并在阴极取得电子被还原为氢气，其反应式为：

$$2H^+ + 2e^- = H_2(g)$$

同时，氯离子向阳极（正极）运动，并在阳极失去电子被氧化成氯气，其反应式为：

$$2Cl^- = Cl_2(g) + 2e^-$$

总的电解反应为： $2H^+ + 2Cl^- = H_2(g) + Cl_2(g)$

与此同时，上述电解产物与溶液中的相应离子在阴极和阳极上分别形成了氢电极和氯电极，而构成如下的电池：

$$Pt | H_2 | HCl(1 \text{ mol/dm}^3) | Cl | Pt$$

该电池的氢电极应为阳极（负极），氯电极应为阴极（正极）。电池的电动势正好和电解时的外加电压相反，称为反电动势。

在外加电压小于分解电压时，形成的反电动势正好和外加电压相对抗（大小相等，方向相反），在此情况下，电路中不应有电流通过，但由于电解产物从两极慢慢地向外扩散，使得它们在两极的浓度略有减少，因而在电极上仍有微小电流连续通过，使得电解产物得以补充。

在达到分解电压时，电解产物的浓度达到最大，氢和氯的压力达到大气压力而呈气泡逸出。当外加电压等于分解电压时，两极的电极电势分别称为氢和氯的析出电势。

表 8-4 中列出一些实验结果。表中数据表明，用平滑铂片作电极时，HNO_3、H_2SO_4 和 NaOH 溶液的分解电压 $E_{分解}$ 都很相近，这是由于这些溶液的电解产物都是氢和氧，实质上皆是电解水之故。表 8-4 中的 $E_{理论}$ 即相应的原电池的电动势，可由能斯特方程计算得出。$E_{理论}$ 与 $E_{分解}$ 二者数值常不相等，后者常大于前者。

表 8-4　一些电解质溶液的分解电压（298 K，铂电极）

电解质	浓度 $c/\text{mol} \cdot \text{dm}^{-3}$	电解产物	$E_{分解}/\text{V}$	$E_{理论}/\text{V}$
HCl	1	H_2 和 Cl_2	1.31	1.37
HNO_3	1	H_2 和 O_2	1.69	1.23
H_2SO_4	0.5	H_2 和 O_2	1.67	1.23
NaOH	1	H_2 和 O_2	1.69	1.23
$CdSO_4$	0.5	Cd 和 O_2	2.03	1.26
$NiCl_2$	0.5	Ni 和 Cl_2	1.85	1.64

8.6.2　极化与超电压

当电极上无电流通过时，电极处于平衡状态，与之相对应的电势是平衡（可逆）电极电势。在实际的电解过程中，反应都是在不可逆的情况下进行的，电极电位会偏离平衡电极电位。

随着电极上电流密度的增加，电极的不可逆程度越来越大，电极电势对平衡电极电势的偏离也越来越远。电流通过电极时，电极电势偏离平衡电极电势的现象称为电极的极化。某一电流密度下的电极电势与其平衡电极电势之差的绝对值称为超电势，以 η 表示。显然，η 的数值表示极化程度的大小。

根据极化产生的原因，可简单地将极化分为两类，即浓差极化和电化学极化，并将与之相对应的超电势称为浓差超电势和活化超电势。

（1）浓差极化。以 Zn^{2+} 的阴极还原过程为例，当电流通过电极时，由于阴极表面附近液层中的 Zn^{2+} 沉积到阴极上，因而降低了它在阴极附近的浓度。如果本体溶液的 Zn^{2+} 来不及补充上去，则阴极附近液层中 Zn^{2+} 的浓度将低于它在本体溶液中的浓度。就好像是将此电极浸入一个浓度较小的溶液中一样，而通常所说的平衡电极电势是指相应于本体溶液的浓度而言。显然，此电极电势将低于其平衡值。这种现象称为浓差极化。用搅拌的方法可使浓差极化减小，但因为电极表面扩散层的存在，所以不可能完全除去。

（2）电化学极化。仍以 Zn^{2+} 的阴极还原过程为例，当电流通过电极时，由于电极反应的速率是有限的，因而当外电源将电子供给电极以后，Zn^{2+} 来不及立即被还原而及时消耗掉外界输送来的电子，结果使电极表面上积累了多于平衡状态的电子，电极表面上自由电子数量的增长就相当于电极电势向负方向移动。这种由于电化学反应本身的迟缓性而引起的极化分为电化学极化。综上所述，阴极极化的结果，使电极电势变得更负。同理可得，阳极极化的结果，使电极电势变得更正。实验证明电极电势与电流密度有关。描述电流密度与电极电势间关系的曲线称为极化曲线。

影响超电势的因素很多，如电极材料、电极表面状态、电流密度、温度、电解质性质和浓度，以及溶液中的杂质等。故超电势的测定常不能得到完全一致的结果。

1905 年塔费尔（Tafel）曾提出一个经验式，表明氢超电势 η 与电流密度 J 的关系，称为塔费尔公式，即：

$$\eta = a + b\lg J \tag{8-24}$$

式中，a 和 b 为经验常数。

因为有超电势的存在，所以在判断位置在阴阳极的析出顺序时，要用到析出电位。在阴极上，首先被还原的是析出电位较大的反应；在阳极上，首先被氧化的是析出电位较小的反应。因此，利用电极极化可以在电解时有选择地获得所希望得到的电解产物。

思考练习题

8.6-1　填空题

1. 在电解池中，与外电源＿＿＿＿＿极相连的被称为阳极，在阳极上总是＿＿＿＿＿电子，发生反应。

2. 电极的极化分为＿＿＿＿＿＿＿＿＿＿和＿＿＿＿＿＿＿＿＿＿。

8.6-2　判断题

1. 超电位与电极材料无关。　　　　　　　　　　　　　　　　　　　　　　　　（　　）

2. 为使电解持续进行所需的外加电压，称为理论分解电压。　　　　　　　　　（　　）

3. 考虑到极化因素，在电解池的阴极上先析出的是析出电位大的物质。　　　（　　）

8.6-3　单选题

1. 电解时，在阳极上首先发生氧化作用的是＿＿＿＿＿＿。

A. 标准还原电极电势最大者

B. 标准还原电极电势最小者

C. 考虑极化后，实际上的不可逆还原电极电势最大者

D. 考虑极化后，实际上的不可逆还原电极电势最小者

2. 以石墨为阳极，电解浓度为 6 mol/kg 的 NaCl 水溶液。已知：$E^{\ominus}_{Cl_2 \mid Cl^-} = 1.36$ V；$Cl(g)$ 在石墨上的超电势 $\eta_{Cl_2} = 0$，$E^{\ominus}_{O_2 \mid OH^-} = 0.401$ V；$O_2(g)$ 在石墨上的超电势 $\eta_{O_2} = 0.6$ V。设活度因子均为 1，在电解时阳极上首先析出＿＿＿＿＿＿。

A. Cl_2　　　　　　　　　B. O_2　　　　　　　C. Cl_2 与 O_2 的混合气体　　　　D. 无气体析出

8.6-4　问答题

1. 以金属铂为电极，电解 Na_2SO_4 水溶液。在两极附近的溶液中，各滴加数滴石蕊试液，观察在电解过程中，两极区溶液颜色有何变化，为什么？

2. 为什么实际分解电压总要比理论分解电压高？

任务 8.7　金属的腐蚀与保护

8.7.1　金属的腐蚀

金属材料的腐蚀是指金属材料和周围介质接触时发生化学或电化学作用而引起的一种

破坏现象。金属材料的腐蚀可造成生产设备的跑、冒、滴、漏，污染环境，甚至发生中毒、火灾、爆炸等恶性事故以及资源和能源的严重浪费。因此，研究金属材料的腐蚀机理，弄清腐蚀发生的原因及采取有效的防护措施，对于延长设备寿命、降低成本、提高劳动生产率都具有十分重要的意义。

按照金属的腐蚀机理，可将金属腐蚀分为化学腐蚀与电化学腐蚀两大类。不管是化学腐蚀还是电化学腐蚀，金属腐蚀的实质都是金属原子被氧化转化成金属阳离子的过程。

8.7.1.1　化学腐蚀

化学腐蚀是指金属与化学物质直接发生化学作用而引起的破坏其腐蚀过程是一种纯氧化和还原的纯化学反应，即腐蚀介质直接同金属表面的原子相互作用而形成腐蚀产物。反应进行过程中没有电流产生，其过程符合化学动力学规律。

例如，金属和干燥气体（O_2、Cl_2、SO_2、HCl 等）接触时，在金属表面上会生成相应的化合物（如氧化物、氯化物、硫化物等）。温度对化学腐蚀的影响很大。如轧钢过程中形成的高温水蒸气对钢铁的腐蚀特别严重，其反应为：

$$Fe+H_2O(g) \longrightarrow FeO+H_2$$
$$2Fe+3H_2O(g) \longrightarrow Fe_2O_3+3H_2$$
$$3Fe+4H_2O(g) \longrightarrow Fe_3O_4+4H_2$$

在生成由 FeO、Fe_2O_3 和 Fe_3O_4 组成的氧化皮的同时，还会发生脱碳现象。这样，钢铁表面由于上述反应而使得硬度减小，性能变坏。

8.7.1.2　电化学腐蚀

电化学腐蚀是金属与电解质溶液发生化学作用而引起的破坏。反应过程同时有阳极失去电子，阴极获得电子以及电子的流动，其过程服从电化学的基本规律。

当金属与潮湿空气或电解质溶液接触时，因形成微电池而发生电化学作用而引起的腐蚀，称为电化学腐蚀。电化学腐蚀情况比普通化学腐蚀更为严重的，比如：金属的生锈，锅炉壁和管道受锅炉水的腐蚀，船壳和码头台架在海水中的腐蚀等。

当两种金属或两种不同的金属制成的物体相接触，同时又与其他介质（如潮湿空气、其他潮湿气体、水或电解质溶液等）相接触时，就形成了一个原电池，进行原电池的电化学作用。例如，在一个铜板上有一个铁的铆钉，长期暴露在潮湿的空气中，表面上会形成一层薄薄水膜，它能溶解 CO_2、SO_2、$NaCl$ 等，而在这一薄层从而形成了原电池。

电化学腐蚀又可分为析氢腐蚀和吸氧腐蚀两类。

A　析氢腐蚀

在较强酸性环境中，活泼的金属与酸性电解质溶液接触，会放出氢气，所以称为析氢腐蚀。以钢铁的析氢腐蚀为例。

（1）阳极（Fe）：　　　　　$Fe-2e^- =\!=\!= Fe^{2+}$

（2）阴极（杂质）：　　　　$2H^++2e^- =\!=\!= H_2$

（3）总反应：　　　　　　　$Fe+2H_2O =\!=\!= Fe(OH)_2+H_2\uparrow$

B　吸氧腐蚀

在弱酸性、中性或碱性介质中，钢铁等活泼金属会由于吸收氧气而发生腐蚀，所以也称为吸氧腐蚀。电极反应如下：

（1）阳极（Fe）：　　　　　　　$Fe-2e^-=\!=\!=Fe^{2+}$

（2）阴极：　　　　　　　　　　$O_2+2H_2O+4e^-=\!=\!=4OH^-$

（3）总反应：　　　　　　　　　$2Fe+O_2+2H_2O=\!=\!=2Fe(OH)_2$

$Fe(OH)_2$ 在空气中又会被氧气所氧化，生成 $Fe(OH)_3$，最终脱水生成铁锈 Fe_2O_3。大气中的腐蚀主要是吸氧腐蚀。

8.7.2　金属的防腐

根据金属腐蚀的电化学机理，可采用以下一些防腐方法。

（1）正确选材。在设备选材的过程中，应考虑该设备的使用环境、介质的种类、所处条件，如空气的湿度、溶液的浓度、温度等。例如，对接触还原性或非氧化性的酸和水溶液的材料，通常使用镍、铜及其合金；对于氧化性极强的环境，用钛和钴的合金。

此外，设计金属构件时，应注意避免两种电位差较大的金属直接接触。若必须把这些金属零件装配在一起时，应当使用隔离层。

（2）涂覆保护层。在金属材料表面涂覆保护层，是金属防腐非常常见的方法。金属表面可以涂覆非金属防腐涂层，比如：在材料的表面涂覆耐腐蚀的油漆、搪瓷、玻璃、高分子材料（如涂料、聚酯等），使金属与腐蚀介质隔开；在金属表面通过电镀的方法涂覆一层金属镀层，一般是将耐腐蚀性较好的一种金属或合金镀在被保护的金属（或钢铁）表面上。

例如，铁上镀锌（锌的电极电位低于铁）是一种阳极镀层；铁上镀锡（锡的电极电位高于铁）是一种阴极镀层。两种镀层的作用都是将铁与腐蚀介质隔开。但若镀层不完整（有缺损）时，镀层与铁就构成自发的腐蚀电池。镀锌时锌是负极，它因氧化而被腐蚀，而铁只传递电子给介质的 H^+，铁并不腐蚀。镀锡时铁是负极，若镀层有破损，则铁的腐蚀比不镀锡时还要加速。

（3）电化学保护法。电化学防腐（又称电化学修复）是根据电化学原理在金属设备上采取措施，使之成为腐蚀电池中的阴极，从而防止或减轻金属腐蚀的方法。该方法主要有牺牲阳极的保护法和外接电源的阴极保护法两种。

牺牲阳极保护法将较活泼的金属连接在被保护的金属上，形成原电池时，较活泼的金属将作为负极（阳极）而溶解，而被保护的金属成了正极（它只传递电子给介质），就可以避免腐蚀。例如海上航行的船舶，船底四周镶嵌锌块。此时，船体是正极受保护，锌块是负极而受腐蚀。

外接电源的阴极保护法将被保护的金属与外加直流电源的负极相连，正极接到石墨（或废铁）上，腐蚀介质作为电解液，这样就构成了一个电解池，被保护的金属作为阴极，石墨（或废铁）成了阳极。例如，埋在地下的管道，直流电源的负极接在管道上，正极接在不溶性的石墨上，让潮湿的土壤层作电解液。

（4）加缓蚀剂防腐。缓蚀剂防腐就是在环境的腐蚀中，添加少量可以阻止或者减缓金属腐蚀的物质来保护金属的方法。这种能减小腐蚀速率的物质称为缓蚀剂。缓蚀剂的作用原理可以描述为反催化，即和化工生产所使用的催化剂原理相反。缓蚀剂会提高化学反应所需的活化能，进而起到减缓腐蚀速度的作用。缓蚀剂可以是无机盐类（如硅酸盐、正磷酸盐、亚硝酸盐等），也可以是有机物。缓蚀剂的用量一般很小，浓度一般在 10% 以下，基本不改变介质环境，成本低，但防腐成效显著，在工业上得到广泛采用。

思考练习题

8.7-1　填空题

1. 按照金属的腐蚀机理可以将金属腐蚀分为_____与_____两大类。

2. 电化学腐蚀又可分为_____腐蚀和_____腐蚀两类。

3. 金属的防腐措施主要有_____和_____两种。

8.7-2　判断题

1. 金属的腐蚀一定伴随着电流产生。（　　）

2. 析氢腐蚀发生在弱酸性或中性环境中。（　　）

3. 采用外接电源进行金属的防腐过程中，被保护的金属应与电源的负极相连。（　　）

8.7-3　单选题

1. 钢铁发生吸氧腐蚀时，正极上发生的电极反应是_____。

A. $2H^+ + 2e^- \Longrightarrow H_2$
B. $Fe^{2+} + 2e^- \Longrightarrow Fe$

C. $2H_2O + O_2 + 4e^- \Longrightarrow 4OH^-$
D. $Fe^{3+} + e^- \Longrightarrow Fe^{2+}$

2. 下列关于金属腐蚀的说法正确的是_____。

A. 金属在潮湿空气中腐蚀的实质是：$M + nH_2O \Longrightarrow M(OH)_n + \dfrac{n}{2}H_2 \uparrow$

B. 金属的化学腐蚀的实质是：$M - ne^- \Longrightarrow M^{n+}$，电子直接转移给氧化剂

C. 金属的化学腐蚀必须在酸性条件下进行

D. 在潮湿的环境中，金属的电化学腐蚀一定是析氢腐蚀

3. 下列有关金属铁的腐蚀与防护，下列说法正确的是_____。

A. 在钢铁表面进行发蓝处理，生成四氧化三铁薄膜保护金属

B. 当镀锡铁和镀锌铁镀层破损时，后者更易被腐蚀

C. 铁与电源正极连接可实现电化学保护

D. 阳极氧化处理铝制品生成致密的保护膜属于电化学保护法

8.7-4　问答题

1. 将一根均匀的铁棒，部分插入水中，部分露在空气中。经若干时间后，哪一部分腐蚀最严重，为什么？

2. 为了防止铁生锈，分别电镀上一层锌和一层锡，两者防腐的效果是否一样？

任务 8.8　实验：电导法测定弱电解质的电离常数

8.8.1　实验目的及要求

（1）掌握电桥法测量电导的原理和方法，掌握电导仪的使用方法；

（2）测定电解质溶液的电导并计算弱电解质的电离常数。

8.8.2　实验原理

HAc 是一种弱的电解质，在水溶液中部分电离，其电离平衡方程式为：

$$HAc \Longrightarrow H^+ + Ac^-$$

$$c(1-\alpha) \quad c\alpha \quad c\alpha$$

醋酸在溶液中电离达到平衡时，其电离平衡常数 $K^{\ominus}$ 与初始浓度 c 和电离度 α 的关系为：

$$K^{\ominus} = \frac{c\alpha^2}{c^{\ominus}(1-\alpha)} \tag{1}$$

在一定温度下，$K^{\ominus}$ 是一个常数，因此可以通过测定醋酸在不同浓度下的电离度，代入式（1）计算得到 $K^{\ominus}$ 值。式中，$c^{\ominus}$ 单位为 mol/L。

醋酸溶液的电离度 α 可用电导法来测定。

电导的物理意义是：当导体两端的电势差为 1 V 时所通过的电流强度，即电导 $(G) = \dfrac{电流强度(I)}{电势差(U)}$。因此，电导是电阻的倒数，在电导池中，电导的大小与两极之间的距离 l 成反比，与电极的面积 A 成正比，即：

$$G = \kappa \frac{A}{l} \tag{2}$$

式中，κ 为电导率（或比电导），即 l 为 1 m，A 为 1 m^2 时溶液的电导，因此电导率这个量值与电导池的结构无关。

电解质溶液的电导率不仅与温度有关，而且还与溶液的浓度有关，因此通常用摩尔电导率这个量值来衡量电解质溶液的导电本领。摩尔电导率的定义如下：含有一摩尔电解质的溶液，全部置于相距为 1 m 的两个电极之间，这时所具有的电导称为摩尔电导率。摩尔电导率与电导率之间的关系为：

$$\Lambda_{\mathrm{m}} = \frac{\kappa}{c} \tag{3}$$

式中，c 为溶液中物质的量浓度，mol/m^3。

根据电离学说，弱电解质的电离度 α 随溶液的稀释而增大，当溶液无限稀释时，弱电解质全部电离 $\alpha \to 1$。在一定温度下，溶液的摩尔电导率与离子的真实浓度成正比，因而也与电离度 α 成正比，所以弱电解质的电离度 α 应等于溶液在量浓度 c 时的摩尔电导率 Λ^m 和溶液在无限稀释时摩尔电导率 $\Lambda_{\mathrm{m}}^{\infty}$ 之比，即：

$$\alpha = \frac{\Lambda_{\mathrm{m}}}{\Lambda_{\mathrm{m}}^{\infty}} \tag{4}$$

将式（4）代入式（1），得：

$$K^{\ominus} = \frac{\dfrac{c}{c^{\ominus}}\Lambda_{\mathrm{m}}^2}{\Lambda_{\mathrm{m}}^{\infty}(\Lambda_{\mathrm{m}}^{\infty} - \Lambda_{\mathrm{m}})} \tag{5}$$

$K^{\ominus}$ 值即可通过式（5）由实验测得。

由电导的物理概念可知，电导是电阻的倒数，对电导的测量也是对电阻的测量，但测定电解质溶液的电阻有其特殊性，当直流电流通过电极时会引起电极的极化，因此必须采用较高频率的交流电，其频率一般应取在 1000Hz。另外，构成电导池的两个电极应是惰性的，一般是铂电极，以保证电极与溶液之间不发生电化学反应。

精密的电阻测量通常均采用电桥法，其精度一般可达 0.0001 以上。它的原理如图 8-12 所示。

I 为高频（1000Hz/S）交流电源，AB 为一均匀且带有刻度的滑线电阻，T 为示零器（示波器或耳机），R_3 为 AC 段电阻，R_x 为电导池两极间的电阻。调节电阻 R_3 或移动接触点 C，使 CD 两点间电势差等于零，此时 CD 间没有电流，即：

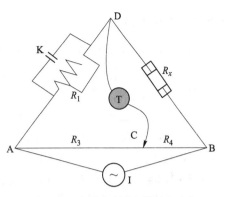

$$V_{AC} = V_{AD} , \quad V_{CB} = V_{DB} \tag{6}$$

所以
$$I_1 R_1 = I_2 R_3 \tag{7}$$
$$I_1 R_2 = I_2 R_x \tag{8}$$

式（7）除以式（8），得：

$$\frac{R_1}{R_2} = \frac{R_3}{R_x} , \quad G_x = \frac{1}{R_x} = \frac{R_1}{R_2 R_3} \tag{9}$$

图 8-12 交流电桥法测量原理图

由式（9）可得 G_x 值，但还必须换算成电导率 κ，由 κ 可通过式（3）求得摩尔电导率 Λ_m。由式（2）可知：

$$\kappa = \frac{l}{A} G = K_{cell} G \tag{10}$$

式（10）中 K_{cell} 称为电导池常数，它是电导池两个电极间的距离与电极表面积之比。为了防止极化，通常将铂电极镀上一层铂黑，因此真实面积 A 无法直接测量，通常可将已知电导率 κ 的电解质溶液（一般用的是标准的 0.0100 mol/L KCl 溶液）注入电导池中，然后测定其电导 G 即可以式（10）算得电导池常数 K_{cell}。

当电导池常数 K_{cell} 确定后，就可用该电导池测定某一浓度 c 的醋酸溶液的电导，再用式（10）算出 κ。c 为已知，则 c、κ 值代入式（3）算得该浓度下醋酸溶液的摩尔电导率，因此只要知道无限稀释时醋酸溶液的摩尔电导率 Λ_m^∞ 就可以应用式（5）最后算得醋酸的电离常数中 $K^\ominus$。

在这里，Λ_m^∞ 的求测是一个重要问题，对于强电解质溶液可测定其在不同浓度下摩尔电导率再外推而求得，但对弱电解质溶液则不能用外推法，通常是将该弱电解质正、负两种离子的无限稀释摩尔电导率加和计算而得（$\Lambda_m^\infty = v_+ \Lambda_{m,+}^\infty + v_- \Lambda_{m,-}^\infty$），不同温度下醋酸 Λ_m^∞ 的值见表 8-5。

表 8-5 不同温度下醋酸溶液的 Λ_m^∞

$t/℃$	$\Lambda_m^\infty / \times 10^2$ S·m²·mol⁻¹	$t/℃$	$\Lambda_m^\infty / \times 10^2$ S·m²·mol⁻¹	$t/℃$	$\Lambda_m^\infty / \times 10^2$ S·m²·mol⁻¹
20	3.615	24	3.841	28	4.079
21	3.669	25	3.903	29	4.125
22	3.738	26	3.960	30	4.182
23	3.784	27	4.009		

8.8.3 实验仪器与原料

实验仪器：电导率仪 1 台；电导池 1 个；移液管。

实验原料：0.0100 mol/L KCl 标准溶液；HAc 溶液（准确浓度 c 标于瓶签）。

8.8.4　实验步骤

（1）电导率仪的校准。接通电导率仪电源后，预热 30 min，将"选择"开关量程选择开关旋钮指向"检查"，"常数"补偿调节旋钮指向"1"刻度线，"温度"补偿调节旋钮指向"25"度线，调节"校准"调节旋钮，使仪器显示 100.0 μS/cm，至此校准完毕，测量时不允许再触动"校准"调节旋钮。

（2）测定电导池常数 K_{cell}。倾去电导池中蒸馏水（电导池不使用时，应把它浸在蒸馏水中，以免干燥后难以清除被铂黑所吸附的杂质，并且避免干燥的电极浸入溶液时，表面不易完全浸润，表面附着小气泡，使电极表面积发生改变，影响测量结果），用少量 0.0100 mol/L KCl 溶液洗涤电导池和铂电极，一般三次，然后倒入 0.0100 mol/L 的 KCl 溶液，使液面超过电极 1~2cm。与电导率仪连接后，将电导率仪的"温度"补偿调节旋钮指向溶液温度，"选择"开关量程选择开关旋钮指向"Ⅱ"，调节"常数"补偿调节旋钮至显示电导为 0.0100 mol/L 的 KCl 溶液的电导值为止，见附表 5。然后再将"选择"开关旋钮指向"检查"此时电导率上显示一数值 M，则电导池常数 $K_{cell} = \dfrac{M}{100}$。测量时不允许再触动"常数"调节旋钮。

（3）测定蒸馏水的电导。倾去电导池中的 KCl 溶液，将电导池和铂电极用蒸馏水洗涤。旋转"选择"开关旋钮置于所需量程档，如果预先不知被测介质电导率大小，应把其置于最大量程档，然后逐档选择适当量程，使仪器尽可能显示多位有效数字。待仪器显示值稳定后，记录蒸馏水的电导值。

（4）测定醋酸溶液的电导。将电导池和电极用滤纸吸干后，用 25 mL 移液管准确移取 50 mL 醋酸溶液倒入电导池，测该溶液的电导率。测完后，用吸取醋酸的移液管从电导池中吸出 25 mL 溶液弃去，用另一支移液管取 25 mL 蒸馏水注入电导池中，混合均匀，等温度恒定后测其电导。如此稀释四次。

（5）醋酸溶液的电导测量完毕后，再次测定电池常数以鉴定实验过程中电导池常数有无变化。

8.8.5　数据记录与处理

室温：_____℃　　　　　　　　　蒸馏水的电导率：_____ S/m

醋酸溶液浓度 c：_____ mol/L　　　电导池常数 K_{cell}：_____ m^{-1}。

将原始数据及处理结果填入下表：

项目	c /mol·dm^{-3}	G /S	κ /S·m^{-1}		Λ_m^∞ /S·m^2·mol^{-1}	α	$K^\ominus$
c				平均值			
$\dfrac{c}{2}$				平均值			

续表

项目	c /mol·dm^{-3}	G /S	κ /S·m^{-1}	Λ_{m}^{∞} /S·m^2·mol^{-1}	α	$K^{\ominus}$
$\dfrac{c}{4}$			平均值			
$\dfrac{c}{8}$			平均值			
$\dfrac{c}{16}$			平均值			

实验测定电离平衡常数 $K^{\ominus}$ 平均值=

与文献值相比相对误差=

8.8.6 思考题

（1）测定溶液电导，一般不用直流电，而用交流电，为什么？

（2）为了防止电极极化，交流电源频率常选在 1000 Hz 左右，为什么频率不选择更高一些？

（3）结合本实验结果，分析当 HAc 浓度变稀时，G、κ、Λ^m、α、$K^{\ominus}$ 等怎样随浓度变化，你的实验结果与理论是否相符合，为什么？

本章小结

拓展阅读

项目 9　表面化学与胶体

学习目标

（1）理解比表面吉布斯函数、表面张力的概念，掌握表面张力的计算；

（2）理解弯曲液面的附加压力的概念，能熟练运用拉普拉斯方程计算附加压力的大小并判断其方向；

（3）了解弯曲液面的饱和蒸气压与曲率半径的关系，能够解释亚稳状态的存在，掌握开尔文公式的有关计算；

（4）了解润湿、铺展和接触角，能运用杨氏方程分析这三者的关系；

（5）了解毛细现象及产生的原因，掌握毛细管液面高度的相关计算；

（6）理解溶液表面的吸附和固体表面的吸附，掌握吉布斯吸附等温式和朗缪尔吸附等温式的相关计算；

（7）了解表面活性剂的定义、分类及应用，理解临界胶束浓度；

（8）了解分散系统的分类及特征，了解溶胶的特征及其制备与净化；

（9）掌握溶胶的光学性质、动力学性质、电学性质的本质及其应用；

（10）掌握溶胶的双电层理论及胶团结构，了解溶胶的稳定性与聚沉；

（11）了解高分子溶液的特征，理解高分子溶液的渗透压；

（12）了解乳状液的分类与鉴别，乳状液的形成和破坏的方法。

　　自然界中的物质一般以气、液、固三种相态存在，在多相系统中，相与相之间的分界面称为界面。界面通常有五种类型，即气-液、气-固、液-液、液-固和固-固界面，习惯上把气-液、气-固界面称为表面。界面是约几个分子厚度的薄层，又称为界面层，它的结构与它邻近两侧完全不同，导致其具有某些特殊的性质，自然界中的很多现象都与界面的特殊性质有关。本项目重点讨论在气-液、气-固表面上的现象，称为表面化学。

　　把一种或几种物质分散在另一种物质中构成分散系统。胶体分散系统由于分散程度较高，且为多相（具有明显的物理分界面），因此它的一系列性质与其他分散系统不同。目前，胶体化学已成为一门独立的学科，其研究领域涉及化学、物理学、材料科学、生物化学等诸多学科的交叉与重叠。

　　表面化学与胶体的相关知识在生物、医学、食品、冶金选矿、日用化工等领域具有十分重要的意义和非常广泛的应用。

任务 9.1　物质的表面特性及弯曲液面的表面现象

9.1.1　比表面吉布斯函数与表面张力

9.1.1.1　比表面吉布斯函数

对一定量的物质，分散程度越高，其表面积就越大，界面效应就越显著。通常用比表面积表示多相分散系统的分散程度（简称分散度），其定义为被分散物质单位质量或单位体积所具有的表面积（质量比表面积 A_m，体积比表面积 A_V），即：

$$A_m = \frac{A_s}{m} \quad \text{或} \quad A_V = \frac{A_s}{V} \tag{9-1}$$

式中，A_s、m、V 分别为该物质的表面积、质量和体积。

对于任意相，表面层的分子与体相中的分子所处的力场不同。以气-液表面为例（见图 9-1），液体内部的分子皆处于同类分子的包围之中，所受周围分子的作用力是球形对称的，各个方向上的力相互抵消，其合力为零，因此液体内部的分子可以做无规则的运动而不消耗功。但对于表面层分子，由于下方液体分子对它的引力远大于上方气体分子对它的引力，因此它处于力场不对称的环境，其合力不为零。表面层分子始终受到指

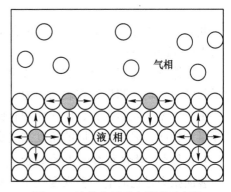

图 9-1　液体分子受力情况示意图

向液体内部的拉力，因而它总是趋于向液体内部移动，使液体具有自发缩小其表面积的趋势。如果要扩大液体的表面积，即把一部分分子由液体内部移动到表面，则必须克服液体内部分子的拉力而对系统做功，此功称为表面功。

在一定的温度与压力下，组成恒定时，可逆地使系统表面积增加 dA_s 所需的表面功 $\delta W'$ 为：

$$\delta W' = \gamma dA_s \tag{9-2}$$

式中，比例系数 γ 的物理意义为：在温度、压力和组成恒定的条件下，使液体增加单位表面积时对系统做的可逆非体积功，称为比表面功，J/m^2。

根据热力学原理，在恒温、恒压可逆条件下，$\delta W' = dG$，则式(9-2)可表示为：

$$dG = \gamma dA_s \quad \text{或} \quad \gamma = \left(\frac{\partial G}{\partial A_s}\right)_{T,p,n_B} \tag{9-3}$$

从热力学角度，比例系数 γ 的物理意义为：在 T、p 和组成恒定的条件下，增加单位表面积时系统吉布斯函数的增量。因此，γ 又称为比表面吉布斯函数。

9.1.1.2　表面张力

如图 9-2 所示，用金属丝制成一个 U 形框架，上面装有一个长度为 l 的可自由移动的金属丝，将框架放入肥皂水中再取出会形成一层肥皂膜。若放松金属丝，肥皂膜将自动收缩以减小表面积。要使膜的表面积保持不变，需要在移动的金属丝上施加一相反的

力 F，其方向与金属丝垂直，大小与金属丝的长度成正比。在恒温、恒压下，若力 F 使金属丝向右移动 $\mathrm{d}x$ 距离，使液膜的表面积增大 $\mathrm{d}A_{\mathrm{s}}$，忽略摩擦力时，该过程所做的可逆非体积功为：

$$\delta W' = F\mathrm{d}x \qquad (9\text{-}4)$$

因为膜有两个表面，所以增加的表面积 $\mathrm{d}A_{\mathrm{s}} = 2l\mathrm{d}x$，代入式(9-2)得：

$$\delta W' = 2\gamma l\mathrm{d}x \qquad (9\text{-}5)$$

将式(9-4)和式(9-5)整理，得：

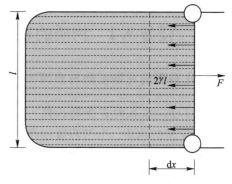

图 9-2　表面张力示意图

$$\gamma = \frac{F}{2l} \qquad (9\text{-}6)$$

此时，γ 称为表面张力，其物理意义为：引起液体表面收缩的单位长度上的力，其单位为 N/m 或 mN/m。

与液体表面类似，其他界面（如固体表面、液-液界面、液-固界面等），由于界面层分子的受力不均，同样存在表面张力。

由此可见，表面张力、比表面功和比表面吉布斯函数三者虽然是不同的物理量，但数值和量纲相同，只是从不同的角度描述系统的同一性质。

9.1.1.3　影响表面张力的因素

表面张力是物质的一种强度性质，其大小与物质的本性、接触相的性质及温度、压力等因素均有关。

A　物质的本性

表面张力是分子间相互作用的结果，不同物质分子间的作用力不同，对界面分子的影响也不同。分子间的作用力越大，表面张力也越大。一般来讲，固态物质的表面张力大于液态物质的表面张力，极性物质的表面张力大于非极性物质的表面张力。处于相同的凝聚态下，物质的表面张力与其分子间力或化学键力的关系如下：

$$\gamma(\text{金属键}) > \gamma(\text{离子键}) > \gamma(\text{极性共价键}) > \gamma(\text{非极性共价键})$$

表 9-1 和表 9-2 给出了一些物质在实验温度下的表面张力。

表 9-1　一些固态物质的表面张力

物质	气氛	$t/℃$	$\gamma/\mathrm{N}\cdot\mathrm{m}^{-1}$
铜	Cu 蒸气	1050	1.670
锡	真空	215	0.685
苯	—	5.5	0.052±0.007
冰	—	0	0.120±0.010
氧化镁	真空	25	1.000
云母	真空	20	4.500

表 9-2　一些物质呈液态时的表面张力

物质	$t/℃$	$\gamma/N \cdot m^{-1}$
正己烷	20	0.0186
乙醚	20	0.0170
乙醇	20	0.0223
水	20	0.0728
NaCl	803	0.1138
Al_2O_3	2080	0.7000
Ag	1100	0.8785
Cu	1083	1.3000

B　接触相的性质

在一定条件下，同一种物质与不同性质的物质接触时，由于界面层分子所处的力场不同，表面（界面）张力会出现明显的差异。表 9-3 给出了 20 ℃ 时，水与不同液体接触时的表面张力。

表 9-3　20 ℃ 时水与不同液体接触时的表面张力

界面	$\gamma/N \cdot m^{-1}$	界面	$\gamma/N \cdot m^{-1}$
水-正辛醇	0.0085	水-四氯化碳	0.0450
水-氯仿	0.0328	水-正己烷	0.0511
水-苯	0.0350	水-汞	0.3750

C　温度

当温度升高时，物质的体积膨胀，分子间距离增大，使分子间的相互作用力减弱，因此不同温度下同一物质的表面张力不同，一般随温度的升高而减小。液体的表面张力受温度的影响较大，当温度趋于临界温度时，气、液界面逐渐消失，此时液体的表面张力降低至零。表 9-4 给出了一些液体在不同温度下的表面张力。

表 9-4　一些液体在不同温度下的表面张力

液体	表面张力 $\gamma/mN \cdot m^{-1}$					
	0 ℃	20 ℃	40 ℃	60 ℃	80 ℃	100 ℃
水	75.64	72.75	69.56	66.18	62.61	58.85
乙醇	24.05	22.27	20.60	19.01	—	—
甲醇	24.5	22.6	20.9	19.3	17.5	15.7
四氯化碳	—	26.9	24.3	21.9	19.7	17.3
丙酮	26.2	23.7	21.2	18.6	16.2	—
苯	31.6	28.9	26.3	23.6	21.2	18.2

D　压力

压力对表面张力的影响比较复杂：一方面，压力增大，气相的密度将增大，可减小液体表面层分子受力的不对称程度；另一方面，压力增大，气体在液体中的溶解度将增大，使液相组成发生改变。两方面因素的综合效应，一般表现为增大压力，液体的表面张力降低。通常每增加 1 MPa 的压力，表面张力约降低 1 mN/m。

例 9-1

25 ℃时，半径为 1.00 cm 的水滴分散成半径为 1.00×10^{-6} m 的小水滴。试计算：

(1) 分散前后水滴的表面积和比表面积，并进行比较；

(2) 系统吉布斯函数增加了多少？

(3) 环境需要做多少功？（已知水的表面张力为 72.75×10^{-3} N/m）

例 9-1 解析

9.1.2　液体的界面现象

9.1.2.1　弯曲液面的附加压力

A　弯曲液面的附加压力

弯曲液面分为凸液面（如液滴）和凹液面（如气泡）两种。由于表面张力的作用，弯曲液面的液体与平液面的液体受力情况不同，前者受到附加压力。平液面、凸液面和凹液面的受力情况，如图 9-3 所示。

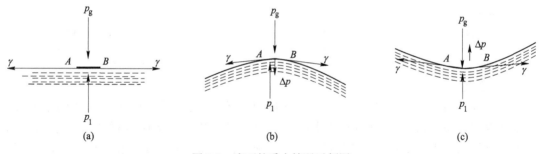

图 9-3　液面的受力情况示例图
(a) 平液面；(b) 凸液面；(c) 凹液面

在液面上观察一小块面积 AB，AB 以外的液体对 AB 面有表面张力的作用，作用力的方向与周界线垂直并与液面相切。对于平液面 [见图 9-3(a)]，AB 面受到周围液体的表面张力，作用力的方向与 AB 面平行且相互抵消，合力为零，液面所受气、液两相的压力相等（气体压力为 p_g，液体压力为 p_1）；对于凸液面 [见图 9-3(b)]，表面张力的方向与 AB 面相切，产生向下的合力 Δp，则 $\Delta p = p_1 - p_g$；对于凹液面 [见图 9-3(c)]，表面张力的方向与 AB 面相切，产生向上的合力 Δp，则 $\Delta p = p_g - p_1$。

将任意弯曲液面凹面一侧的压力以 $p_内$ 表示，凸面一侧的压力以 $p_外$ 表示，则 $p_内 > p_外$。由于表面张力的作用，在弯曲液面两侧产生的压力差称为弯曲液面的附加压力 Δp，即：

$$\Delta p = p_内 - p_外 \tag{9-7}$$

不管是凸液面还是凹液面，附加压力 Δp 的方向总是指向凹液面曲率半径中心。

B　拉普拉斯方程

附加压力的大小与液体表面的曲率半径及液体的表面张力有关。若液面为球面，可推导出：

$$\Delta p = \frac{2\gamma}{r} \tag{9-8}$$

式中，Δp 为弯曲液面的附加压力，Pa；γ 为表面张力，N/m；r 为液面的曲率半径，m。

式(9-8)称为拉普拉斯方程，由该式可知：

（1）对于指定液体，表面张力 γ 为定值，附加压力与液面曲率半径成反比，即曲率半径 r 越小，附加压力 Δp 越大。

（2）对于不同液体，在液面曲率半径相等时，附加压力与液体的表面张力成正比，即表面张力 γ 越大，附加压力 Δp 越大。

（3）式(9-8)适用于小液滴或液体中的气泡。对于空气中的气泡（如肥皂泡），因其内外有两个气-液界面，故附加压力 $\Delta p = \dfrac{4\gamma}{r}$。

（4）当液面为任意曲面时，$\Delta p = \gamma\left(\dfrac{1}{r_2} + \dfrac{1}{r_1}\right)$，式中 r_1 和 r_2 为任意曲面的 2 个主半径，对于球面 $r_1 = r_2$，还原为式(9-8)。

9.1.2.2　弯曲液面的饱和蒸气压

在一个密闭的容器内放置一烧杯，烧杯内盛有些水，在一块玻璃板上洒几滴水也放在容器内。放置一段时间后，小液滴逐渐消失，而烧杯中的水量增加。由相平衡知识可知，饱和蒸气压越大的液体越容易挥发，显然小液滴的饱和蒸气压比烧杯中液体的饱和蒸气压大。

由以上实验可知，弯曲液面的饱和蒸气压和平液面的饱和蒸气压不同。平液面的饱和蒸气压只与物质的本性、温度及压力有关，而弯曲液面的饱和蒸气压不仅与这些因素有关，还与液面的弯曲程度（曲率半径 r 的大小）有关。由热力学推导，可得到蒸气压与液面曲率半径 r 的关系式，为：

$$\ln\frac{p_r}{p} = \frac{2\gamma M}{RTr\rho} \tag{9-9}$$

式中，p_r 为弯曲液面的饱和蒸气压，Pa；p 为平液面的饱和蒸气压，Pa；γ 为液体的表面张力，N/m；M 为液体的摩尔质量，kg/mol；ρ 为液体的密度，kg/m³；r 为弯曲液面的曲率半径，m；T 为热力学温度，K。

式(9-9)称为开尔文公式。由该式可知：

（1）凸液面，$r > 0$，$p_r > p$，即凸液面的饱和蒸气压大于平液面的饱和蒸气压，曲率半径越小，其饱和蒸气压越大。

（2）凹液面，$r < 0$，$p_r < p$，即凹液面的饱和蒸气压小于平液面的饱和蒸气压，曲率半径越小，其饱和蒸气压越小。

（3）平液面，$r \to \infty$，$p_r = p$。

例 9-2

已知在 298 K 时，水平面上水的饱和蒸气压为 3168 Pa，求在相同温度下，半径为 5 nm 的小水滴的饱和蒸气压。已知此时水的表面张力为 0.072 N/m，水的密度为 1000 kg/m³，水的摩尔质量为 18.0 g/mol。

例 9-2 解析

9.1.2.3　液体的润湿作用

A　润湿

将干净的玻璃棒插入水中再取出，棒上会沾有一层水；如果将蜡烛插入水中再取出，蜡烛则不会沾水。通常将前一种情况称为湿，后一种情况称为不湿。在日常生活和生产中，润湿是一种常见的现象，有时需要润湿发挥作用，如农药喷洒、洗涤、印染等；有时又需要不被水润湿，如防水布、防水涂料的生产。润湿程度是一个非常重要的性能指标。

润湿作用在生产实践中应用广泛。例如，农药在喷洒时若能在叶片及虫体上铺展就能明显提高杀虫效果，可以在喷洒液中加入少量的润湿剂改善其润湿效果。脱脂棉易被水润湿，但经憎水剂处理后，水滴不易进入到布的毛细孔中，经振动很容易脱落，利用该原理可制成雨衣和防水设备。另外，许多生产过程如机械设备的润滑、矿物浮选、注水采油、金属焊接、印染等也都应用到润湿的理论。

润湿是固体（或液体）表面上的气体被液体取代的过程。以下主要讨论液体对固体表面的润湿情况。在一定的 T、P 下，润湿程度可以用表面吉布斯函数的改变量 ΔG 来衡量，吉布斯函数降低得越多，固体表面越容易被润湿。按润湿程度，一般可将润湿分为沾湿、浸湿和铺展三类（见图 9-4）。

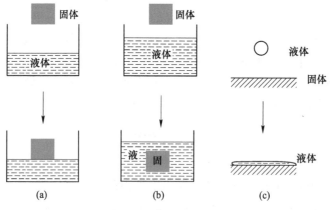

图 9-4　润湿的三种形式

(a) 沾湿；(b) 浸湿；(c) 铺展

沾湿过程是指固体表面的一部分气体被液体取代，使部分气-固界面和气-液界面转变成液-固界面，如图 9-4(a) 所示。浸湿过程是将固体浸入液体，气-固界面完全被液-固面取代，而液体表面不发生变化的过程，如图 9-4(b) 所示。铺展过程是少量液体在固体表面自动展开，以液-固界面取代气-固界面，同时又增大气-液界面的过程，如图 9-4(c) 所示。

令

$$S = \gamma_{s\text{-}g} - \gamma_{s\text{-}l} - \gamma_{l\text{-}g} \tag{9-10}$$

式中，$\gamma_{s\text{-}l}$、$\gamma_{l\text{-}g}$、$\gamma_{s\text{-}g}$分别为固-液、液-气和固-气界面的界面张力；S 称为铺展系数，只有当 $S \geq 0$ 时，液体才能在固体表面铺展，S 越大，铺展性能越好。

B 接触角与润湿方程

将一滴液体滴在固体表面上，常会形成两种常见的形状，如图9-5所示。

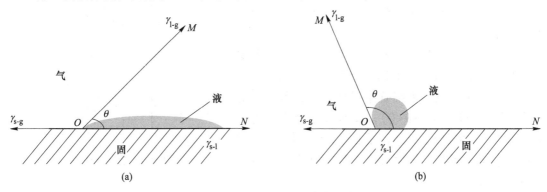

图 9-5 接触角与各界面张力的关系

(a) 润湿；(b) 不润湿

在气、液、固三相交界处的 O 点，三种界面张力相互作用。固-液界面与液-气界面之间的夹角称为接触角（或润湿角），用 θ 表示。三种界面张力在水平方向上达到平衡时，可建立如下关系：

$$\gamma_{s\text{-}g} = \gamma_{s\text{-}l} + \gamma_{l\text{-}g} \cos\theta$$

或

$$\cos\theta = \frac{\gamma_{s\text{-}g} - \gamma_{s\text{-}l}}{\gamma_{l\text{-}g}} \tag{9-11}$$

式(9-11)称为杨式方程，由此式可得如下结论。

(1) 当 $\gamma_{s\text{-}g} > \gamma_{s\text{-}l}$ 时，$\cos\theta > 0$，$\theta < 90°$，液体对固体表面能润湿，且 θ 越小，润湿程度越高；当 $\theta = 0°$ 时，则为完全润湿。

(2) 当 $\gamma_{s\text{-}g} < \gamma_{s\text{-}l}$ 时，$\cos\theta < 0$，$\theta > 90°$，液体对固体表面不润湿，且 θ 越大，越不能润湿；当 $\theta = 180°$ 时，则为完全不润湿。

9.1.2.4 毛细现象

将毛细管插入液体后，液体沿毛细管上升（或下降）的现象称为毛细现象。弯曲液面存在附加压力是产生毛细现象的根本原因。以液体在毛细管内上升为例，由于凹液面液体受到向上的附加压力，使得凹液面下的液体所受的压力小于管外平液面的液体所受的压力，所以管外液体被压入管内，导致管内液柱上升。管内液柱上升至一定高度后，液柱产生的静压力与管内凹液面的附加压力相等，系统达到平衡，则：

$$\rho g h = \Delta p = \frac{2\gamma}{r} \tag{9-12}$$

由图9-6可以看出，毛细管半径 R 与液面的曲率半径 r 满足 $\cos\theta = \dfrac{R}{r}$，代入式(9-12)，得：

$$\rho g h = \frac{2\gamma \cos\theta}{R}$$

则液体在管内上升的高度为：

$$h = \frac{2\gamma\cos\theta}{R\rho g} \qquad (9\text{-}13)$$

式中，ρ 为液体的密度，kg/m³；g 为重力加速度，$g = 9.80$ N/kg；R 为毛细管半径，m；h 为液柱上升的高度，m。

由式（9-13）可知，若液体对毛细管壁润湿（$\cos\theta > 0$），此时液体沿毛细管上升，管内液面呈凹液面，上升的高度与毛细管半径成反比；若液体对毛细管壁不润湿（$\cos\theta < 0$），此时液体沿毛细管下降，管内液面呈凸液面，下降的高度仍可由式（9-13）计算。此时，h 为负值，其绝对值表示液面下降的深度。

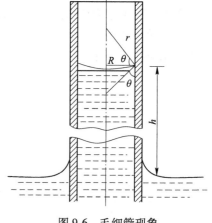

图 9-6　毛细管现象

利用毛细现象的知识可以解释很多表面效应。例如，天旱时，农民锄地不但可以铲除杂草，还可以破坏土壤中的毛细管，防止土壤中的水分沿毛细管上升到地表而被蒸发，起到锄地保墒的作用。

例 9-3

已知毛细管半径 $R = 1 \times 10^{-4}$ m，水的表面张力 $\gamma = 0.072$ N/m，水的密度 $\rho = 10^3$ kg/m³，接触角 $\theta = 60°$。试求毛细管中水面上升的高度 h。

例 9-3 解析

9.1.3　亚稳状态与新相生成

由于系统粒径减小、分散度增加而引起的液体或固体饱和蒸气压增大的现象，只有在颗粒很小时才会产生显著的影响。一般情况下，这种表面效应是可以忽略的。但在蒸气冷凝、液体凝固、液体沸腾及溶液结晶等有新相生成的过程中，由于最初新相的颗粒极其微小，其比表面积和比表面吉布斯函数都很大。因此，系统要产生新相十分困难，进而会产生过饱和蒸气、过热或过冷液体、过饱和溶液等。这些状态均是热力学不稳定状态，但在一定时间内能出现和存在，称为亚稳状态。一旦新相生成，系统的亚稳状态则失去稳定性，最终达到稳定状态。

9.1.3.1　过饱和蒸气

压力大于同温度下液体的饱和蒸气压时，应当凝结而未凝结的蒸气称为过饱和蒸气。按照相平衡条件，在一定温度下，当蒸气压大于液体的饱和蒸气压时，饱和蒸气要自动凝结成液体，直至蒸气的压力降到液体在该温度下的饱和蒸气压为止。然而，凝结之初产生的液滴极其微小，尽管蒸气压对平液面已达到饱和，但对小液滴并未达到饱和，故小液滴又挥发了，最终难以形成较大的液滴，产生过饱和蒸气。

若在过饱和蒸气中加入粉尘等作为蒸气的凝结中心，凝聚在其上的小液滴的初始曲率半径将增大，其相应的饱和蒸气压大大减小，小液滴更容易生成和长大。例如，当云层中的水蒸气达到饱和或过饱和状态时，向云层中喷洒微小的 AgI 颗粒使其成为水蒸气的凝结中心，水蒸气就容易凝结成水滴而落向大地。这就是人工降雨的原理。

9.1.3.2　过热液体

加热到沸点以上应该沸腾而实际不沸腾的液体称为过热液体。液体沸腾产生气相时，如果液体中没有新相种子（气泡）存在，液体即使达到沸点也难以沸腾。这是因为液体沸腾时，最初产生的气泡（新相）非常微小，其饱和蒸气压较平液面小，因此气泡难以形成。若要使小气泡存在，必须继续加热，使小气泡内的蒸气压力达到气泡存在所需压力，小气泡才可能产生并长大，液体才开始沸腾。此时液体的温度必然高于该液体的正常沸点而形成过热液体，过热程度较大时溶液容易产生暴沸现象。

为防止液体过热，常在液体中加入一些素烧瓷片或毛细管等多孔性物质，这些物质的孔隙中储存有气体，加热时可作为新相种子，从而绕过最初的产生极微小气泡的困难阶段，大大降低了液体的过热程度而易于沸腾。

9.1.3.3　过冷液体

液体温度降至凝固点以下应当凝固而未凝固的液体称为过冷液体。一定温度下微小晶体的饱和蒸气压大于普通晶体的饱和蒸气压。在达到正常凝固点时，液体的饱和蒸气压等于大晶体的饱和蒸气压，但小于小晶体的饱和蒸气压，因此小晶体不能存在，凝固不能发生。必须继续降低温度至正常凝固点以下，达到微小晶体的饱和蒸气压时，小晶体才开始凝固，由此产生过冷现象。若向过冷液体中加入少量晶体作为新相的种子，液体会迅速凝固成晶体。

9.1.3.4　过饱和溶液

在一定温度下，溶液浓度已超过了饱和浓度，仍未析出晶体的溶液称为过饱和溶液。在相同温度下，微小晶体的溶解度大于普通晶体的溶解度。当溶液开始结晶时，应当析出晶体，但最初产生的晶体是微小晶体，溶解度较高，因此不能析出，只能进一步蒸发溶剂，产生过饱和溶液，微小晶体才会析出。

在结晶操作中，若溶液的过饱和度过大，将会在短时间内迅速生成许多细小的晶体颗粒，不利于产品的过滤和洗涤。因此，通常在结晶器中投入小晶体作为新相的种子，以获得较大的晶体颗粒。

综上所述，亚稳状态之所以能够存在是因为物质的分散度大、颗粒小时，界面现象不能忽视，新相的生成困难。有时需要破坏亚稳状态，如人工降雨；有时又需要利用亚稳状态以保持物质的一些特性，如金属的淬火工艺。亚稳状态是需要消除还是保留要根据实际需要来选择。

思考练习题

9.1-1　填空题

1. 分散在大气中的小液滴和小气泡，以及在毛细管中的凹液面和凸液面，它们所承受附加压力 Δp 的方向均指向_____。

2. 液体在毛细管中上升的高度与毛细管内径呈_____关系，与液体的表面张力呈_____关系。

3. 在一定温度下，同种液体形成液滴、气泡和平面液体，对应的饱和蒸气压分别为 p_1、p_2 和 p_3，若将三者按大小顺序排列应为_____。

4. 常见的四种亚稳状是_____、_____、_____、_____，其产生原因皆与_____有关。

5. 当_____时称为润湿，当_____时称为完全润湿，当_____时称为不润湿，当_____时称为完全不润湿。

9.1-2　判断题

1. 对一定量的物质，分散程度越高，其表面积就越大，界面现象越显著。　　　　　　（　　）

2. 液体的表面张力总是力图增大液体的表面积。　　　　　　　　　　　　　　　（　　）

3. 液滴的半径越小，饱和蒸气压越大。　　　　　　　　　　　　　　　　　　　（　　）

4. 过饱和蒸气之所以可能存在，是因为新生成的微小液滴具有很低的表面吉布斯自由能。（　　）

5. 一固体表面上的水滴呈球形，则相应的接触角 $\theta > 90°$。　　　　　　　　　（　　）

9.1-3　单选题

1. 在相同的温度和压力下，把一定体积的水分散成许多小水滴，经这一变化过程，以下性质保持不变的是_____。

　A. 总表面能　　　　　　　　　　　B. 表面张力

　C. 比表面　　　　　　　　　　　　D. 液面下的附加压力

2. 温度与表面张力的关系是_____。

　A. 温度升高表面张力增大　　　　　B. 温度升高表面张力减小

　C. 温度对表面张力没有影响　　　　D. 不能确定

3. 弯曲液面上的附加压力一定_____。

　A. 小于零　　　　B. 等于零　　　　C. 大于零　　　　D. 不确定

4. 在室温、正常大气压下，于肥皂水中吹一半径为 r 的空气泡，其泡内的压力为 p_1，若用该肥皂水在空气中吹一半径同为 r 的肥皂泡，其泡内的压力为 p_2，则 p_1 _____ p_2。

　A. 大于　　　　B. 小于　　　　C. 等于　　　　D. 不一定

5. 将洁净的毛细管垂直插入 25 ℃和 75 ℃的水中，则毛细管内液面上升的高度_____。

　A. 25 ℃水中较高　　　　　　　　B. 75 ℃水中较高

　C. 相同　　　　　　　　　　　　D. 无法确定

6. 若一种液体能在固体表面铺展，则下列几种描述正确的是_____。

　A. $s<0, \theta<90°$　　B. $s>0, \theta>90°$　　C. $s>0, \theta<90°$　　D. $s<0, \theta>90°$

9.1-4　问答题

1. 比表面有哪几种表示方法？表面张力与表面 Gibbs 自由能有哪些异同？

2. 为什么气泡、液滴、肥皂等都呈圆形？为什么玻璃管口加热后会变得光滑并缩小（俗称圆口）？这些现象的本质是什么？

3. 用学到的关于界面现象的知识解释以下几种做法或现象的基本原理：

（1）人工降雨；

（2）在有机化合物蒸馏中加沸石；

（3）毛细管凝结；

（4）过饱和溶液、过饱和蒸气、过热液体和过冷液体等现象；

（5）重量分析中的"陈化"过程；

（6）喷洒农药时，常常要在药液中加少量表面活性剂。

4. 如图 9-7 所示，在三通旋塞的两端各有一大一小肥皂泡，若将中间的旋塞打开使两气泡相通，将发生什么变化？到何时小肥皂泡不再变化？

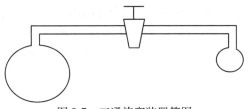

图 9-7 三通旋塞装置简图

9.1-5 习题

1. 已知水的表面张力 $\gamma = 0.1139 - 1.4 \times 10^{-4} T (N/m)$，式中，$T$ 为绝对温度。试求在恒温 283 K 及恒压 p^0 下，可逆地使水的表面积增加 2×10^{-4} m² 时所必须做的功为多少？

2. 在 293 K 时，把半径 1 mm 的水滴分散成半径为 1 μm 的小水滴，试问：

（1）比表面增加了多少倍？

（2）表面吉布斯函数增加了多少？

（3）完成该变化时，环境至少需做多少功？

已知该温度时，水的表面张力为 72.88×10^{-3} N/m。

3. 若水在 25 ℃时的表面张力为 72.75×10^{-3} N/m，则当把水分散成半径为 1×10^{-3} cm 的小液滴时，曲面下的附加压力为多少？

4. 若一球形液膜的直径为 1×10^{-3} m，比表面自由能为 0.7 J/m²，则其所受的附加压力是多少？

5. 298 K 时有关的界面张力数据如下：$\gamma_{水} = 72.8 \times 10^{-3}$ N/m，$\gamma_{苯} = 28.9 \times 10^{-3}$ N/m，$\gamma_{汞} = 12 \times 10^{-3}$ N/m，$\gamma_{汞\text{-}水} = 375 \times 10^{-3}$ N/m，$\gamma_{汞\text{-}苯} = 362 \times 10^{-3}$ N/m，$\gamma_{水\text{-}苯} = 32.6 \times 10^{-3}$ N/m。试问：

（1）若将一滴水滴入苯和汞之间的界面上，其接触角 θ 为多少？

（2）苯能否在汞或水的表面上铺展？

6. 汞对玻璃表面完全不润湿，若将直径为 100 μm 的玻璃毛细管插入大量汞中，试求管内汞面的相对位置。

已知汞的密度为 1.35×10^4 kg/m，表面张力为 0.520 N/m。

7. 在 298 K，101.325 kPa 下，将直径为 1 μm 的毛细管插入水中，问需要在管内加多大的压力才能防止水面上升？若不加额外压力，让水面上升达平衡后，管内液面上升多高？

已知：该温度下水的表面张力为 0.072 N/m，水的密度为 1000 kg/m，设接触角为 0°，重力加速度为 9.8 m/s。

8. 已知 20 ℃时，水的饱和蒸气压为 2.34×10^3 Pa，试求半径为 1.00×10^{-8} m 的小水滴的蒸气压为多少？

9. 在 373 K 时，水的表面张力为 0.0589 N/m，密度为 958.4 kg/m³。试问：

（1）直径为 1×10^{-7} m 的气泡内（即球形凹面上），在 373 K 时的水蒸气压力为多少？

（2）在 101.325 kPa 外压下，能否从 373 K 的水中蒸发出直径为 1×10^{-7} m 的蒸气泡？

10. 水蒸气迅速冷却至 25 ℃时会发生过饱和现象。已知 25 ℃时水的表面张力为 0.0715 N/m，当过饱和蒸气压为水的平衡蒸气压的 4 倍时，试计算最初形成的水滴半径为多少，此种水滴中含有多少个水分子？

任务9.2 吸 附 作 用

9.2.1 溶液表面的吸附

9.2.1.1 溶液表面的吸附现象

在恒温、恒压下，纯液体的表面张力是一定值。当加入溶质后，为降低表面吉布斯函数，使系统更稳定，溶质会自动地在表面层或体相中富集，这种溶质在溶液表面层中的浓度与在溶液本体中的浓度不同的现象称为溶液表面的吸附。吸附会改变溶液表面的张力，因此溶液的表面张力不仅是温度、压力的函数，也会随溶液组成而发生变化。

在一定温度下，向纯水中分别加入不同种类的溶质，溶质的浓度对溶液表面张力的影响大致可分为三类，如图 9-8 所示。曲线 I 表明，随着溶质浓度的增加，溶液的表面张力略有上升，无机盐类（如 NaCl）、不挥发性酸（如 H_2SO_4）、碱（如 NaOH）以及含有多个 —OH 的有机化合物（如蔗糖、甘油等）均属于这类溶质。曲线 II 表明，随着溶质浓度的增加，溶液的表面张力逐渐下降，大部分的低级脂肪酸、醇、醛等有机物属于这类溶质。曲线 III 表明，水中加入少量溶质后，溶液的表面张力急剧下降到某一浓度后，表面张力几乎不再随溶液浓度的增加而变化。属于此类的化合物常用 RX 表示，其中 R 代表含有 10 个或 10 个以上碳原子的烷

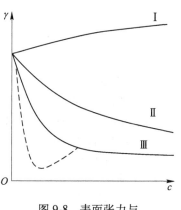

图 9-8　表面张力与
浓度关系示意图

基；X 代表极性基团，如—OH、—COOH、—CN、—COOR′ 等，也可以是—SO_3^-、—NH_3^+、—COO^- 等离子基团。这类曲线有时会出现虚线部分通常是含有杂质所引起的。

当溶剂中加入能形成图 9-8 中 II、III 类曲线的溶质后，由于这类物质是有机化合物，分子间相互作用力较弱，当它们富集于表面时，会使表面层分子间的相互作用减弱，溶液的表面张力下降，进而使表面吉布斯函数降低。因此，这类物质会自动地富集于表面层，使它在表面层中的浓度大于其在溶液本体中的浓度，这种现象称为正吸附。与此相反，当溶剂中加入能形成 I 类曲线的溶质后，这类溶质在溶剂中解离出正、负离子，使溶液中分子间的相互作用增强，溶液的表面张力升高，进而使表面吉布斯函数升高。为了降低表面吉布斯函数，使系统更加稳定，这类物质会自动地向溶液本体迁移，使它在表面层中的浓度小于其在溶液本体中的浓度，这种现象称为负吸附。

凡能使溶液表面张力增加的物质称为表面惰性物质；凡能使溶液表面张力减小的物质称为表面活性物质。习惯上，把那些加入少量就能显著降低溶液表面张力的物质称为表面活性剂，如图 9-8 中的曲线 III 所示。

9.2.1.2　吉布斯吸附等温式

在单位面积的表面层中所含溶质的物质的量与同量溶剂在溶液本体中所含溶质物质的量的差值，称为溶质的表面过剩或表面吸附量，用符号 Γ 表示，其单位为 mol/m^2。

1878 年，吉布斯用热力学的方法推导出在一定温度下，溶质的表面吸附量与溶液的表面张力、溶质浓度之间的关系式，称为吉布斯吸附等温式，即：

$$\Gamma = -\frac{c}{RT}\left(\frac{\partial \gamma}{\partial c}\right)_T \tag{9-14}$$

式中，Γ 为表面吸附量，mol/m^2；c 为溶质的浓度，mol/dm^3；γ 为表面张力，N/m。

由式(9-14)可知，在一定温度下，当溶液的表面张力随浓度的变化率 $\left(\dfrac{\partial \gamma}{\partial c}\right)_T < 0$ 时，$\Gamma >$

0，表明凡是增加浓度使表面张力下降的溶质，在表面层必然发生正吸附；当$\left(\frac{\partial \gamma}{\partial c}\right)_T > 0$ 时，$\Gamma < 0$，表明凡是增加浓度使表面张力上升的溶质，在溶液的表面层必然发生负吸附；当 $\left(\frac{\partial \gamma}{\partial c}\right)_T = 0$ 时，$\Gamma = 0$，说明溶液表面无吸附作用。

用吉布斯吸附等温式计算某溶质的吸附量时，在恒温下，可由实验测定一组不同浓度 c 时的表面张力 γ，以 γ 对 c 作图，得到 γ-c 曲线，将曲线上某指定浓度 c 下的斜率 $\frac{\mathrm{d}\gamma}{\mathrm{d}c}$ 代入式(9-14)，即可求得该浓度下溶质在溶液表面的吸附量。将不同浓度下求得的吸附量对溶液浓度作图，可得 Γ-c 曲线，即溶液表面的吸附等温线。

例 9-4

20 ℃时，油酸钠溶液的表面张力与其浓度呈线性关系：

$$\gamma = \gamma^* - bc$$

其中，γ^* 为纯水的表面张力，b 为常数。已知在此温度下，$\gamma^* = 0.072 \text{ N/m}$，测得油酸钠在溶液表面的吸附量 $\Gamma = 4.33 \times 10^{-6} \text{ mol/m}^2$。试求此溶液的表面张力。

例 9-4 解析

9.2.1.3 表面活性剂

A 表面活性剂的定义及分类

表面活性剂是指加入少量就能显著降低溶液表面张力的物质。表面活性剂在分子结构上具有不对称性，是由亲水的极性基团和憎水（亲油）的非极性基团组成，因此属于两亲分子。

表面活性剂的分类方法有很多，最常用的是按化学结构进行分类，大体上可分为离子型和非离子型两大类。当表面活性剂溶于水时，凡能电离生成离子的称为离子型表面活性剂，凡在水中不能电离的称为非离子型表面活性剂。离子型表面活性剂又分为阳离子型、阴离子型和两性表面活性剂，具体分类和举例，见表 9-5。应当注意的是，阳离子型表面活性剂不能和阴离子型表面活性剂混用，否则会发生沉淀而失去表面活性作用。

表 9-5 表面活性剂的分类

类 别		举 例
离子型	阳离子型	铵盐，如 $C_{18}H_{37}NH_3^+Cl^-$、溴化十二烷基铵、$CH_3(CH_2)_{11}NH_3^+Br^-$
	阴离子型	羧酸盐、硫酸酯盐、磺酸盐等，如 RCOONa（肥皂）、$C_{12}H_{25}SO_3Na$（洗涤剂）
	两性型	氨基酸类，如 $RNHCH_2$—CH_2COOH
非离子型		酯类、聚氧乙烯类等，如 $C_{12}H_{25}O(CH_2CH_2O)_nH$

B 临界胶束浓度

表面活性剂分子由于结构上的双亲特征，能够在界面上相对浓集，吸附在溶液表面时采取极性基团向着水，非极性基团远离水的排列方式。表面活性剂分子在界面层的这种定向排列使界面上不饱和的立场得到某种程度的补偿，从而降低了界面张力。随着表面活性剂浓度的变化，其分子在溶液本体及表面层中的分布如图 9-9 所示。

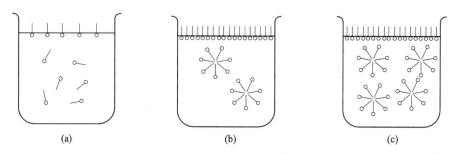

图 9-9　表面活性剂的分子在溶液本体及表面层中的分布
（a）稀溶液；（b）开始形成胶束的溶液；（c）大于临界胶束浓度的溶液

图 9-9(a)表示当表面活性剂浓度很低时，一部分表面活性剂分子将自动聚集在表面，使水和空气的接触面减小，溶液的表面张力急剧下降，其分子的憎水基团翘出水面，极性基团插入水中。另一部分表面活性剂分子则分散在水中，有的以单分子层的形式存在，有的则几个分子相互接触，把憎水基团靠在一起形成简单的聚集体。

图 9-9(b)表示在表面活性剂的浓度足够大时，溶液表面排满一层定向排列的表面活性剂分子，形成单分子层表面膜。其余的表面活性剂分子在溶液本体中以几十个或几百个分子形成憎水基团向内、亲水基团向外的多分子聚集体，称为胶束。胶束中表面活性剂分子的亲水基与水分子接触，而憎水基被包在内部，减少了与水分子的接触，因此，胶束可以在水溶液中比较稳定地存在。通常把开始形成胶束所需表面活性剂的最低浓度，称为临界胶束浓度，用 cmc 表示。

图 9-9(c)是超过临界胶束浓度的情况。此时液面上早已形成紧密、定向排列的分子膜，达到饱和状态。若再增加表面活性剂的浓度，只能增加溶液中胶束的个数（或增加每个胶束所包含分子的数量）。由于胶束是亲水性的，不具有表面活性作用，因此不能使表面张力进一步降低。

cmc 值不是一个确定的数值，而是一个狭窄的浓度范围。在该范围前后，溶液的许多性质如表面张力、电导率、渗透压、去污能力等都会发生明显的变化，许多性质在 cmc 处发生转折。因此测定和分析临界胶束浓度是研究表面活性剂的一个重要方面。

C　HLB 值

表面活性剂的种类很多，对于特定的系统，选择哪种表面活性剂才可以达到预期效果，许多科学家对此做了深入研究。格里芬提出了用亲水亲油平衡值（即 HLB 值）来表示表面活性剂的亲水性或亲油性。HLB 值代表亲水亲油平衡，HLB 值越大，表面活性剂的亲水性越强，亲油性越弱；反之，表面活性剂的亲油性越强，亲水性越弱。不同 HLB 值的表面活性剂具有不同的特性，可以根据 HLB 值的大小选择适合的表面活性剂，如图 9-10 所示。

D　表面活性剂的应用

表面活性剂的种类很多，不同的表面活性剂具有不同的作用。比如润湿、乳化、助磨、去污、起泡和消泡作用等，在生产、科研和日常生活中被广泛使用。

图 9-10　表面活性剂的 HLB 值与应用的对应关系

a　润湿作用

在生产和生活中，人们常需要改变液、固之间的润湿程度，有时要把不润湿的变成润湿的，有时则刚好相反。借助表面活性剂可以实现润湿程度的控制。

植物的表面是非极性表面，不能被水很好地润湿。在喷洒农药灭虫时，如果农药对植物茎叶的润湿效果不好，就会形成水珠滚落地面而造成浪费，杀虫效果不佳。在农药中加入表面活性剂，可以提高药液在植物表面的润湿程度，使药液在植物叶子表面上铺展，有利于发挥药效，提高农药的利用率和杀虫效果。

在矿物冶炼时，有些矿石中含有的有用矿物较少，冶炼前需要富集。将矿石粉碎磨细后投入水中，由于矿物和矿渣都易润湿而沉入水底，为了将两者分离，在水中加入某种表面活性剂，其极性基团仅能与有用矿物表面发生选择性化学吸附，而非极性基团伸向外侧。当水中鼓气泡时，矿物粉末便随着气泡浮出水面，而矿渣因不能与表面活性剂吸附则继续沉在水底。以上就是矿物浮选的基本原理。

b　去污作用

污垢一般是由油脂和灰尘等物质组成，许多油类对衣物、餐具等具有良好的润湿性能，在其上能自动铺展开，但却很难溶于水。在洗涤时，使用肥皂、洗涤剂等表面活性剂，由于表面活性剂具有两亲性，在它们的作用下，污垢和衣物表面的黏附力下降。再借助机械摩擦和水流的带动作用使污垢从衣物上脱落，最终达到去污效果。

c　助磨作用

在固体物料的粉碎过程中，若加入表面活性剂（称为助磨剂），可增加粉碎的程度，提高粉碎效率。例如，在氧化铝的粉碎过程中，如果不加任何助磨剂，当磨到颗粒度达几十微米以下时，颗粒度很微小，比表面很大，使系统具有很大的表面吉布斯函数，处在热力学高度不稳定状态。若想提高粉碎效率，得到更细的颗粒，必须加入适当的助磨剂，如水、油酸、亚硫酸纸浆废液等。

d　起泡和消泡作用

不溶性气体分散在液体或固体熔化物中所形成的分散系统称为泡沫。若要产生稳定的泡沫需要加入表面活性剂作为起泡剂。起泡剂分子可以定向吸附在液膜表面，形成具有一定机械强度的弹性膜，其稳定性强不易破裂，可显著降低溶液的界面张力，使泡沫稳定。啤酒、糖果等工艺都需要用到起泡剂来保证生产的顺利进行。

有时泡沫的出现给人们带来不便，因此必须消泡。例如，污水处理、蒸馏、抗生素的发酵等，若有泡沫存在会严重影响生产过程及操作，甚至无法生产。常采用表面活性很大且碳链较短的表面活性物质作为消泡剂，吸附在泡沫表面，其本身不能形成稳定的液膜，最终使泡沫破裂。

9.2.2　固体表面的吸附

9.2.2.1　固体表面的吸附作用

A　固体表面的吸附现象

固体表面和液体表面一样，其表面层分子所处的立场是不对称的，因此固体表面也存在表面张力。但固体不具有流动性，不能像液体那样靠缩小自身的表面积来降低表面吉布斯函数，只能通过从外部吸附气体（或液体）来减小表面分子受力不对称的程度，从而降低表面吉布斯函数。这种在一定条件下，一种物质的分子、原子或离子自动地吸附在某种固体表面的现象，称为固体表面的吸附。具有吸附能力的物质称为吸附剂，被吸附的物质称为吸附质。

固体表面的吸附在生产和科学实践中有很广泛的应用。具有高比表面积的多孔固体材料（如活性炭、硅胶、分子筛等）常被用作吸附剂、催化剂载体等，在空气净化、催化反应、有机溶剂回收等过程中有重要用途。以下仅讨论固体表面对气体的吸附作用。

B　吸附的类型

按吸附剂与吸附质作用性质的不同，吸附可分为物理吸附和化学吸附。物理吸附时，吸附剂与吸附质分子间以范德华力相互作用；化学吸附时，吸附剂与吸附质分子间发生化学反应，以化学键力相结合。物理吸附与化学吸附由于分子间作用力的不同而有本质的区别，表现出许多不同的吸附性质，见表9-6。

表 9-6　物理吸附与化学吸附的区别

性　　质	物理吸附	化学吸附
吸附力	范德华力	化学键力
吸附层数	单层或多层	单层
吸附热	小（近于液化热）	大（近于反应热）
选择性	无或很差	较强
可逆性	可逆	不可逆
吸附平衡	易达到	不易达到

物理吸附与化学吸附不是截然分开的，有时两者会同时发生。例如，氧在钨表面上的吸附，有的吸附氧呈分子态（物理吸附），有的吸附氧呈原子态（化学吸附）。在不同温度下，占主导地位的吸附作用也不同，如 $CO(g)$ 在 Pd 上的吸附，低温时是物理吸附，高温时是化学吸附。在很多吸附过程中，两种吸附也会接连发生，如氢气在许多金属上的吸附是从物理吸附开始，之后再发生化学吸附。

C　吸附平衡与吸附量

气相中的分子可以被吸附到固体表面上，已被吸附的分子也可以脱附（或称解吸）而返回气相。在温度、压力一定的条件下，当吸附速率与脱附速率相等时，即达到吸附平衡状态，吸附在固体表面上的气体量不再随时间而发生变化。

在一定的温度、压力下，气体在固体表面达到吸附平衡时，单位质量的固体所吸附的气体的物质的量或其在标准状态下所占的体积，称为该气体在固体表面的吸附量，用符号 Γ 表示。其计算公式为：

$$\varGamma=\frac{n}{m} \quad 或 \quad \varGamma=\frac{V}{m} \tag{9-15}$$

式中，n 为吸附达平衡时被吸附气体的物质的量，mol；V 为吸附达平衡时被吸附气体在标况下的体积，dm^3；m 为吸附达平衡时吸附剂的质量，kg；$\varGamma$ 为吸附量，mol/kg 或 dm^3/kg。

固体对气体的吸附量是温度和气体压力的函数，即：

$$\varGamma=f(T,p)$$

为了便于发现规律，在吸附量、温度、压力三个变量中，固定一个变量，测定其他两个变量之间的关系，这种关系可用曲线表示。在恒压下，吸附量与温度之间的关系曲线称为吸附等压线；吸附量恒定时，吸附的平衡压力与温度之间的关系曲线称为吸附等量线；在恒温下，吸附量与平衡压力之间的关系曲线称为吸附等温线。三种曲线中最重要、最常用的是吸附等温线。

D　吸附等温线

吸附等温线大致可归纳为五类，如图 9-11 所示。

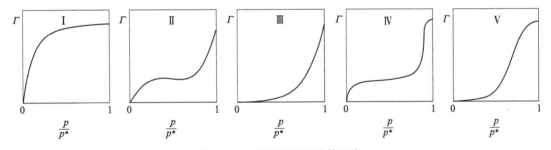

图 9-11　五种类型的吸附等温线

图 9-11 中纵坐标表示吸附量，横坐标表示比压 $\dfrac{p}{p^*}$。p^* 代表在该温度下被吸附物质的饱和蒸气压，p 为吸附平衡时的压力。类型 I 为单分子层吸附等温线，例如，在 78 K 时 N_2 在活性炭上的吸附属于此类。其余四类均为多分子层吸附等温线，类型 II 比较常见，例如，在 78 K 时，N_2 在硅胶或铁催化剂上的吸附属于此类。

9.2.2.2　固体表面的等温吸附模型

根据大量的实验结果，人们提出过许多描述吸附的物理模型及等温线方程，下面介绍几种较为重要、应用广泛的等温吸附模型。

A　朗缪尔单分子层吸附理论及吸附等温式

1916 年，朗缪尔（Langmuir）根据大量的实验事实，从动力学的观点出发，提出了固体对气体的吸附理论，称为单分子层吸附理论，也称为朗缪尔（Langmuir）吸附理论，该理论的基本假设如下。

（1）气体在固体表面的吸附是单分子层的。固体表面上每个吸附位只能吸附一个分子，只有当气体分子碰撞到固体的空白表面上才会被吸附。

（2）固体表面是均匀的。固体表面上各吸附位置的吸附能力相同，吸附热为常数，不随覆盖程度而变化。

（3）被吸附的气体分子间无相互作用力。气体分子的吸附或脱附的难易程度与邻近有无吸附态分子无关。

（4）吸附平衡是动态平衡。气体分子可以被固体表面吸附，也可以从固体表面解脱重新回到气相，即发生脱附，吸附与脱附过程同时发生。当吸附速率大于脱附速率时，系统表现为气体的吸附。随着吸附量的增加，固体表面的空白位越来越少，吸附速率逐渐降低，脱附速率逐渐增加，当达到吸附平衡时，吸附速率等于脱附速率。

以 θ 代表任意时刻固体表面被气体覆盖的分数，称为覆盖率。其计算公式为：

$$\theta = \frac{\text{已被吸附质覆盖的固体表面积}}{\text{固体总的表面积}}$$

则 $1-\theta$ 表示固体表面尚未被覆盖的分数。气体的吸附速率与气体的压力成正比，只有当气体分子碰撞到固体的空白位时才会被吸附，即与 $1-\theta$ 成正比，所以

$$\text{吸附速率} = k_1 p (1-\theta)$$

同理，脱附速率与 θ 成正比，所以

$$\text{脱附速率} = k_{-1} \theta$$

当达到吸附平衡时，吸附速率＝脱附速率，即：

$$k_1 p (1-\theta) = k_{-1} \theta$$

或

$$\theta = \frac{k_1 p}{k_{-1} + k_1 p}$$

令 $b = \dfrac{k_1}{k_{-1}}$，得：

$$\theta = \frac{bp}{1+bp} \tag{9-16}$$

式（9-16）称为朗缪尔吸附等温式。式中，b 为吸附平衡常数，表示吸附剂对吸附质的吸附能力的强弱，b 越大，固体表面对气体的吸附能力越强。

以 Γ 代表覆盖率为 θ 时的平衡吸附量，在较低的温度下，θ 应随平衡压力的上升而增加。在压力足够高时，气体分子在固体表面吸附满单分子层时，θ 趋于 1，这时吸附量不再随气体压力的上升而增加，达到饱和状态，对应的吸附量以 Γ_∞ 表示，称为饱和吸附量。由于每个吸附位只能吸附一个气体分子，则：

$$\theta = \frac{\Gamma}{\Gamma_\infty}$$

因此，朗缪尔吸附等温式还可以写成：

$$\Gamma = \Gamma_\infty \frac{bp}{1+bp} \tag{9-17}$$

式中，Γ 为平衡吸附量，dm^3/kg；Γ_∞ 为饱和吸附量，dm^3/kg；b 为吸附平衡常数，Pa^{-1}；p 为气体的压力，Pa。

由式(9-17)可知：

（1）当压力很低或吸附很弱时，$1+bp \approx 1$，则 $\Gamma = \Gamma_{\infty} bp$，即吸附量和气体的平衡压力成正比，这与吸附等温线在低压时几乎是一直线相符合；

（2）当压力足够高或吸附很强时，$1+bp \approx bp$，则 $\Gamma = \Gamma_{\infty}$，即吸附达到饱和，吸附量达到最大值，Ⅰ型吸附等温线上水平段就反映了这一情况；

（3）当压力大小适中时，吸附量 Γ 与平衡压力 p 呈曲线关系。

将式(9-17)重排，得：

$$\frac{1}{\Gamma} = \frac{1}{\Gamma_{\infty}} + \frac{1}{\Gamma_{\infty} b} \cdot \frac{1}{p} \tag{9-18}$$

由式(9-18)可知，若以 $\dfrac{1}{\Gamma}$ 对 $\dfrac{1}{p}$ 作图，可得到一条直线，由直线的斜率和截距可求出 Γ_{∞} 和 b 。

B　弗伦德利希（Freundlich）吸附理论及吸附等温式

弗伦德利希（Freundlich）测定了大量实验数据，提出了描述Ⅰ类吸附等温线的经验方程式，即：

$$\Gamma = kp^{n} \tag{9-19}$$

式中，n 和 k 是两个经验常数，对于指定的吸附系统，它们是温度的函数。k 一般随温度的升高而降低。n 的数值一般在 $0 \sim 1$，它的大小表示压力对吸附量影响的强弱。式(9-19)只适用于中压范围内的吸附。

弗伦德利希（Freundlich）经验式的形式简单、计算方便，在中压范围应用较为广泛。但经验式中的常数没有明确的物理意义，在适用的范围内只能概括地表达出一部分实验事实，而不能说明吸附作用的机理。

C　BET 多分子层吸附理论及吸附等温式

朗缪尔吸附等温式能较好说明第Ⅰ类的吸附等温线，但对后四类的吸附等温线却无法解释。1938 年，布鲁诺尔（Brunauer）、埃米特（Emmett）和特勒尔（Teller）三人在朗缪尔单分子层吸附理论基础上提出了 BET 多分子层吸附理论，简称 BET 理论。该理论采纳了朗缪尔提出的下列假设：固体表面是均匀的，被吸附的气体分子间无相互作用，吸附与脱附是动态平衡。所不同的是，BET 理论认为吸附是多分子层的，第一层的吸附与以后各层的吸附有本质的不同，前者是气体分子与固体表面的分子间作用力，第二层吸附、第三层吸附……是靠该种分子本身之间的相互作用，第一层吸附未满前其他层的吸附就开始。由 BET 理论推导得出：

$$\frac{p}{\Gamma(p^{*}-p)} = \frac{1}{c\Gamma_{\infty}} + \frac{c-1}{c\Gamma_{\infty}} \cdot \frac{p}{p^{*}} \tag{9-20}$$

式(9-20)称为 BET 多分子层吸附等温式，由于该式中含有 c、Γ_{∞} 两个常数，故又称为 BET 二常数公式。

BET 公式一般适用于相对压力 $\dfrac{p}{p^{*}}$ 在 $0.05 \sim 0.35$ 的情况，应用于低压及高压部分时误差较大。当 $\dfrac{p}{p^{*}}$ 在 $0.30 \sim 0.60$ 时，则需用三常数的 BET 公式；$\dfrac{p}{p^{*}}$ 更高时，BET 公式不能定

量地表达实验事实。尽管存在一些缺陷，BET 公式较朗缪尔公式仍有很大的进步，能较好地表达五类吸附等温线的中间部分，是现今应用最为广泛的吸附理论。

例 9-5

例 9-5 解析

用活性炭吸附 $CHCl_3$ 符合朗缪尔吸附等温式，在 273 K 时，其饱和吸附量为 93.8 dm^3/kg，若 $CHCl_3$ 的分压为 13.4 kPa 时，其平衡吸附量 82.5 dm^3/kg。试计算：

（1）朗缪尔吸附等温式中的常数 b；

（2）$CHCl_3$ 的分压为 6.67 kPa 时的平衡吸附量。

思考练习题

9.2-1　填空题

1. 凡能使溶液表面张力增加的物质称为_____，凡能使溶液表面张力减小的物质称为_____，加入少量能显著降低溶液表面张力的物质称为_____。

2. 表面活性剂在水溶液中会产生_____（正或负）吸附，使液体的表面张力_____，表面活性剂在溶液表面的浓度一定_____它在体相的浓度。

3. 物理吸附的作用力为_____，化学吸附的作用力为_____。

4. 固体对气体的吸附量是温度和气体压力的函数，固定温度不变，得到的曲线称为_____。

5. 当溶液发生正吸附时，$\left(\dfrac{\partial \gamma}{\partial c}\right)$ _____ 0，Γ _____ 0；当溶液发生负吸附时，$\left(\dfrac{\partial \gamma}{\partial c}\right)$ _____ 0，Γ _____ 0。

9.2-2　判断题

1. 单分子层吸附只能是化学吸附，多分子层吸附只能是物理吸附。　　　　　　（　　）

2. HLB 值越高，亲油性越强，HLB 值越低，亲水性越强。　　　　　　　　　（　　）

3. 固体表面吸附气体后，可使固体表面的吉布斯函数降低。　　　　　　　　（　　）

4. 当达到临界胶束浓度时，溶液的表面张力降至最低，再增加表面活性剂的浓度，只能增加液体内部胶束的个数而不会进一步降低表面张力。　　　　　　　　　　　　　　　（　　）

5. 溶液表面的吸附现象和固体表面的吸附现象明显的区别是溶液表面可以产生负吸附，固体表面不能产生负吸附。　　　　　　　　　　　　　　　　　　　　　　　　　　（　　）

9.2-3　单选题

1. 某物质在液体表面发生吸附，若溶液的表面张力下降，则为_____。

A. 正吸附　　　　　　B. 负吸附　　　　　　C. 无吸附　　　　　　D. 化学吸附

2. 溶液的表面层对溶质发生吸附，当 c（表面）<c（内部），则_____。

A. 称为正吸附，与纯溶剂相比，溶液的表面张力降低

B. 称为正吸附，与纯溶剂相比，溶液的表面张力不变

C. 称为负吸附，与纯溶剂相比，溶液的表面张力升高

D. 称为负吸附，与纯溶剂相比，溶液的表面张力降低

3. 朗缪尔提出的吸附理论及推导的吸附等温式_____。

A. 只能用于物理吸附

B. 只能用于化学吸附

C. 适用于单分子层吸附

D. 适用于任何物理和化学吸附

4. 关于 Langmuir 吸附理论的基本假设, 下列说法不正确的是_____。

A. 固体表面是均匀的   B. 吸附平衡是动态平衡

C. 吸附是单分子层的   D. 吸附质分子之间相互作用不能忽略

5. 298 K 时, 苯蒸气在石墨上的吸附符合 Langmuir 吸附等温式, 在苯蒸气压力为 40 Pa 时, 覆盖率 $\theta = 0.05$, 当 $\theta = 0.5$ 时, 苯蒸气的平衡压力为_____。

A. 400 Pa   B. 760 Pa   C. 1000 Pa   D. 200 Pa

6. 已知水溶解某物质以后, 其表面张力 γ 与溶质的浓度 c 有如下关系: $\gamma = \gamma_0 - A\ln(1+Ba)$, 式中 γ_0 为纯溶剂的表面张力, A、B 为常数, 则表面吸附量为_____。

A. $\Gamma = -\dfrac{Aa}{RT(1+Ba)}$ B. $\Gamma = -\dfrac{ABa}{RT(1+Ba)}$

C. $\Gamma = \dfrac{ABa}{RT(1+Ba)}$ D. $\Gamma = -\dfrac{Ba}{RT(1+Ba)}$

9.2-4 问答题

1. 有人说因为存在着溶液表面吸附现象, 所以溶质在溶液表面层的浓度总是大于其在溶液本体中的浓度。这种说法对吗, 为什么?

2. 物理吸附与化学吸附有何异同, 两者的本质区别是什么?

3. 表面活性剂溶液的 cmc 指什么, 为什么 cmc 是表面活性剂的重要特性值?

4. BET 吸附公式与朗缪尔吸附公式有何不同? 假设某气体在固体表面吸附平衡时的压力 p, 远远小于该吸附质在相同温度下的饱和蒸气压 p^*, 试由 BET 公式推导出朗缪尔吸附等温式。

9.2-5 习题

1. 292.15 K 时, 丁酸水溶液的表面张力可以表示为:

$$\gamma = \gamma_0 - a\ln(1+bc)$$

式中, γ_0 为纯水的表面张力, a 和 b 皆为常数。

(1) 写出丁酸溶液在浓度极稀时表面吸附量 Γ 与浓度 c 的关系。

(2) 若已知 $a = 13.1 \times 10^{-3}$ N/m, $b = 19.62$ dm^3/mol, 试计算当 $c = 0.200$ mol/dm^3 时的吸附量。

2. 在 298 K 时, 用很薄的刀片刮去稀肥皂水的表面薄层 0.03 m^2, 测得其中含肥皂量为 4.013×10^{-5} mol, 而同体积的本体溶液中含肥皂量为 4.000×10^{-5} mol。设稀肥皂水溶液的表面张力与肥皂的活度呈线性关系, 试计算在 298 K 时该溶液的表面张力。

已知 298 K 时纯水的表面张力为 0.072 N/m。

3. 25 ℃ 测得不同浓度下氢化肉桂酸水溶液的表面张力 γ 的数据为:

$c/\text{mol} \cdot \text{dm}^{-3}$	0.0035	0.0040	0.0045
$\gamma \times 10^3/\text{N} \cdot \text{m}^{-1}$	56.0	54.0	52.0

试求浓度为 0.0041 mol/dm^3 时溶液的表面吸附量 Γ。

4. 在 473 K 时, 测定氧在某催化剂上的吸附作用, 当平衡压力为 101.325 kPa 和 1013.25 kPa 时, 每千克催化剂吸附氧气的量分别为 2.5 dm^3 及 4.2 dm^3 (已换算成标准状况)。设该吸附作用服从朗缪尔吸附等温式, 试计算当氧的吸附量为饱和值的 半时, 氧的平衡压力应为多少?

5. 设 $CHCl_3(g)$ 在活性炭上的吸附服从朗缪尔吸附等温式。在 298 K 时，当 $CHCl_3(g)$ 的压力为 5.2 kPa 及 13.5 kPa 时，平衡吸附量分别为 0.0692 dm^3/kg 和 0.0826 dm^3/kg（已换算成标准状态）。试求：

（1）$CHCl_3(g)$ 在活性炭上的吸附平衡常数 b；

（2）活性炭的饱和吸附量 Γ_∞。

任务 9.3　分　散　体　系

9.3.1　分散系统的定义、分类及主要特征

分散系统是指一种或几种物质分散在另一种物质中构成的系统。被分散的物质称为分散质（或分散相），起分散作用的物质称为分散介质。根据被分散质颗粒的大小，分散系统分为分子分散系统、胶体分散系统和粗分散系统三类。

分子分散系统又称为真溶液，分散相粒子直径小于 1 nm，被分散的物质以原子、分子、离子大小均匀地分散在介质中，溶液透明、均一、稳定，粒子的扩散速度快，溶质和溶剂均可透过半透膜。分子分散系统是单相系统，也是热力学稳定系统。

胶体分散系统，分散相粒子直径在 1 ~ 1000 nm，分散相的粒子是由许多原子、分子或离子组成的集合体，分散相与分散介质之间有界面存在。胶体粒子不能透过半透膜，扩散速度慢。胶体分散系统是高度分散的多相系统，也是热力学的不稳定系统，又分为溶胶、高分子溶液和缔合溶胶，本书重点介绍溶胶及其有关性质。

粗分散系统，分散相粒子直径大于 1000 nm，表现为多相、浑浊、不透明，分散相不能透过半透膜及滤纸，在放置过程中分散相与分散介质很容易自动分开，是热力学不稳定的多相系统，如乳状液、悬浮液、泡沫、粉尘等。

为了便于比较，根据分散相粒子大小进行分类，见表 9-7。

表 9-7　分散系统分类（按分散相粒子大小）

类型		分散相粒子直径	分散相	主要特征	实例
分子分散系统	分子溶液、离子溶液等	<1 nm	小分子、原子、离子	均相，热力学稳定系统，扩散快，能透过半透膜	氯化钠或蔗糖的水溶液等
胶体分散系统	溶胶	1 ~ 1000 nm	胶体粒子	多相，热力学不稳定系统，扩散慢，不能透过半透膜	氢氧化铁溶胶、碘化银溶胶
	高分子溶液	1 ~ 1000 nm	高（大）分子	均相，热力学稳定系统，扩散慢，不能透过半透膜	聚乙烯醇水溶液
	缔合溶胶	1 ~ 1000 nm	胶束	均相，热力学稳定系统，扩散慢，不能透过半透膜	表面活性剂水溶液
粗分散系统	乳状液泡沫悬浮液	>1000 nm	粗颗粒	多相，热力学不稳定系统，扩散慢，不能透过半透膜或滤纸	牛奶、泥浆

胶体分散系统及粗分散系统也可以按分散相与分散介质聚集状态的不同分类，见表 9-8。

表 9-8 分散系统分类（按聚集状态）

分散介质	分散相	名 称	实 例
气	液 固	气溶胶	云、雾、粉尘、烟
液	气 液 固	泡沫 乳状液 液溶胶或悬浮液	肥皂泡沫 牛奶、含水原油 泥浆、油漆
固	气 液 固	固溶胶	泡沫塑料 珍珠 有色玻璃、某些合金

9.3.2 溶胶的制备与净化

9.3.2.1 溶胶的制备

胶体系统的分散度大于粗分散系统而小于真溶液，因此，溶胶的制备有两种途径：将粗分散系统进一步分散，或者使小分子或离子聚集。前者称为分散法，后者称为凝聚法。

A 分散法

使粗分散系统分散成溶胶常有研磨法、超声波分散法、溶胶法和电弧法。

研磨法（即机械粉碎法）采用由坚硬耐磨的钨钢制成的胶体磨，当设备高速转动时（转速 5000~10000 r/min），粗颗粒的固体被磨细，在研磨的同时加入稳定剂。适用于分散脆而易碎的物质。

超声波分散法采用超声波发生器，将高频率的机械波传入分散系统，在介质中产生相同频率的疏密交替，使分散相均匀地分散而形成溶胶或乳状液。多用于制备乳状液。

胶溶法是将新生成的固体沉淀物在适当条件下重新分散而达到胶体分散程度的过程，称为胶溶作用。如果在某种沉淀，如 $Fe(OH)_3$ 中加入与沉淀具有相同离子的电解质（如 $FeCl_3$）溶液适当搅拌，借助胶溶作用可制成较为稳定的溶胶。

电弧法是将预分散的金属作为电极，浸入水中并通入直流电，通过调节两电极间的距离，使其产生电弧。电弧的高温使电极表面的金属汽化，金属蒸气遇冷水又凝结成胶体。

B 凝聚法

凝聚法主要包括物理凝聚法和化学凝聚法。

物理凝聚法是利用适当的物理过程使某些物质凝聚成胶体粒子，其包括蒸气凝聚法和过饱和凝聚法。

（1）蒸气凝聚法：如在真空条件下，将固态钠和苯分别加热成气态，两者的混合气体经液态空气冷凝器骤然降温，凝固成微小的固态颗粒，再经过加热，使苯粒子熔化，即制得钠的苯溶胶。适用于制备碱金属的有机溶胶。

（2）过饱和法：改变溶剂或用冷却的方法使溶质的溶解度降低，由于过饱和，溶质从溶剂中分离出来凝聚成溶胶。此法可制备难溶于水的树脂等水溶胶，也可制备难溶于有机溶剂的有机溶胶。

化学凝聚法是通过化学反应（如复分解、水解、氧化还原等反应），使生成物呈过饱和状态，粒子再结合成溶胶。例如：

$$FeCl_3 + 3H_2O \longrightarrow Fe(OH)_3 + 3HCl$$

9.3.2.2　溶胶的净化

在溶胶制备过程中常加入某些电解质，少量的电解质可作为稳定剂来增加溶胶的稳定性，而过量的电解质对溶胶的稳定性不利。因此，溶胶制备后需经过净化将它们除去。

净化溶胶最常用的净化方法是渗析法。它是利用胶体粒子不能透过半透膜，而离子或小分子能透过半透膜的特点，将多余的电解质或其他杂质从溶胶中分离除去。常用羊皮纸、动物的膀胱膜、火棉胶等作为半透膜。为了提高渗透速率，可在半透膜两侧加一电场，在电场的作用下加速正、负离子的定向运动速度，该方法称为电渗析法。

净化溶胶的另一种方法是超过滤法。它是用孔径极小而孔数较多的膜片作为滤膜，在加压吸滤的情况下使胶粒与杂质分开。得到的胶粒应立即重新分散到新的介质中，即可得到纯净的溶胶。

9.3.3　溶胶的性质

9.3.3.1　溶胶的光学性质

A　丁达尔（Tyndall）效应

溶胶的光学性质，是其高度的分散性和多相的不均匀性特点的反映。

在暗室中，当一束聚集的光线透过溶胶时，在与入射光垂直的方向上可观察到一个发光的圆锥体，如图 9-12 所示。这一现象是英国物理学家丁达尔于 1869 年发现的，故称为丁达尔效应。

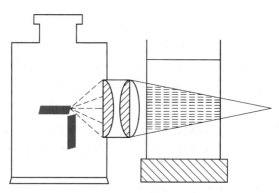

图 9-12　丁达尔效应

由光学原理可知，当光线照射到分散系统时，其射入分散系统的作用与分散相粒子的大小有关。当分散相粒子的直径大于入射光的波长时，主要发生反射作用，如悬浮液和乳状液只能看到反射光。当分散相粒子的直径小于入射光的波长时，光波可以绕过粒子而向各个方向传播，主要发生光的散射。溶胶粒子的直径在 1～1000 nm，小于可见光的波长（400~760 nm）。因此，对溶胶来说，光的散射作用最为明显。散射出来的光称为乳光，丁达尔效应又称为乳光效应。对于真溶液，虽然也会发生光的散射，但散射光十分微弱，几乎用肉眼观察不到。丁达尔效应是鉴别溶胶与溶液最简便的方法。

B　瑞利公式

1871 年，瑞利研究光的散射作用，得到：

$$I = \frac{9\pi^2 V^2 C}{2\lambda^4 l^2}\left(\frac{n^2 - n_0^2}{n^2 + 2n_0^2}\right)^2 (1 + \cos^2\alpha) I_0 \tag{9-21}$$

式中，I 为散射光的强度；I_0 为入射光的强度；λ 为入射光的波长；V 为每个分散相粒子的体积；C 为单位体积中的粒子数；n 为分散相的折射率；n_0 为分散介质的折射率；α 为散射角；l 为观察者与散射中心的距离。

由瑞利公式可得到以下结论。

（1）散射光强度与单个粒子体积的平方成正比。对于真溶液，分子体积较小，虽有散射光，但散射作用极弱。对于粗分散的悬浮液，粒子的尺寸大于可见光的波长，无散射光，只有反射光。

（2）散射光强度与入射光波长的四次方成反比，入射光的波长越短，散射光越强。如白光中的蓝、紫光波长最短，散射光最强，因此当白光照射溶胶时，在与入射光垂直的方向上散射光呈淡蓝色，而红光的波长最长，其散射作用最弱，则透过光呈橙红色。

（3）分散相与分散介质的折射率相差越大，粒子的散射光越强。憎液溶胶的分散相与分散介质之间有明显的界线，两者折射率相差很大，散射光很强。

（4）散射光强度与粒子浓度成正比，对于物质种类相同，且粒子浓度不同的溶胶，若测量条件相同，两个溶胶的散射光强度之比应等于其粒子浓度之比。散射光强度又称为浊度，浊度计就是根据这一原理设计的。

9.3.3.2　溶胶的动力学性质

A　布朗（Brown）运动

1827 年，英国的植物学家布朗（Brown）用显微镜观察到悬浮于液面上的花粉粒子不断地做无规则的折线运动，后来人们称这种运动为布朗运动。随着超显微镜的出现，人们可以观察到溶胶粒子不断地作不规则"之"字形运动，即布朗运动，如图 9-13 所示。它是由于分散介质的分子做热运动，碰撞胶体粒子的合力不为零而引起的。

布朗运动是分子热运动的必然结果，其本质是胶体粒子的热运动。胶体粒子越小、温度越高、介质的黏度越小，布朗运动越剧烈。

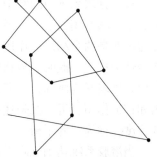

图 9-13　布朗运动

1905 年，爱因斯坦创立了布朗运动的理论，他假定胶粒运动与分子热运动相似，对于球形胶粒推导出爱因斯坦-布朗平均位移公式，其计算公式为：

$$\overline{X} = \left(\frac{RTt}{3L\pi r\eta}\right)^{1/2} \tag{9-22}$$

式中，$\overline{X}$ 为在时间 t 内粒子沿 x 轴方向的平均位移，m；r 为粒子的半径，m；η 为分散介质的黏度，Pa·s；L 为阿伏伽德罗常数，mol^{-1}；R 为摩尔气体常数，J/（K·mol）；T 为热力学温度，K。

B　扩散

在有浓度梯度存在时，物质粒子因热运动而发生宏观上的定向迁移的现象称为扩散。由于溶胶有布朗运动，在有浓度差存在时，会发生由高浓度向低浓度的扩散。但由于溶胶粒子比普通分子大得多，热运动弱得多，因此扩散较慢。

溶胶粒子的扩散与溶液中溶质的扩散相似，遵从菲克（Fick）第一定律，即：

$$\frac{dn}{dt} = -DA_s \frac{dc}{dx} \tag{9-23}$$

式(9-23)表示单位时间内通过某截面的物质的量$\frac{dn}{dt}$与该处的浓度梯度$\frac{dc}{dx}$及截面面积A_s成正比。D称为扩散系数，单位为m^2/s，其物理意义为：单位浓度梯度下，单位时间通过单位面积的物质的量。通常以扩散系数来衡量物质扩散能力的大小。

对于球形粒子，扩散系数D可由爱因斯坦-斯托克斯方程计算，其计算公式为：

$$D = \frac{RT}{6L\pi r\eta} \tag{9-24}$$

式中，D为扩散系数，m^2/s；R为摩尔气体常数，$J/(K \cdot mol)$；η为分散介质的黏度，$Pa \cdot s$；r为粒子的半径，m；L为阿伏伽德罗常数，mol^{-1}；T为热力学温度，K。

式(9-24)表明扩散系数D受温度、黏度和粒子大小的影响。粒子半径越小、介质黏度越小、温度越高，则扩散系数越大，粒子的扩散能力越强。

由式(9-22)和式(9-24)得：

$$\overline{X^2} = 2Dt \tag{9-25}$$

式(9-25)给出了一种测定扩散系数的方法，即在一定时间间隔t内，测出粒子的平均位移$\overline{X}$，就可求出D。

C　沉降与沉降平衡

多相分散系统中的粒子，因受重力作用而下沉的过程，称为沉降。分散相粒子一方面受到重力场作用而下沉，另一方面由于布朗运动引起的扩散作用使粒子趋于均匀分布。沉降与扩散是两个相反的作用。当粒子较小（如真溶液）时，受到的重力作用可以忽略，主要表现为扩散，此时分散相分布是均匀的；当粒子较大（如粗分散系统）时，重力作用占主导，则表现为沉降，粒子最终都沉于底部；当粒子的大小适当（如溶胶系统），沉降作用和扩散作用相近，沉降速率等于扩散速率时，粒子的分布达到平衡，沿高度方向形成浓度梯度，称为沉降平衡。

当溶胶系统达到沉降平衡时，各水平面内粒子的浓度保持不变，但沿高度方向有浓度梯度，浓度梯度不随时间的变化而变化，是一种稳定态。地面上大气的分布就是这样的情况，离地面越远大气越稀薄，大气压也越低。

通常把系统中粒子保持分散状态而不沉降的性质，称为分散系统的动力稳定性，即具有动力稳定性的系统处于沉降平衡状态。动力稳定性是溶胶区别于粗分散系统的重要特征。粒子的体积越大、分散相与分散介质的密度差越大，达到沉降平衡时系统越不稳定。

对于微小粒子在重力场下的沉降平衡，贝林推导出平衡时粒子浓度随高度分布的定律，其计算公式为：

$$\ln \frac{c_2}{c_1} = -\frac{Mg}{RT}\left(1 - \frac{\rho_0}{\rho}\right)(h_2 - h_1) \tag{9-26}$$

式中，c_1和c_2分别为在高度为h_1和h_2处粒子的数浓度（或数密度）；M为粒子的摩尔质量；g 为重力加速度；ρ 和 ρ_0 分别为粒子和分散介质的密度。从式（9-26）中可以看出，粒子质量越大，其平衡浓度随高度的降低越大。

球形粒子的平均摩尔质量 M 的计算公式为：

$$M = V\rho L = \frac{4}{3}\pi r^3 \rho L \tag{9-27}$$

式中，V 为粒子体积；r 为粒子半径；L 为阿伏伽德罗常数。把式（9-27）代入式（9-26）得：

$$RT\ln\frac{c_2}{c_1} = -\frac{4}{3}\pi r^3(\rho-\rho_0)gL(h_2-h_1) \tag{9-28}$$

高度分布公式只适用于已经达到沉降平衡的体系。对于粒子不太小的系统通常沉降较快，而高分散系统中的粒子则沉降缓慢，往往需要较长的时间才能达到平衡。

9.3.3.3　溶胶的电学性质

溶胶是一个高度分散的多相系统，分散相的粒子与分散介质之间存在明显的相界面。在外加电场的作用下，固、液两相可发生相对运动；反过来，在外力作用下，迫使固、液两相发生相对运动时，又产生电势差。溶胶的这种与电势差有关的相对运动称为电动现象。

A　电动现象

本节介绍四种电动现象，即电泳、电渗、流动电势、沉降电势。

a　电泳

在外电场作用下，溶胶粒子在分散介质中做定向移动的现象，称为电泳。

图 9-14 是观察电泳现象的装置。以 $Fe(OH)_3$ 溶胶为例，实验时先在 U 形管中装入适量的辅助液（如稀的 HCl），再通过支管从辅助液的下面缓缓压入棕红色 $Fe(OH)_3$ 溶胶，使其与辅助液之间始终保持清晰的界面。通入直流电后可观察到电泳管中阳极一端界面下降，阴极一端界面上升，说明 $Fe(OH)_3$ 溶胶向阴极方向发生了移动，$Fe(OH)_3$ 胶粒带正电荷。

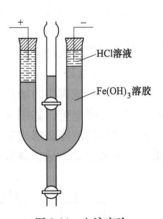

图 9-14　电泳实验
装置示意图

溶胶的电泳现象证明了胶粒是带电的，外加电势梯度越大、胶粒带电越多、胶粒越小、介质的黏度越小，则电泳速率越大。若在溶胶中加入电解质，则对电泳会有显著影响，随着外加电解质的增加，电泳速率常会降低以至为零，甚至改变胶粒带电的符号。

利用电泳现象可以进行分析鉴定或分离操作，例如，在生物医学中常利用电泳速率的不同实现分离和区别各种氨基酸、蛋白质等。

b　电渗

在外电场作用下，若溶胶粒子不动，分散介质通过多孔性物质做定向流动的现象称为电渗。

如图 9-15 所示，管 T 内装满水（或溶液），L_1 和 L_2 为导线管，当电极 E_1、E_2 间加一定电压时，液体便会透过多孔性材料 M（如玻璃纤维、黏土颗粒、棉花等）朝着某一方向移动（通过管 C 内气泡的移动观察），移动的方向与多孔性物质的材料和管内液体的性质有关。

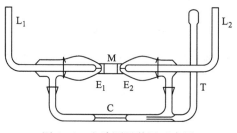

图 9-15　电渗测量装置示意图

溶胶中外加电解质对电渗速率的影响显著，随着电解质的增加，电渗速率降低，甚至会改变液体流动的方向。利用电渗现象可进行多孔材料的脱水、干燥，如泥炭和染料的干燥、黏土浆的脱水等。

c　流动电势

在外力作用下，迫使液体通过多孔隔膜（或毛细管）定向流动而产生的电势差，称为流动电势。流动电势产生的过程可视为电渗的逆过程。如图 9-16 所示，V_1 及 V_2 为液槽，N_2 为加压气体，E_1 和 E_2 为紧靠多孔塞 M 上、下两端的电极；P 为电势差计。

流动电势的大小与介质的电导率成反比。在生产及科研中，用泵输送碳氢化合物时产生的流动电势相当可观，高压下极易产生火花，加之此类液体易燃，必须采取相应的防护措施。例如，在泵输入汽油时规定油管必须接地，或加入油溶性电解质，以增加介质的电导，降低或消除流动电势。

d　沉降电势

在重力场或离心力场作用下，胶体粒子迅速移动时，在移动方向的两端产生的电势差，称为沉降电势，如图 9-17 所示。沉降电势是电泳的逆过程。贮油罐中的油内常含有水滴，水滴的沉降会形成很高的电势差，甚至达到危险的程度，通常在油中加入有机电解质，以增加介质电导，降低沉降电势。

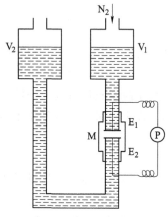

图 9-16　流动电势测量装置

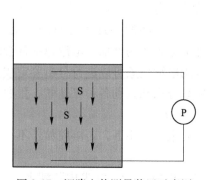

图 9-17　沉降电势测量装置示意图

电泳、电渗、流动电势及沉降电势四种电动现象均说明：溶胶粒子和分散介质带有不同性质的电荷。但溶胶粒子为什么会带电，溶胶粒子周围的分散介质中反离子（与胶粒带相反电荷的离子）是如何分布的？有关这些问题，直至扩散双电层理论的建立，才得到很好的解释。

B　扩散双电层理论和电动电势

溶胶粒子带电主要有以下两种可能的原因：

（1）吸附：溶胶粒子从溶液中选择性地吸附某种离子而带电荷，不同情况下胶体粒子容易吸附何种离子与被吸附离子的本性及胶体粒子的表面结构有关；

（2）电离：固体表面分子在溶液中发生电离而使其带电荷，如硅酸胶粒带电，是由于发生了电离，H^+进入溶液，而使硅酸胶粒带负电。

由于分散相固体表面产生吸附或电离，胶粒带有电荷，而整个溶胶保持电中性，因此胶粒必然是吸引了等量的相反电荷的离子（称为反离子）围绕在其周围，在固、液两相之间形成了双电层。具有代表性的双电层理论包括亥姆霍兹模型、古依-查普曼模型和斯特恩模型，其中斯特恩模型是更接近实际情况的扩散双电层模型。

1924 年，斯特恩（Stern）对前人的模型进行了修正，得到斯特恩扩散双电层模型。他认为：

（1）离子有一定大小，不能简单地看成是点电荷；

（2）离子与粒子表面之间除静电作用外，还有范德华力。

如图 9-18 所示，在带电的固体表面，由于静电引力和热运动的共同作用，一部分反离子由于受到强烈吸引而紧密结合在固体表面，形成一个紧密层，称为紧密层或斯特恩层；剩余的反离子以扩散的状态分布在溶液中，构成双电层的扩散层。在反离子的电性中心形成一个假想面，称为斯特恩面；当外加电场存在时，紧密层和扩散层间发生相对移动，移动时的界面称为滑动面。

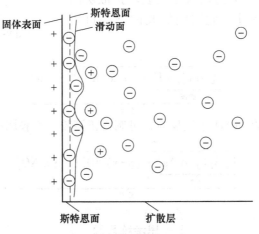

图 9-18　斯特恩双电层模型

由分散相固体表面至溶液本体间的电势差 φ_0 称为热力学电势；由斯特恩面至溶液本体间的电势差称为斯特恩电势 φ_δ；由滑动面至溶液本休间的电势差称为电动电势 ζ，又称为

ζ 电势。分散相表面电荷为正，则 ζ 电势为正，反之为负。

ζ 电势的大小反映了胶粒带电荷的程度，ζ 电势越高，表面胶粒带电荷越多，其滑动面与溶液本体之间的电势差越大，扩散层越厚。由于在吸附层中有部分异号离子抵消固体表面所带电荷，ζ 电势的绝对值小于 φ_0 的绝对值。ζ 电势对其他离子十分敏感，外加电解质浓度的变化对 ζ 电势有显著影响。当电解质浓度增加时，ζ 电势下降。当电解质浓度足够大时，可使 ζ 电势等于零，此时称为等电点。处于等电点的溶胶粒子不带电荷，因此不会发生电动现象，此时溶胶非常容易聚沉。在某些情况下，外加电解质的反离子被胶粒表面强烈地吸附或反离子的价数很高时，紧密层内吸附了过量的反离子，而使 ζ 电势发生符号改变。

C　溶胶的胶团结构

根据扩散双电层理论，可以写出溶胶的胶团结构。由分子、原子或离子形成的固态微粒，称为胶核。胶核常具有晶体结构，可以从分散介质中选择性地吸附某种离子或表面电离而带电荷。带电的胶核与分散介质中的反离子存在着相互吸引，反离子一部分分布在滑动面内，另一部分呈扩散状态分布于介质中。滑动面以内的带电体称为胶体粒子（简称胶粒），整个扩散层及其所包围的胶体粒子，则构成电中性的胶团。

以 $AgNO_3$ 溶液与过量的 KI 溶液反应制备 AgI 溶胶为例说明胶团结构。此溶胶因 AgI 吸附过量的 I^- 而带负电，故为负溶胶。由 m 个 AgI 分子形成的固体颗粒吸附 n 个 I^- 构成带负电荷的胶体粒子。同时，有 n 个 K^+ 分布在紧密层和扩散层中，若在扩散层中有 x 个 K^+，则在紧密层中有 $n-x$ 个 K^+。以 KI 为稳定剂的 AgI 溶胶的胶团剖面图，如图 9-19 所示。图中的小圆圈表示 AgI 微粒，AgI 微粒连同其表面上的 I^- 则为胶核；第二个圆圈表示滑动面，最外边的圆圈则表示扩散层的范围，即整个胶团的大小。此溶胶的胶团结构可表示为：

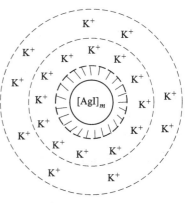

图 9-19　AgI 胶团剖面图

$$\underbrace{\underbrace{\underbrace{\left[AgI\right]_m n\,I^-}_{\text{胶核}} \cdot (n-x)\,K^+}_{\text{胶粒}}\Big\}^{x-} \cdot x\,K^+}_{\text{胶团}}$$

若 KI 溶液与过量的 $AgNO_3$ 溶液反应，可制得正溶胶，其胶团结构可表示为：

$$\underbrace{\underbrace{\underbrace{\left[AgI\right]_m n\,Ag^+}_{\text{胶核}} \cdot (n-x)\,NO_3^-}_{\text{胶粒}}\Big\}^{x+} \cdot x\,NO_3^-}_{\text{胶团}}$$

思考练习题

9.3-1　填空题

1. 根据分散相粒子的大小，分散系统分为_____、_____、_____。
2. 在溶胶系统中，ζ 电势_____0 的状态称为等电状态，当扩散速率_____沉降速率时，系统达到沉降平衡。

3. 胶体系统产生丁达尔现象的实质是胶体粒子对光的_____。

4. 斯特恩模型中有三个面_____、_____、_____。

9.3-2　判断题

1. 溶胶在热力学上是不稳定的，但是均相系统。（　　）

2. 溶液中胶粒的布朗运动是胶粒热运动的反映。（　　）

3. 在外电场的作用下，胶粒和介质分别向带相反电荷的电极移动，产生电泳现象。（　　）

4. 有无丁达尔效应是溶胶和小分子分散系统的主要区别之一。（　　）

5. 当胶体粒子的直径大于入射光的波长时，可出现丁达尔现象。（　　）

9.3-3　选择题

1. 溶胶有三个最基本的特征，下列不属于其中的是_____。

A. 高分散性　　　　　B. 多相不均匀性　　　　C. 动力稳定性　　　　D. 热力学不稳定性

2. 关于散射光的强度，下列说法正确的是_____。

A. 随入射光波长的增大而增大

B. 随入射光波长的减小而增大

C. 随入射光强度的增大而增大

D. 随入射光强度的减小而减小

3. 下列不属于电学性质的是_____。

A. 布朗运动　　　　　B. 电泳　　　　　　　　C. 电渗　　　　　　　D. 流动电势

4. 电泳的逆过程是_____。

A. 电渗　　　　　　　B. 电动现象　　　　　　C. 流动电势　　　　　D. 沉降电势

5. 向 AgI 正溶胶中加入过量的 KI 溶液，则所生成的新溶胶在外加电场中的移动方向是_____。

A. 向正极移动　　　　B. 向负极移动　　　　　C. 不移动　　　　　　D. 自由移动

6. 对于扩散双电层模型，下列描述不正确的是_____。

A. 由于静电吸引作用和热运动两种效应的综合，双电层由紧密层和扩散层组成

B. 扩散层中粒子的分布符合布朗分布

C. ζ 电势的数值大于 φ_0

D. $|\zeta| \leqslant |\varphi_0|$

9.3-4　问答题

1. Tyndall 效应是由光的什么作用引起的，粒子大小范围落在什么区间内可以观察到 Tyndall 效应，为什么危险信号要用红灯显示，为什么早霞、晚霞的色彩特别鲜艳？

2. 胶粒发生 Brown 运动的本质是什么，对溶胶的稳定性有何影响？

3. 电泳和电渗有何不同，流动电势和沉降电势有何不同？

4. 简述溶胶的制备方法有哪些，净化方法有哪些？

5. 在两个充有 $0.001\ mol/dm^3$ KCl 溶液的容器之间连接一个 AgCl 多孔塞，塞中细孔里充满了 KCl 溶液，在多孔塞两侧放两个电极接以直流电源，溶液将向什么方向移动？如果用 $AgNO_3$ 溶液代替 KCl 溶液，液体流动方向又如何？

9.3-5　习题

1. 在实验室中，用相同的方法制备两份浓度不同的硫溶胶，测得两份硫溶胶的散射光强度之比为 $\dfrac{I_1}{I_2}=10$。已知第一份溶胶的浓度 $c_1=0.1\ mol/dm^3$。设入射光的频率和强度等试验条件都相同，试求第二份溶胶的浓度 c_2。

2. 某溶胶胶粒的平均直径为 4.2×10^{-9} m，设介质黏度 $\eta = 1.0 \times 10^{-3}$ Pa·s。试计算：

（1）25 ℃时，溶胶的扩散系数 D；

（2）在 1 s 内由于布朗运动，粒子沿 x 轴方向的平均位移 $\overline{X}$。

3. 某金溶胶粒子半径为 30 nm。25 ℃时，于重力场中达到平衡后，在高度相距 0.1 mm 的某指定体积内粒子数分贝为 277 个和 166 个，已知金与分散介质的密度分别为 19.3×10^3 kg/m³ 和 1.0×10^3 kg/m³。试计算阿伏伽德罗常数 L。

4. 如欲制备 AgI 负胶体，应在 25 cm³，0.016 mol/dm³ 的 KI 溶液内加入多少体积的 0.005 mol/dm³ 的 AgNO₃ 溶液？

5. 将 12 cm³，0.02 mol/dm³ 的 KCl 溶液和 100 cm³，0.005 mol/dm³ 的 AgNO₃ 溶液混合以制造胶体。写出胶团结构式，并画出胶团的构造示意图。

6. 向沸水中滴加一定量的 FeCl₃ 溶液制备 Fe(OH)₃ 溶胶，未水解的 FeCl₃ 为稳定剂。写出胶团结构式，指出 Fe(OH)₃ 胶粒在电泳时的移动方向，并说明原因。

任务 9.4　溶胶的稳定性和聚沉

9.4.1　溶胶的稳定性

溶胶是热力学不稳定系统，具有聚结不稳定性。但有些溶胶却能在相当长的时间内相对稳定地存在。例如，法拉第配制的红色金溶胶，静置数十年后才聚沉。为了说明溶胶稳定的原因，先介绍一个溶胶的稳定理论。

9.4.1.1　溶胶的经典稳定理论——DLVO 理论

20 世纪 40 年代，苏联学者德查金（Darjaguin）、朗道（Landau）和荷兰学者维韦（Verwey）、奥弗比克（Overbeek）分别提出了关于胶体稳定性的理论，后人称为 DLVO 理论。该理论如下。

（1）胶团之间既存在引力势能，也存在斥力势能。分散在介质中的胶团可视为表面带电荷的胶核及环绕其周围带有相反电荷的离子氛所组成。如图 9-20 所示，图中虚线圈为胶团的大小，在胶团之外的任一点 A 处不受正电荷的影响，在扩散层内任一点 B 处，因正电荷的作用未被完全抵消，仍表现出一定的正电性。因此，当两个胶团的扩散层未发生重叠时，两者之间不产生任何斥力；当两个胶团的扩散层发生重叠时，两胶团之间产生静电斥力。

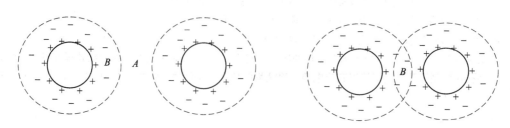

图 9-20　胶团相互作用示意图

（2）溶胶的相对稳定性或聚沉取决于斥力势能及引力势能的相对大小。当粒子间的斥力势能在数值上大于引力势能，则溶胶处于相对稳定的状态；当粒子间的引力势能在数值上大于斥力势能时，粒子将相互靠近而发生聚沉。

（3）粒子之间的总势能是斥力势能和引力势能共同作用的结果，随着粒子间距离的变化而变化。由于斥力势能及引力势能与距离的关系不同，会出现在某一距离范围内引力势能占优势，而在另一范围内斥力势能占优势。

（4）加入电解质时，对引力势能影响不大，但对斥力势能的影响却很明显。适当调整电解质的浓度，可以得到相对稳定的溶胶。

9.4.1.2　溶胶稳定的原因

（1）胶粒带电的稳定作用。胶粒带电荷是溶胶稳定的主要原因。根据 DLVO 理论，当两个胶团的扩散层发生重叠时，将发生静电斥力，随着重叠区域增大，斥力也相应增加。如果胶粒间静电斥力大于两胶粒间的吸引力，则两个胶粒相撞后将分开，保持了溶胶的稳定性。

（2）溶胶的动力稳定性。溶胶的粒子小，布朗运动激烈，因此在重力场中不易沉降，使溶胶具有动力稳定性。一般说来，分散相与分散介质的密度差越小，分散介质黏度越大，胶粒越小，布朗运动越剧烈，扩散能力越强，动力稳定性就越大，胶粒越不容易沉降。

（3）溶剂化的稳定作用。溶胶的胶核具有憎水性，但紧密层与扩散层中的离子都是溶剂化的，在胶粒的周围就形成一个具有弹性的溶剂化层。当胶粒靠近时，溶剂化层被挤压而变形，但每个胶团都力图恢复其原来的形状而被弹开，增加了溶胶聚合的机械阻力，防止了溶胶的聚沉，从而有利于溶胶的稳定。

9.4.2　溶胶的聚沉

溶胶中的分散相微粒互相聚结，颗粒变大，进而发生沉降的现象，称为溶胶的聚沉。影响溶胶稳定性的因素有很多，本节主要讨论从以下几方面进行讨论。

9.4.2.1　电解质的聚沉作用

溶胶受电解质的影响十分敏感，适量的电解质对溶胶起稳定作用，但当电解质浓度达到一定程度时，则会压缩扩散层，使电势降低，胶粒间斥力势能减小，从而使溶胶发生聚沉。通常用聚沉值来表示电解质的聚沉能力。聚沉值是指在一定条件下，使一定量的溶胶完全聚沉所需电解质的最小浓度。电解质的聚沉值越小，其聚沉能力越强。比较各种电解质的聚沉值得出如下规律。

（1）聚沉能力主要决定于与胶粒带相反电荷的电解质离子（反离子）的价数。反离子的价数越高，其聚沉能力越强。不同价数（1价、2价、3价）的反离子，其聚沉值的比例大约为 $100 : 1.6 : 0.14$，约为 $\left(\dfrac{1}{1}\right)^6 : \left(\dfrac{1}{2}\right)^6 : \left(\dfrac{1}{3}\right)^6$，即聚沉值与反离子价数的六次方成反比，称为舒尔策-哈迪（Schulze-Hardy）价数规则。

（2）价数相同的离子聚沉能力也有所不同。例如，某些一价的正、负离子，对带相反电荷胶体粒子的聚沉能力大小按如下顺序：

$$H^+ > Cs^+ > Rb^+ > NH_4^+ > K^+ > Na^+ > Li^+$$

$$Cl^- > Br^- > NO_3^- > I^- > SCN^- > OH^-$$

这种将价数相同的阳离子或阴离子按聚沉能力大小排列的顺序，称为感胶离子序。存在这样的顺序与离子的水化有关，同价正离子，离子半径越小，水化能力越强，水化层越厚，被吸附能力越弱，聚沉能力越弱；同价负离子，离子半径越小，被吸附能力越强，聚沉能力越强。

利用电解质使溶胶聚沉的实例很多。例如，做豆腐时要"点浆"，是因为卤水中含有 Na^+、Ca^{2+}、Mg^{2+} 等离子，而豆浆是带负电荷的大豆蛋白质胶体，在豆浆中加入卤水，能使胶体聚沉而得到豆腐。

9.4.2.2　溶胶的相互聚沉作用

将两种带相反电荷的溶胶混合，会发生相互聚沉作用。当两种溶胶的电荷量恰好相等时，发生完全聚沉，否则发生部分聚沉。在日常生活中，用明矾净水就是利用溶胶之间相互聚沉的作用，医院里利用血液能否相互凝结来判明血型，也是胶体的聚沉现象。

9.4.2.3　高分子化合物的聚沉作用和保护作用

在溶胶中加入高分子化合物既可能使溶胶稳定，也可能使溶胶聚沉。如果加入少量的高分子化合物会降低溶胶的稳定性，使溶胶更容易发生聚沉，这种效应称为高分子化合物对溶胶的敏化作用。产生此现象的原因可以从以下三方面说明。

（1）搭桥效应：一个长碳链的高分子化合物可同时吸附多个胶粒，起到搭桥的作用，使胶粒聚集到一起而聚沉。

（2）脱水效应：高分子化合物对水有更强的亲和力，它将使胶粒脱水，失去水化外壳而聚沉。

（3）电中和效应：离子型的高分子化合物吸附在带电荷的胶粒上，可以中和分散相粒子的表面电荷而使溶胶聚沉。

若在溶胶中加入较多量的高分子化合物，则高分子化合物吸附在胶粒表面，包围住胶粒，使胶粒对介质的亲和力增加，从而增加了溶胶的稳定性，称为高分子化合物对溶胶的保护作用。

在人体的生理过程中，高分子化合物对溶胶的保护作用尤为重要。血液中所含的难溶盐类物质如碳酸钙、磷酸钙等就是靠血清蛋白等高分子化合物的保护存在，当发生某些疾病时，导致高分子化合物减少，就会出现聚沉，即在某些气管内形成结石，如肾结石、胆结石等。

9.4.3　高分子化合物和高分子溶液

高分子化合物是指摩尔质量 $M > 1 \sim 10^4$ kg/mol 大分子化合物。高分子化合物有天然的，如淀粉、蛋白质、纤维素、天然橡胶等；也有人工合成的，如合成橡胶、聚烯烃、树脂等，也称为聚合物。

高分子化合物以分子或离子的状态均匀地分布在溶液中形成高分子（或大分子）溶液，在分散相和分散介质之间无相界面存在，是热力学稳定系统。由于高分子化合物分子的大小恰好在胶体范围内，且具有胶体的某些特性，因此又将高分子溶液称为亲液溶胶。为了便于比较，高分子溶液与溶胶的主要性质见表9-9。

表9-9　高分子溶液与溶胶性质的比较

项目		高分子溶液	溶胶
相同之处		化合物尺寸 $10^{-9} \sim 10^{-7}$ m	分散相粒子尺寸 $10^{-9} \sim 10^{-7}$ m
		扩散慢	扩散慢
		不能通过半透膜	不能通过半透膜
不同之处		热力学稳定系统	热力学不稳定系统
		均相系统，丁达尔效应弱	多相系统，丁达尔效应强
		黏度大	黏度小
		对电解质稳定性大	对电解质很敏感
		聚沉后具有可逆性	聚沉后具有不可逆性

9.4.3.1　高分子溶液的渗透压

在讨论稀溶液的依数性时，曾推导出理想稀溶液的渗透压公式，即：

$$\Pi c_B RT = \frac{\rho_B}{M} RT \qquad (9\text{-}29)$$

式中，Π 为渗透压，Pa；c_B 为溶质的浓度，mol/m；ρ_B 为溶质的质量浓度，kg/m^3；M 为溶质的摩尔质量，kg/mol。

将式(9-29)应用于高分子溶液时，发现在恒温下，$\dfrac{\Pi}{\rho_B}$ 往往不是常数，而是随着 ρ_B 的不同而发生变化。这主要是因为高分子溶液中明显的溶剂化效应。

针对上述情况，人们对渗透压公式进行了修正，以描述高分子溶液渗透压 Π 与高分子溶液的质量浓度 ρ_B 之间的关系，得到：

$$\frac{\Pi}{\rho_B} = RT\left(\frac{1}{M} + A_2\rho_B + A_3\rho_B^2 + \cdots\right) \qquad (9\text{-}30)$$

式中，A_2、A_3 为常数，称为维里系数。

当高分子溶液的质量浓度很小时，可忽略高次方项，式(9-30)变为：

$$\frac{\Pi}{\rho_B} = RT\left(\frac{1}{M} + A_2\rho_B\right) \qquad (9\text{-}31)$$

在恒温下，以 $\dfrac{\Pi}{\rho_B}$ 对 ρ_B 作图，得到一直线，可由直线的斜率及截距计算高分子溶液的摩尔质量 M 及第二维里系数 A_2。

9.4.3.2　唐南平衡

前面讨论的渗透压，只限于非电解质的高分子溶液或处于等电点状态的蛋白质水溶液。对于高分子电解质，唐南对此进行了研究，提出了唐南平衡理论。

以高分子电解质 Na_zP（蛋白质钠盐）为例，它在水中能完全电离：

$$\text{Na}_z\text{P} \longrightarrow z\text{Na}^+ + \text{P}^{z-}$$

若将蛋白质水溶液与纯水用只允许溶剂和小离子透过而 P^{z-} 不能透过的半透膜隔开，达到渗透平衡时，所产生的渗透压为：

$$\Pi = (z+1)cRT \qquad (9\text{-}32)$$

显然，对于发生解离的高分子化合物，电解质高分子溶液的渗透压大于非电解质高分子溶液的渗透压，用之前的渗透压公式计算摩尔质量将比实际值偏小。如果半透膜另一侧不是纯水，而是电解质溶液（如 NaCl 水溶液），Na^+、Cl^- 均可透过半透膜。由于高分子不能透过半透膜，平衡时小离子在膜两侧的浓度不再相等，产生附加的渗透压。

如图 9-21 所示，开始时，把浓度为 c 的蛋白质 $Na_z P$ 溶于水，放置在半透膜的左边，浓度为 c_0 的 NaCl 溶液放在半透膜的右边。由于 Cl^- 可自右侧透过半透膜到达左侧，而每有一个 Cl^- 通过半透膜，必然同时有一个 Na^+ 也透过半透膜以维持两侧溶液的电中性。设达到渗透平衡时有浓度为 x 的 NaCl 从右侧透过半透膜进入左侧，则左、右两侧各离子浓度如图 9-21(b) 所示。

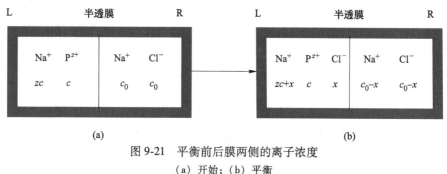

图 9-21 平衡前后膜两侧的离子浓度
（a）开始；（b）平衡

达到渗透平衡时，NaCl 在膜两侧的化学势必然相等，即：

$$\mu_L(NaCl) = \mu_R(NaCl)$$

则

$$a_L(NaCl) = a_R(NaCl)$$

$$a_L(Na^+) \cdot a_L(Cl^-) = a_R(Na^+) \cdot a_R(Cl^-)$$

对稀溶液，活度可用浓度代替：

$$c_L(Na^+) \cdot c_L(Cl^-) = c_R(Na^+) \cdot c_R(Cl^-) \tag{9-33}$$

即渗透平衡时，半透膜右边的 Na^+ 与 Cl^- 浓度的乘积等于半透膜左边的 Na^+ 与 Cl^- 浓度的乘积，式(9-33)称为唐南平衡。

将平衡时离子浓度代入式(9-33)，得：

$$(zc+x)x = (c_0-x)^2 \tag{9-34}$$

由渗透压与半透膜两边溶质浓度之差成比例，得：

$$\Pi = \left(\sum c_{B,L} - \sum c_{B,R}\right)RT = (zc+c-2c_0+4x)RT \tag{9-35}$$

式(9-34)、式(9-35)消除 x，得：

$$\Pi = \frac{z^2 c^2 + zc^2 + 2cc_0}{zc + 2c_0}RT \tag{9-36}$$

讨论两种极限情况：

（1）当 $c_0 \ll c$，即加入的盐的浓度远小于蛋白质的浓度时，

$$\Pi = \frac{z^2 c^2 + zc^2}{zc}RT = (z+1)cRT$$

（2）当 $c_0 \gg c$，即加入的盐的浓度远大于蛋白质的浓度时，

$$\Pi = \frac{2cc_0}{2c_0}RT = cRT$$

由此得到以下结论：加入足够的盐可消除唐南平衡效应对高分子电解质摩尔质量测定的影响，因而可直接应用最简单的式(9-29)计算高分子化合物的摩尔质量。

思考练习题

9.4-1 填空题

1. 溶胶在热力学上是不稳定的，它能够相对稳定存在的三个重要原因是 ＿＿＿＿＿、＿＿＿＿＿、＿＿＿＿＿。

2. 溶胶是热力学＿＿＿＿＿系统，动力学＿＿＿＿＿系统；高分子溶液是热力学＿＿＿＿＿系统，动力学＿＿＿＿＿系统。

3. 在一定温度下，破坏溶胶最有效的方法是＿＿＿＿＿。

4. 高分子化合物对溶胶的聚沉作用包括＿＿＿＿＿、＿＿＿＿＿、＿＿＿＿＿。

5. 如果加入少量的高分子化合物使溶胶发生聚沉，这种效应称为高分子化合物对溶胶的＿＿＿＿＿。

9.4-2 判断题

1. 少量电解质的存在对溶胶起稳定作用，过量电解质的存在对溶胶起破坏作用。 （　　）

2. 对于高分子溶液，加入少量电解质就会引起聚沉。 （　　）

3. 由于胶团之间只存在斥力势能，因此溶胶可以稳定地存在。 （　　）

4. 当在溶胶中加入高分子化合物时不一定发生聚沉。 （　　）

5. 溶胶是亲液溶胶，而高分子溶液是憎液溶胶。 （　　）

9.4-3 单选题

1. 对于高分子溶液，下列叙述错误的是＿＿＿＿＿。

A. 是热力学稳定系统　　　B. 不能透过半透膜　　　C. 扩散速度慢　　　D. 属于非均相系统

2. 对于带正电的 $Fe(OH)_3$ 和带负电的 Sb_2S_3 溶胶系统的相互作用，下列说法正确的是＿＿＿＿＿。

A. 混合后一定发生聚沉

B. 混合后不可能聚沉

C. 聚沉与否取决于 Fe 和 Sb 结构是否相似

D. 聚沉与否取决于正、负电荷量是否接近或相等

3. 根据舒尔策-哈迪规则，对溶胶起聚沉作用的电解质，反离子的价数与聚沉值或聚沉能力之间的关系为＿＿＿＿＿。

A. 聚沉值与价数的六次方成反比

B. 聚沉值与价数的六次方成正比

C. 聚沉能力与价数的六次方成反比

D. 聚沉能力与价数的六次方成正比

4. 唐南平衡可以基本消除，其主要方法是＿＿＿＿＿。

A. 降低小离子浓度

B. 降低大离子浓度

C. 在无大分子的一侧，加入足量的盐

D. 升高温度，降低黏度

5. 将大分子电解质 NaR 的水溶液用半透膜和水隔开，达到唐南平衡时，膜外水的 pH 值＿＿＿＿＿。

A. 大于7　　　　　　B. 小于7　　　　　　C. 等于7　　　　　　D. 不能确定

9.4-4　问答题

1. 高分子溶液与（憎液）溶胶有哪些异同点，对外加电解质的敏感度有何不同？

2. 溶胶是热力学上的不稳定系统，但有些却能在相当长的时间内稳定地存在，其主要原因是什么？

3. 有一金溶胶，先加明胶溶液再加 NaCl 溶液，与先加 NaCl 溶液再加明胶溶液相比较，其结果一样吗？

4. 有人用 0.05 mol/dm³ NaI 溶液与 0.05 mol/dm³ AgNO₃溶液缓慢混合以制备 AgI 溶胶。为了净化此溶胶，小心地将其放置在渗析池中，渗析液蒸馏水的水面与溶液液体相平。结果发现，先是溶胶液面逐渐上升，随后又自动下降。试解释此现象的原因。

5. 试解释：

（1）江河入海处为什么常形成三角洲？

（2）加明矾为何能净水？

（3）重金属离子中毒的病人，为什么喝了牛奶可使症状减轻；

（4）使用不同型号的墨水，为什么有时会使钢笔堵塞而写不出来？

9.4-5　习题

1. 以等体积的 0.008 mol/dm³ KI 溶液与 0.01 mol/dm³ AgNO₃溶液制备 AgI 溶胶，试比较三种电解质 MgSO₄、K₃Fe(CN)₆、AlCl₃的聚沉能力。若将等体积的 0.01 mol/dm³ KI 溶液与 0.008 mol/dm³ AgNO₃溶液混合制备 AgI 溶胶，上述三种电解质的聚沉能力又将如何？

2. 有一 Al(OH)₃溶胶，在加入 KCl 使其浓度为 80 mmol/dm³时恰能聚沉，加入 K₂C₂O₄ 浓度为 0.4 mmol/dm³时恰能聚沉。

（1）Al(OH)₃溶胶的电荷是正还是负？

（2）为使该溶胶聚沉，大约需要 CaCl₂的浓度为多少？

3. 某带正电荷的溶胶以 KNO₃作为沉淀剂时，聚沉值为 $50×10^{-3}$ mol/dm³。若用 K₂SO₄溶液作为沉淀剂，其聚沉值大约为多少？

4. 在三个烧杯中同样盛 0.02 dm³的 Fe(OH)₃溶胶，分别加入 NaCl、Na₂SO₄和 Na₃PO₄溶液使其聚沉，实验测得至少需加电解质的数量分别为：

（1）浓度为 1.0 mol/dm³的 NaCl 0.021 dm³；

（2）浓度为 0.005 mol/dm³的 Na₂SO₄ 0.125 dm³；

（3）浓度为 0.0033 mol/dm³的 Na₃PO₄ 0.0074 dm³；

试计算各电解质的聚沉值和它们的聚沉能力之比，并判断胶粒所带的电荷。

5. 298 K 时，在某半透膜的两边分别放浓度为 0.1 mol/dm³ 的大分子有机物 RCl 和浓度为 0.5 mol/dm³的 NaCl 溶液。设有机物 RCl 能全部电离，R⁺离子不能透过半透膜，试计算达平衡后，膜两边各种离子的浓度和渗透压。

任务 9.5　乳　状　液

由两种（或两种以上）不互溶（或部分互溶）的液体所形成的分散系统称为乳状液。乳状液中分散相（液滴）的大小常在 1~5 μm，用普通显微镜就可以观察，因此它属于粗分散系统。在生产及日常生活中经常会接触到乳状液，如含水石油、炼油厂废水、合成洗发露、洗面奶、配制成的农药乳剂及牛奶等都是乳状液。

9.5.1　乳状液的分类与鉴别

9.5.1.1　乳状液的分类

在乳状液中，一相为水，用 W 表示，另一相为有机物质，如苯、苯胺、煤油等，习惯上称为油，用 O 表示。乳状液一般可分为两大类：一类为油分散在水中，称为水包油型，用符号 O/W 表示；另一类为水分散在油中，称为油包水型，用符号 W/O 表示。

通常把乳状液中被分散的一相称为分散相或内相，另一相称为分散介质或外相。内相是不连续相，外相是连续相。例如，水分散在油中形成的油包水型乳状液，水是内相，油是外相；而油分散在水中的乳状液，油是内相，水是外相。

9.5.1.2　乳状液的鉴别

鉴别乳状液是 O/W 型还是 W/O 型，主要有以下方法。

（1）稀释法。将乳状液滴入水中或油中，若乳状液在水中稀释，则为 O/W 型；若能在油中稀释，则为 W/O 型。

（2）染色法。将微量的油溶性染料加到乳状液中，若整个乳状液带有颜色，则是 W/O 型；若只有小液滴带有颜色，则是 O/W 型。

（3）导电性。一般来说，水导电性强，油导电性差，所以 O/W 型乳状液的导电性远好于 W/O 型乳状液的导电性。

9.5.2　乳状液的形成与破坏

9.5.2.1　乳状液的形成

乳状液必须有乳化剂才能稳定存在。常用的乳化剂有表面活性剂、一些天然物质、粉末状固体等。乳化剂之所以使乳状液稳定，其原因有以下几点。

（1）降低界面张力。乳状液是多相粗分散系统，界面能高，是热力学不稳定系统。加入乳化剂，能降低界面张力，促使乳状液稳定。

（2）形成扩散双电层。离子型表面活性剂在水中电离，一般正离子在水中的溶解度大于负离子在水中的溶解度，因此水带正电荷，油带负电荷，乳化剂负离子定向地吸附在油-水界面层中，形成扩散双电层，使乳状液处于较稳定的状态。对于非离子型表面活性剂，多是由于摩擦而带电荷。

（3）形成定向楔的界面。表面活性剂分子具有一端亲水、一端亲油的特性，且其两端的横截面常大小不等。当它作为乳化剂被吸附在乳状液的界面层时，常呈现"大头"朝外，"小头"向里的几何构型，这种构型使表面活性剂如同一个个的楔子密集地钉在圆球上，极性的一端（大头）指向水相，非极性的一端（小头）指向油相。这样不仅降低了界面张力，也可以形成具有一定机械强度的界面膜，对乳状液的分散相起到保护作用。

（4）固体粉末的稳定作用。分布在乳状液界面层中的固体粒子也能起到稳定剂的作用。一般来说，易被水润湿的黏土、Al_2O_3 等固体粉末，会形成 O/W 型乳状液；易被油类润湿的石墨粉、炭黑等固体粉末，会形成 W/O 型乳状液。固体粒子的表面越粗糙，形状越不对称，越有利于形成牢固的固体膜，使乳状液更加稳定。

9.5.2.2　乳状液的破坏

在生产实践中，有时要把形成的乳状液破坏，使其内外相分离（分层），称为破乳或去乳化作用。例如，由牛奶提取油脂、原油脱水等都是破乳过程。破乳过程一般分为两步：第一步是絮凝，分散相的微小液滴絮凝成团；第二步是聚结，成团的各液滴再互相合并成更大的液滴，最后聚沉分离。

凡能消除或削弱乳化剂保护力的因素皆可达到破乳的目的。常用的破乳方法有两类：一类是物理方法，如离心分离、电泳破乳等；另一类是化学方法，即加入另外的化学物质破坏或去除起稳定作用的乳化剂。

乳状液在工农业生产、日常生活及生理现象中有广泛的应用。例如，日常生活中人们食用的牛奶、豆奶等就是天然的乳状液，其中的乳化剂是蛋白质，容易被人体吸收。在工业生产中，乳状液常用于皮革鞣制、填充和修饰等生产工序。在生产农药时，常将杀虫药、灭菌药制成水包油型乳剂，可大大提高杀虫灭菌的效率。

思考练习题

9.5-1　填空题

1. 乳状液通常分为两类_____和_____，符号为_____和_____。

2. 牛奶是一种乳状液，它能被水稀释，所以它属于_____型。

3. 要制备 O/W 型乳状液，一般选择 HLB 值在_____的表面活性剂作为乳化剂。

4. 把形成的乳状液破坏，使其内外相分离（分层），称为_____。

5. 乳状液的类型鉴别方法_____、_____、_____。

9.5-2　判断题

1. 乳状液必须有乳化剂才能稳定地存在。　　　　　　　　　　　　　　（　　）

2. 乳化剂都是表面活性剂。　　　　　　　　　　　　　　　　　　　　（　　）

3. 乳状液的类型主要与乳化剂的性质有关。　　　　　　　　　　　　　（　　）

4. 乳状液是热力学稳定系统。　　　　　　　　　　　　　　　　　　　（　　）

5. 表面活性剂分子呈现"大头"向里，"小头"朝外的几何构型，使界面膜更牢固，对乳状液的分散相起保护作用。　　　　　　　　　　　　　　　　　　　　　　　　　（　　）

9.5-3　单选题

1. 所谓乳状液是指_____。

A. 油、水互溶所形成的二组分体系

B. 油分散在水中而不是水分散在油中所成的分散体系

C. 油分散在水中或水分散在油中所成的分散体系

D. 水分散在油中而不是油分散在水中所成的分散体系

2. 亲油型乳状液_____。

A. 外相为水，内相为油，乳化形式为 O/W

B. 外相为油，内相为水，乳化形式为 W/O

C. 外相为水，内相为油，乳化形式为 W/O

D. 外相为油，内相为水，乳化形式为 O/W

3. 乳化剂能够使乳状液稳定的存在，其原因不包括_____。

A. 增大界面张力

B. 形成定向楔的界面

C. 形成扩散双电层

D. 在分散相周围形成保护膜

4. 乳状液作为胶体化学的研究内容是因其具有溶胶所特有的_____。

A. 分散度

B. 多相性及聚结不稳定性

C. 多相性及分散度

D. 全部性质

5. 下列关于乳化作用的描述中，不正确的是_____。

A. 降低界面张力

B. 形成坚固的界面保护膜

C. 形成双电层

D. 与分散相液滴发生化学反应改变了分散相的分子形态

9.5-4　问答题

1. 何为乳状液，有哪些类型，乳化剂为何能使乳状液稳定存在？

2. 通常鉴别乳状液的类型有哪些方法，其根据是什么？

3. 何为破乳，有哪些常用的破乳方法？

4. 乳化剂对水包油型乳状液的乳化作用机理。

5. K、Na 等碱金属的皂类作为乳化剂时，易形成 O/W 型乳状液；而 Zn、Mg 等高价金属的皂类作为乳化剂时，则易于形成 W/O 型乳状液，试说明原因。

任务 9.6　实验：溶液表面张力的测定——最大气泡法

9.6.1　实验目的

（1）掌握用最大气泡法测定表面张力的原理和方法；

（2）测定不同浓度正丁醇溶液的表面张力，用图解法计算不同浓度下正丁醇溶液的吸附量；

（3）通过对表面张力的测定，加深对表面张力、表面自由能等概念的理解；

（4）掌握数据处理的基本技巧。

9.6.2　实验原理

恒温、恒压下，纯溶剂的表面张力为一定值，若在纯溶剂中加入能降低其表面张力的溶质，则溶质在表面层中的浓度比在溶液内部的浓度高；若加入能增大其表面张力的溶质，则溶质在表面层中的浓度比在溶液内部的浓度低。这种现象称为表面吸附。

吉布斯用热力学方法导出了溶液浓度、表面张力和吸附量之间的关系，称为吉布斯吸附等温式。对二组分稀溶液，有：

$$\Gamma = -\frac{c}{RT}\left(\frac{\partial \gamma}{\partial c}\right)_T$$

式中，Γ 为表面吸附量，mol/m^2；c 为溶质的浓度，mol/dm^3；γ 为表面张力，N/m；T 为热力学温度，K；R 为气体常数，$R=8.314\ J/(mol\cdot K)$。

当 $\left(\dfrac{\partial \gamma}{\partial c}\right)<0$ 时，$\Gamma>0$，称为正吸附；$\left(\dfrac{\partial \gamma}{\partial c}\right)>0$ 时，$\Gamma<0$，称为负吸附。为了求得表面吸附量，需先作出 γ-c 的等温曲线，如图 9-22 所示。根据曲线，求出 $\Gamma=f(c)$ 的关系式。

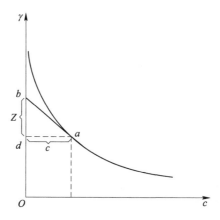

图 9-22　表面张力和浓度的关系

具体方法是在 $r=f(c)$ 曲线上取相应的点 a，通过 a 点作曲线的切线和平行于横坐标的直线，分别交纵轴于 b 和 d。令 $bd=Z$，则在 a 点有：

$$Z = -c\left(\frac{\partial \gamma}{\partial c}\right)_T \tag{9-37}$$

由式（9-37）可得：$\Gamma = \dfrac{Z}{RT}$，取曲线上不同的点，就可以得出不同的 Z 和 Γ 值，从而可做出吸附等温线。

本实验采用最大气泡法测定液体表面张力，其原理为：从浸入液面下的毛细管端鼓出空气泡时，需要高于外部大气压的附加压力以克服气泡的表面张力，则有：

$$\Delta p = \frac{2\gamma}{R'} \tag{9-38}$$

式中，Δp 为附加压力；γ 为表面张力，R' 为气泡曲率半径。

如果毛细管半径很小，则形成的最大气泡可视为球形。当气泡开始形成时，表面几乎是平的，这时的曲率半径最大。随着压力差增大，气泡曲率半径逐渐变小，当曲率半径 R' 减小到等于毛细管的半径 r_0，即气泡呈半球时，压力差达到最大值。气泡进一步长大，R' 变大，附加压力则变小，直到气泡逸出，如图 9-23 所示。

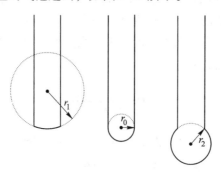

图 9-23　气泡形成过程中其曲率半径的变化情况示意图

$R'=r_0$ 时，最大附加压力 $\Delta p_{\max}$ 可由压力计测得。根据式（9-38），得：

$$r = \frac{r_0}{2} \Delta p_{max}$$

对同一毛细管和同一压力计来说，分别测定两种溶液的表面张力，则有：

$$r_1 = \frac{r_0}{2} \Delta p_{max,1}$$

$$r_2 = \frac{r_0}{2} \Delta p_{max,2}$$

将两式合并，得：

$$r_2 = \frac{r_1}{\Delta p_{max,1}} \Delta p_{max,2} \tag{9-39}$$

定义 $K = \dfrac{r_1}{\Delta p_{max,1}}$，则：

$$r_2 = K \Delta p_{max,2} \tag{9-40}$$

式中，K 为仪器常数，可用已知表面张力的标准物质标定求得。

9.6.3 实验仪器与原料

实验仪器：带有支管的试管（简称具支管试管）；毛细管；滴液漏斗；小烧杯；T 形管；压力计（数字式微压差测量仪）；恒温水槽。

实验原料：不同浓度的正丁醇溶液（0.05 mol/L、0.10 mol/L、0.15 mol/L、0.20 mol/L、0.25 mol/L、0.30 mol/L）。

9.6.4 实验步骤

实验仪器装置如图 9-24 所示。

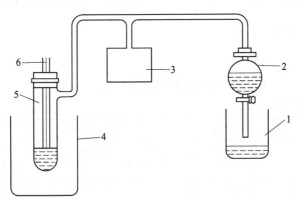

图 9-24 最大气泡法测定表面张力的装置图

1—烧杯；2—分液漏斗；3—数字式微压差测量仪；

4—恒温装置；5—带有支管的试管；6—毛细管

A 仪器准备和检漏

（1）将数字压力计与大气相通后，按下压力计面板上的采零键，显示值将为 00.00 数值（大气压被视为零值看待）。

（2）将恒温水浴目标温度设定为（15±0.05）℃，或（25±0.05）℃，或（30±0.05）℃，具体设定为多少，看当时实验室的气温是多少，冷天定低些、热天定高些。

（3）将表面张力仪容器和毛细管洗净，安装好实验装置。

（4）在具支管试管中注入蒸馏水，调节液面，使之恰好与毛细管口尖端相切。

（5）将自来水注入分液漏斗中，套紧系统各处橡皮管，再开启活塞，这时减压瓶中水面下降，使体系内压力降低（实际上等于对体系抽气）。当数字压力计指示出几百帕斯卡的压力差时，关闭活塞。若两三分钟内压力示数不变，则说明体系不漏气，可以进行实验；否则表示装置漏气，要重新检查。

B 仪器常数的测定

（1）打开活塞，对体系减压，调节水流速度，使气泡由毛细管尖端成单泡逸出，且每个气泡形成的时间不能少于 10~20 s（否则吸附平衡就来不及在气泡表面建立起来，因而测的表面张力也不能反映该浓度下真正的表面张力值）。记录数字压力计的最大读数，连续读取三次，求其平均值。

（2）再由实验常用数据表中查出实验温度下水的表面张力 $\gamma_{水}$，则可算出仪器常数 K。

C 测定不同浓度正丁醇的水溶液表面张力

将不同浓度的正丁醇水溶液，按由稀到浓的顺序，依上法测定其表面张力，更换溶液时，需用待测液润洗毛细管和具支管试管三次，并注意保护毛细管尖端。

9.6.5 实验注意事项

做好本实验的关键：

（1）仪器必须清洁干净，在测定每份试样时，必须用该试样冲洗毛细管中前一次测定的残留液；

（2）毛细管应保持垂直，其端部应平整，毛细管平面与液面接触处要相切。

9.6.6 数据记录与处理

室内大气压_____ kPa

恒温槽温度_____ ℃   水的表面张力_____

（1）将实验数据填入下表：

压力计读数		纯水	正丁醇水溶液 c/mol·dm^{-3}					
			0.020	0.050	0.100	0.150	0.200	0.300
Δp/kPa	1							
	2							
	3							
	平均							
γ/N·m^{-1}								

（2）将查得水的表面张力代入式(9-40)，求得 K，计算各不同浓度正丁醇水溶液的表面张力 γ，填入上表。

（3）用坐标纸作 γ-c 光滑曲线，在曲线的整个浓度范围内取 10 个左右的点作切线，

求得 Z 值，计算 Γ 值。

将所得数据列表如下：

$c/\text{mol}\cdot\text{dm}^{-3}$									
$\dfrac{\partial\gamma}{\partial c}$									
Z									
$\Gamma/\text{mol}\cdot\text{m}^{-2}$									

（4）作吸附量 Γ 对浓度 c 曲线（吸附等温线），找出最大吸附量 Γ_{∞}。

9.6.7　思考题

（1）用最大气泡法测定表面张力时为什么要读取最大压力差？

（2）为什么玻璃毛细管一定要与液面刚好相切，如果毛细管插入一定深度，对测定结果有何影响？

（3）测量过程中如果气泡逸出速率较快，对实验有无影响，为什么？

（4）毛细管的清洁与否和温度的不恒定对测量结果有何影响？

本章小结

拓展阅读

参 考 文 献

［1］天津大学物理化学教研室．物理化学［M］．4 版．北京：高等教育出版社，2001.

［2］张坤玲．物理化学［M］．4 版．大连：大连理工大学出版社，2018.

［3］傅献彩，沈文霞，姚天扬，等．物理化学［M］．5 版．北京：高等教育出版社，2005.

［4］孙德坤，沈文霞，姚天扬，等．物理化学学习指导［M］．北京：高等教育出版社，2007.

［5］鲁道荣．物理化学实验［M］．合肥：合肥工业大学出版社，2002.

［6］李三鸣．物理化学［M］．北京：人民卫生出版社，2016.

［7］李文斌．物理化学例题和习题［M］．2 版．天津：天津大学出版社，1998.

［8］王文清，沈兴海．物理化学习题精解［M］．2 版．北京：科学出版社，2004.

［9］北京化工大学．物理化学例题与习题［M］．北京：化学工业出版社，2001.

［10］朱传征．物理化学习题精解［M］．北京：科学出版社，2001.

［11］赵里莉，薛方渝．物理化学学习指导［M］．北京：中央广播电视大学出版社，1997.

［12］高职高专化学教材编写组．物理化学［M］．4 版．北京：高等教育出版社，2013.

［13］王淑兰．物理化学［M］．4 版．北京：冶金工业出版社，2013.

［14］高职高专化学教材编写组．物理化学实验［M］．4 版．北京：高等教育出版社，2013.

［15］高职高专化学教材编写组．物理化学［M］．5 版．北京：高等教育出版社，2022.

［16］李素婷，侯炜．物理化学［M］．北京：高等教育出版社，2019.

［17］印永嘉，奚正楷，张树永．物理化学简明教程［M］．4 版．北京：高等教育出版社，2022.

［18］印永嘉，奚正楷，张树永．物理化学简明教程例题与习题［M］．2 版．北京：高等教育出版社，2022.

［19］冯霞．物理化学解题指南［M］．北京：高等教育出版社，2018.

［20］胡彩玲．物理化学［M］．北京：化学工业出版社，2017.

附　　表

附表 1　一些物质的热力学数据

（物质的标准摩尔生成焓、标准摩尔熵、标准摩尔生成 Gibbs
自由能及标准摩尔定压热容，$p^{\ominus} = 100$ kPa，298.15 K）

物　　质	$\Delta_f H_m^{\ominus}/kJ \cdot mol^{-1}$	$S_m^{\ominus}/J \cdot K^{-1} \cdot mol^{-1}$	$\Delta_f G_m^{\ominus}/kJ \cdot mol^{-1}$	$C_{p,m}^{\ominus}/J \cdot K^{-1} \cdot mol^{-1}$
Ag(s)	0	42.55	0	25.351
AgBr(s)	−100.37	107.1	−96.90	52.38
AgCl(s)	−127.068	96.2	−109.789	50.79
AgI(s)	−61.84	115.5	−66.19	56.82
AgNO₃(s)	−124.39	140.92	−33.41	93.05
Ag₂CO₃(s)	−505.8	167.4	−436.8	112.26
Ag₂O(s)	−31.05	121.3	−11.20	65.86
Al₂O₃(s,刚玉)	−1675.7	50.92	−1582.3	79.04
Br₂(l)	0	152.231	0	75.689
Br₂(g)	30.907	245.463	3.110	36.02
C(s,石墨)	0	5.740	0	8.527
C(s,金刚石)	1.895	2.377	2.900	6.113
CO(g)	−110.525	197.674	−137.168	29.142
CO₂(g)	−393.509	213.74	−394.359	37.11
CS₂(g)	117.36	237.84	67.12	45.40
CaC₂(s)	−59.8	69.96	−64.9	62.72
CaCO₃(s,方解石)	−1206.92	92.9	−1128.79	81.88
CaCl₂(s)	−795.8	104.6	−748.1	72.59
CaO(s)	−635.09	39.75	−604.03	42.80
Cl₂(g)	0	223.066	0	33.907
CuO(s)	−157.3	42.63	−129.7	42.30
CuSO₄(s)	−771.36	109.0	−661.8	100.0
Cu₂O(s)	−168.6	93.14	−146.0	63.64
F₂(g)	0	202.78	0	31.30
Fe₀.₉₇₄O(s,方铁矿)	−266.27	57.49	245.12	48.12
FeO(s)	−272.0			
FeS₂(s)	−178.2	52.93	−166.9	62.17

物　质	$\Delta_f H_m^\ominus / kJ \cdot mol^{-1}$	$S_m^\ominus / J \cdot K^{-1} \cdot mol^{-1}$	$\Delta_f G_m^\ominus / kJ \cdot mol^{-1}$	$G_{p,m}^\ominus / J \cdot K^{-1} \cdot mol^{-1}$
$Fe_2O_3(s)$	−824.2	87.40	−742.2	103.85
$Fe_3O_4(s)$	−1118.4	146.4	−1015.4	143.43
$H_2(g)$	0	130.684	0	28.824
$HBr(g)$	−36.40	198.695	−53.45	29.142
$HCl(g)$	−92.307	186.908	−95.299	29.12
$HF(g)$	−271.1	173.799	−273.2	29.12
$HI(g)$	26.48	206.594	1.70	29.158
$HCN(g)$	135.1	201.78	124.7	35.86
$HNO_3(l)$	−174.10	155.60	−80.71	109.87
$HNO_3(g)$	−135.06	266.38	−74.72	53.35
$H_2O(l)$	−285.830	69.91	−237.129	75.291
$H_2O(g)$	−241.818	188.825	−228.572	33.577
$H_2O_2(l)$	−187.78	109.6	−120.35	89.1
$H_2O_2(g)$	−136.31	232.7	−105.57	43.1
$H_2S(g)$	−20.63	205.79	−33.56	34.23
$H_2SO_4(l)$	−813.989	156.904	−690.003	138.91
$HgCl_2(s)$	−224.3	146.0	−178.6	
$HgO(s,正交)$	−90.83	70.29	−58.539	44.06
$Hg_2Cl_2(s)$	−265.22	192.5	−210.745	
$Hg_2SO_4(s)$	−743.12	200.66	−625.815	131.96
$I_2(s)$	0	116.135	0	54.438
$I_2(g)$	62.438	260.69	19.327	36.90
$KCl(s)$	−436.747	82.59	−409.14	51.30
$KI(s)$	−327.900	106.32	−324.892	52.93
$KNO_3(s)$	−494.63	133.05	−394.86	96.40
$K_2SO_4(s)$	−1437.79	175.56	−1321.37	130.46
$KHSO_4(s)$	−1160.6	138.1	−1031.3	
$N_2(g)$	0	191.61	0	29.12
$NH_3(g)$	−46.11	192.45	−16.45	35.06
$NH_4Cl(s)$	−314.43	94.6	−202.87	84.1
$(NH_4)_2SO_4(s)$	−1180.85	220.1	−901.67	187.49
$NO(g)$	90.25	210.761	86.55	29.83
$NO_2(g)$	33.18	240.06	51.31	37.07
$N_2O(g)$	82.05	219.85	104.20	38.45

物　质	$\Delta_f H_m^{\ominus}/\text{kJ} \cdot \text{mol}^{-1}$	$S_m^{\ominus}/\text{J} \cdot \text{K}^{-1} \cdot \text{mol}^{-1}$	$\Delta_f G_m^{\ominus}/\text{kJ} \cdot \text{mol}^{-1}$	$C_{p,m}^{\ominus}/\text{J} \cdot \text{K}^{-1} \cdot \text{mol}^{-1}$
$N_2O_4(g)$	9.16	304.29	97.89	77.28
$N_2O_5(g)$	11.3	355.7	115.1	84.5
$NaCl(s)$	−411.153	72.13	−384.138	50.50
$NaNO_3(s)$	−467.85	116.52	−367.00	92.88
$NaOH(s)$	−425.609	64.455	−379.494	59.54
$Na_2CO_3(s)$	−1130.68	134.98	−1044.44	112.30
$NaHCO_3(s)$	−950.81	101.7	−851.0	87.61
$Na_2SO_4(s,正交)$	−1387.08	149.58	−1270.16	128.20
$O_2(g)$	0	205.138	0	29.355
$O_3(g)$	142.7	238.93	163.2	39.20
$PCl_3(g)$	−287.0	311.78	−267.8	71.84
$PCl_5(g)$	−374.9	364.58	−305.0	112.80
$S(s,正交)$	0	31.80	0	22.64
$SO_2(g)$	−296.830	248.22	−300.194	39.87
$SO_3(g)$	−395.72	256.76	−371.06	50.67
$SiO_2(s,\alpha^-石英)$	−910.94	41.84	−856.64	44.43
$ZnO(s)$	−348.28	43.64	−318.30	40.25
$CH_4(g)$甲烷	−74.81	186.264	−50.72	35.309
$C_2H_6(g)$乙烷	−84.68	229.60	−32.82	52.63
$C_3H_8(g)$丙烷	−103.85	270.02	−23.37	73.51
$C_4H_{10}(g)$正丁烷	−126.15	310.23	−17.02	97.45
$C_4H_{10}(g)$异丁烷	−134.52	294.75	−20.75	96.82
$C_5H_{12}(g)$正戊烷	−146.44	349.06	−8.21	120.21
$C_5H_{12}(g)$异戊烷	−154.47	343.20	−14.65	118.78
$C_6H_{14}(g)$正己烷	−167.19	388.51	−0.05	143.09
$C_7H_{16}(g)$庚烷	−187.78	428.01	8.22	165.98
$C_8H_{18}(g)$辛烷	−208.45	466.84	16.66	188.87
$C_2H_4(g)$乙烯	52.26	219.56	68.15	43.56
$C_3H_6(g)$丙烯	20.42	267.05	62.79	63.89
$C_4H_8(g)$1-丁烯	−0.13	305.71	71.40	85.65
$C_4H_6(g)$1,3-丁二烯	110.16	278.85	150.74	79.54
$C_2H_2(g)$乙炔	226.73	200.94	209.20	43.93
$C_3H_4(g)$丙炔	185.43	248.22	194.46	60.67
$C_3H_6(g)$环丙烷	53.30	237.55	104.46	55.94

物　　质	$\Delta_f H_m^{\ominus}/kJ \cdot mol^{-1}$	$S_m^{\ominus}/J \cdot K^{-1} \cdot mol^{-1}$	$\Delta_f G_m^{\ominus}/kJ \cdot mol^{-1}$	$C_{p,m}^{\ominus}/J \cdot K^{-1} \cdot mol^{-1}$
$C_6H_{12}(g)$ 环己烷	-123.14	298.35	31.92	106.27
$C_6H_{10}(g)$ 环己烯	-5.36	310.86	106.99	105.02
$C_6H_6(l)$ 苯	49.04	173.26	124.45	
$C_6H_6(g)$ 苯	82.93	269.31	129.73	81.67
$C_7H_8(l)$ 甲苯	12.01	220.96	113.89	
$C_7H_8(g)$ 甲苯	50.00	320.77	122.11	103.64
$C_8H_{10}(l)$ 乙苯	-12.47	255.18	119.86	
$C_8H_{10}(g)$ 乙苯	29.79	360.56	130.71	128.41
$C_8H_{10}(l)$ 间二甲苯	-25.40	252.17	107.81	
$C_8H_{10}(g)$ 间二甲苯	17.24	357.80	119.00	127.57
$C_8H_{10}(l)$ 邻二甲苯	-24.43	246.02	110.62	
$C_8H_{10}(g)$ 邻二甲苯	19.00	352.86	122.22	133.26
$C_8H_{10}(l)$ 对二甲苯	-24.43	247.69	110.12	
$C_8H_{10}(g)$ 对二甲苯	17.95	352.53	121.26	126.86
$C_8H_8(l)$ 苯乙烯	103.89	237.57	202.51	
$C_8H_8(g)$ 苯乙烯	147.36	345.21	213.90	122.09
$C_{10}H_8(s)$ 萘	78.07	166.90	201.17	
$C_{10}H_8(g)$ 萘	150.96	335.75	223.69	132.55
$C_2H_6O(g)$ 甲醚	-184.05	266.38	-112.59	64.39
$C_3H_8O(g)$ 甲乙醚	-216.44	310.73	-117.54	89.75
$C_4H_{10}O(l)$ 乙醚	-279.5	253.1	-122.75	
$C_4H_{10}O(g)$ 乙醚	-252.21	342.78	-112.19	122.51
$C_2H_4O(g)$ 环氧乙烷	-52.63	242.53	-13.01	47.91
$C_3H_6O(g)$ 环氧丙烷	-92.76	286.84	-25.69	72.34
$CH_4O(l)$ 甲醇	-238.66	126.8	-166.27	81.6
$CH_4O(g)$ 甲醇	-200.66	239.81	-161.96	43.89
$C_2H_6O(l)$ 乙醇	-277.69	160.7	-174.78	111.46
$C_2H_6O(g)$ 乙醇	-235.10	282.70	-168.49	65.44
$C_3H_8O(l)$ 丙醇	-304.55	192.9	-170.52	
$C_3H_8O(g)$ 丙醇	-257.53	324.91	-162.86	87.11
$C_3H_8O(l)$ 异丙醇	-318.0	180.58	-180.26	
$C_3H_8O(g)$ 异丙醇	-272.59	310.02	-173.48	88.74
$C_4H_{10}O(l)$ 丁醇	-325.81	225.73	-160.00	
$C_4H_{10}O(g)$ 丁醇	-274.42	363.28	-150.52	110.50

物 质	$\Delta_f H_m^{\ominus}/kJ \cdot mol^{-1}$	$S_m^{\ominus}/J \cdot K^{-1} \cdot mol^{-1}$	$\Delta_f G_m^{\ominus}/kJ \cdot mol^{-1}$	$G_{p,m}^{\ominus}/J \cdot K^{-1} \cdot mol^{-1}$
$C_2H_5O_2(l)$ 乙二醇	-454.80	166.9	-323.08	149.8
$C_2H_5O_2(g)$ 乙二醇				
$CH_2O(g)$ 甲醛	-108.57	218.77	-102.53	35.40
$C_2H_4O(l)$ 乙醛	-192.30	160.2	-128.12	
$C_2H_4O(g)$ 乙醛	-166.19	250.3	-128.86	54.64
$C_3H_6O(l)$ 丙酮	-248.1	200.4	-133.28	
$C_3H_6O(g)$ 丙酮	-217.57	295.04	-152.97	74.89
$CH_2O_2(l)$ 甲酸	-424.72	128.95	-361.35	99.04
$CH_2O_2(g)$ 甲酸	-378.57			
$C_2H_4O_2(l)$ 乙酸	-484.5	159.8	-389.9	124.3
$C_2H_4O_2(g)$ 乙酸	-432.25	282.5	-374.0	66.53
$C_4H_6O_3(l)$ 乙酐	-624.00	268.61	-488.67	
$C_4H_6O_3(g)$ 乙酐	-575.72	390.06	-476.57	99.50
$C_3H_4O_2(l)$ 丙烯酸	-384.1			
$C_3H_4O_2(g)$ 丙烯酸	-336.23	315.12	-285.99	77.78
$C_7H_6O_2(s)$ 苯甲酸	-385.14	167.57	-245.14	
$C_7H_6O_2(g)$ 苯甲酸	-290.20	369.10	-210.31	103.47
$C_2H_4O_2(l)$ 甲酸甲酯	-379.07			121
$C_2H_4O_2(g)$ 甲酸甲酯	-350.2			
$C_4H_8O_2(l)$ 乙酸乙酯	-479.03	259.4	-332.55	
$C_4H_8O_2(g)$ 乙酸乙酯	-442.92	362.86	-327.27	113.64
$C_6H_6O(s)$ 苯酚	-165.02	144.01	-50.31	
$C_6H_6O(g)$ 苯酚	-96.36	315.71	-32.81	103.55
$C_7H_8O(l)$ 间甲酚	-193.26			
$C_7H_8O(g)$ 间甲酚	-132.34	356.88	-40.43	122.47
$C_7H_8O(l)$ 邻甲酚	-204.35			
$C_7H_8O(g)$ 邻甲酚	-128.62	357.72	-36.96	130.33
$C_7H_8O(l)$ 对甲酚	-199.20			
$C_7H_8O(g)$ 对甲酚	-125.39	347.76	-30.77	124.47
$CH_5N(l)$ 甲胺	-47.3	150.21	35.7	
$CH_5N(g)$ 甲胺	-22.97	243.41	32.16	53.1
$C_2H_7N(l)$ 乙胺	-74.1			130
$C_2H_7N(g)$ 乙胺	-47.15			69.9
$C_4H_{11}N(l)$ 二乙胺	-103.73			
$C_4H_{11}N(g)$ 二乙胺	-72.38	352.32	72.25	115.73
$C_5H_5N(l)$ 吡啶	100.0	177.90	181.43	

物　　质	$\Delta_f H_m^{\ominus}/\text{kJ} \cdot \text{mol}^{-1}$	$S_m^{\ominus}/\text{J} \cdot \text{K}^{-1} \cdot \text{mol}^{-1}$	$\Delta_f G_m^{\ominus}/\text{kJ} \cdot \text{mol}^{-1}$	$G_{p,m}^{\ominus}/\text{J} \cdot \text{K}^{-1} \cdot \text{mol}^{-1}$
$C_5H_5N(g)$ 吡啶	140.16	282.91	190.27	78.12
$C_6H_7N(l)$ 苯胺	31.09	191.29	149.21	
$C_6H_7N(g)$ 苯胺	86.86	319.27	166.79	108.41
$C_2H_3N(l)$ 乙腈	31.38	149.62	77.22	91.46
$C_2H_3N(g)$ 乙腈	65.23	254.12	82.58	52.22
$C_3H_3N(l)$ 丙烯腈	150.2			
$C_3H_3N(g)$ 丙烯腈	184.93	274.04	195.34	63.76
$CH_3NO_2(l)$ 硝基甲烷	-113.09	171.75	-14.42	105.98
$CH_3NO_2(g)$ 硝基甲烷	-74.73	274.96	-6.84	57.32
$C_6H_5NO_2(l)$ 硝基苯	12.5			185.8
$CH_3F(g)$ 一氟甲烷		222.91		37.49
$CH_2F_2(g)$ 二氟甲烷	-446.9	246.71	-419.2	42.89
$CHF_3(g)$ 三氟甲烷	-688.3	259.68	-653.9	51.04
$CF_4(g)$ 四氟化碳	-925	261.61	-879	61.09
$C_2F_6(g)$ 六氟乙烷	-1297	332.3	-1213	106.7
$CH_3Cl(g)$ 一氯甲烷	-80.83	234.58	-57.37	40.75
$CH_2Cl_2(g)$ 二氯甲烷	-121.46	177.8	-67.26	100.0
$CH_2Cl_2(l)$ 二氯甲烷	-92.47	270.23	-65.87	50.96
$CHCl_3(l)$ 氯仿	-134.47	201.7	-73.66	113.8
$CHCl_3(g)$ 氯仿	-103.14	295.71	-70.34	65.69
$CCl_4(l)$ 四氯化碳	-135.44	216.40	-65.21	131.75
$CCl_4(g)$ 四氯化碳	-102.9	309.85	-60.59	83.30
$C_2H_5Cl(l)$ 氯己烷	-136.52	190.79	-59.31	104.35
$C_2H_5Cl(g)$ 氯乙烷	-112.17	276.00	-60.39	62.80
$C_2H_4Cl_2(l)$ 1,2-二氯乙烷	-165.23	208.53	-79.52	129.3
$C_2H_4Cl_2(g)$ 1,2-二氯乙烷	-129.79	308.39	-73.78	78.7
$C_2H_3Cl(g)$ 氯乙烯	35.6	263.99	51.9	53.72
$C_6H_5Cl(l)$ 氯苯	10.79	209.2	89.30	
$C_6H_5Cl(g)$ 氯苯	51.84	313.58	99.23	98.03
$CH_3Br(g)$ 溴甲烷	-35.1	246.38	-25.9	42.43
$CH_3I(g)$ 碘甲烷	13.0	254.12	14.7	44.10
$CH_4S(g)$ 甲硫醇	-22.34	255.17	-9.30	50.25
$C_2H_6S(l)$ 乙硫醇	-73.35	207.02	-5.26	117.86
$C_2H_6S(g)$ 乙硫醇	-45.81	296.21	-4.33	72.68

附表 2　一些有机化合物的标准摩尔燃烧焓

（标准压力 $p^{\ominus}$ = 100 kPa，298.15 K）

物　　质		$-\Delta_c H_m^{\ominus}$/kJ·mol^{-1}	物　　质		$-\Delta_c H_m^{\ominus}$/kJ·mol^{-1}
$C_{10}H_8(s)$	萘	5351.9	$C_5H_{12}(l)$	正戊烷	3509.5
$C_{12}H_{22}O_{11}(s)$	蔗糖	5640.9	$C_5H_5N(l)$	吡啶	2782.4
$C_2H_2(g)$	乙炔	1299.6	$C_6H_{12}(l)$	环己烷	3919.9
$C_2H_4(g)$	乙烯	1411.0	$C_6H_{14}(l)$	正己烷	4163.1
$C_2H_5CHO(l)$	丙醛	1816.3	$C_6H_4(COOH)_2(s)$	邻苯二甲酸	3223.5
$C_2H_5COOH(l)$	丙酸	1527.3	$C_6H_5CHO(l)$	苯甲醛	3527.9
$C_6H_5COOH(s)$	苯甲酸	3226.9	$C_6H_5COCH_3(l)$	苯乙酮	4148.9
$C_2H_5NH_2(l)$	乙胺	1713.3	$C_6H_5COOCH_3(l)$	苯甲酸甲酯	3957.6
$C_2H_5OH(l)$	乙醇	1366.8	$C_6H_5OH(s)$	苯酚	3053.5
$C_2H_6(g)$	乙烷	1559.8	$C_6H_6(l)$	苯	3267.5
$C_3H_6(g)$	环丙烷	2091.5	$CH_2(COOH)_2(s)$	丙二酸	861.15
$C_3H_7COOH(l)$	正丁酸	2183.5	$CH_3CHO(l)$	乙醛	1166.4
$C_3H_7OH(l)$	正丙醇	2019.8	$CH_3COC_2H_5(l)$	甲乙酮	2444.2
$C_3H_8(g)$	丙烷	2219.9	$CH_3COOH(l)$	乙酸	874.54
$C_4H_8(l)$	环丁烷	2720.5	$CH_3NH_2(l)$	甲胺	1060.6
$C_4H_9OH(l)$	正丁醇	2675.8	$CH_3OC_2H_5(g)$	甲乙醚	2107.4
$C_5H_{10}(l)$	环戊烷	3290.9	$CH_3OH(l)$	甲醇	726.51
$C_5H_{12}(g)$	正戊烷	3536.1	$CH_4(g)$	甲烷	890.31
$(C_2H_5)_2O(l)$	二乙醚	2751.1	$HCHO(g)$	甲醛	570.78
$(CH_3)_2CO(l)$	丙酮	1790.4	$HCOOCH_3(l)$	甲酸甲酯	979.5
$(CH_3CO)_2O(l)$	乙酸酐	1806.2	$HCOOH(l)$	甲酸	254.6
$(CH_2COOH)_2(s)$	丁二酸	1491.0	$(NH_2)_2CO(s)$	尿素	631.66

附表 3　各种气体自 298.5 K 至某温度的平均摩尔定压热容 $\overline{C}_{p,m}$　[J/(K·mol)]

气体温度 /℃	气　　体								
	O_2	N_2	CO	CO_2	H_2O	SO_2	H_2	CH_4	空气
0	29.27	29.12	29.12	35.86	33.50	33.85	28.73	34.65	29.07
25	29.36	29.12	29.14	37.17	33.57	39.92	28.84	35.77	29.17
100	29.54	29.14	29.18	38.11	33.74	40.65	28.97	37.57	29.15
200	29.93	29.23	29.30	40.06	34.12	42.33	29.11	40.25	29.30
300	30.40	29.38	29.52	41.76	34.58	43.88	29.16	43.05	29.52
400	30.88	29.60	29.79	43.25	35.09	45.22	29.21	45.90	29.79
500	31.33	29.86	30.10	44.57	35.63	46.39	29.27	48.74	30.10
600	31.76	30.15	30.43	45.75	36.20	47.35	29.33	51.34	30.41
700	32.15	30.45	30.75	46.81	36.79	48.23	29.42	53.97	30.72
800	32.50	30.75	31.07	47.76	37.39	48.94	29.54	56.40	31.03
900	32.83	31.04	31.38	48.62	38.01	49.61	29.61	59.58	31.32
1000	33.12	31.31	31.67	49.39	38.62	50.15	29.82	60.92	31.51
1100	33.39	31.58	31.94	50.10	39.23	50.66	30.11	62.93	31.86
1200	33.63	31.83	32.19	50.74	39.29	51.08	30.16	64.81	32.11
1300	33.86	32.07	32.43	51.32	40.41	51.62	—	—	32.34
1400	34.08	32.29	32.65	51.86	40.98	51.96	—	—	32.57
1500	34.28	32.50	32.86	52.35	41.53	52.25	—	—	32.77

附表4　某些气体物质的摩尔定压热容与温度的关系

$$(C_{p,m} = a+bT+cT^2+dT^3)$$

分子式	a /J·K^{-1}·mol^{-1}	b /×10^3 J·K^{-2}·mol^{-1}	c /×10^6 J·K^{-3}·mol^{-1}	d /×10^9 J·K^{-4}·mol^{-1}	温度范围 /K
H_2	26.88	4.347	−0.3265		273~3800
F_2	24.433	29.071	−23.759	6.6559	273~1500
Cl_2	31.696	10.144	−4.038		300~1500
Br_2	35.241	4.075	−1.487		300~1500
O_2	28.17	6.297	−0.7494		273~3800
N_2	27.32	6.226	−0.9502		273~3800
HCl	28.17	1.810	1.547		300~1500
H_2O	29.16	14.49	−2.022		273~3800
H_2S	26.71	23.87	−5.063		298~1500
NH_3	27.550	25.627	9.9006	−6.6865	273~1500
SO_2	25.76	57.91	−38.09	8.606	273~1800
CO	26.537	7.6831	−1.172		300~1500
CO_2	26.75	42.258	−14.25		300~1500
CS_2	30.92	62.30	−45.86	11.55	273~1800
CCl_4	38.86	213.3	−239.7	94.43	273~1100
CH_4	14.15	75.496	−17.99		298~1500
C_2H_6	9.401	159.83	−46.229		298~1500
C_3H_8	10.08	239.30	−73.358		298~1500
C_4H_{10}	18.63	302.38	−92.943		298~1500
C_5H_{12}	24.72	370.07	−114.59		298~1500
C_2H_4	11.84	119.67	−36.51		298~1500
C_3H_6	9.427	188.7	−57.488		298~1500
C_4H_8(1-丁烯)	21.47	258.40	−80.843		298~1500
C_4H_8(2-丁烯)	6.799	271.27	−83.877		298~1500
C_2H_2	30.67	52.810	−16.27		298~1500
C_3H_4	26.50	120.66	−39.57		298~1500
C_4H_6(1-丁炔)	12.541	274.170	−154.394		298~1500
C_4H_6(2-丁炔)	23.85	201.70	−60.580		298~1500
C_6H_6	−1.71	324.77	−110.58		298~1500
$C_6H_5CH_3$	2.41	391.17	−130.65		298~1500
CH_3OH	18.40	101.56	−28.68		273~1000
C_2H_5OH	29.25	166.28	−48.898		298~1500
C_3H_7OH	16.714	270.52	−87.3841	−5.93232	273~1000
C_4H_9OH	14.6739	360.174	−132.970	1.47681	273~1000
$(C_2H_5)_2O$	−103.9	1417	−248		300~400
HCHO	18.82	58.379	−15.61		291~1500
CH_3CHO	31.05	121.46	−36.58		298~1500
$(CH_3)_2CO$	22.47	205.97	−63.521		298~1500
HCOOH	30.7	89.20	−34.54		300~700
CH_3COOH	8.5404	234.573	−142.624	33.557	300~1500
$CHCl_3$	29.51	148.94	−90.734		273~773

附表 5　不同温度下不同浓度的 KCl 溶液的电导率

（1 S/cm = 10^6 μS/cm = 10^2 S/m）　　　　　　　　　（S/cm）

$t/℃$	$c/mol · L^{-1}$			
	1.000	0.1000	0.0200	0.0100
0	0.06541	0.00715	0.001521	0.000776
5	0.07414	0.00822	0.001752	0.000896
10	0.08319	0.00933	0.001994	0.001020
15	0.09252	0.01048	0.002243	0.001147
16	0.09441	0.01072	0.002294	0.001173
17	0.09631	0.01095	0.002345	0.001199
18	0.09822	0.01119	0.002397	0.001225
19	0.10014	0.01143	0.002449	0.001251
20	0.10207	0.01167	0.002501	0.001278
21	0.10400	0.01191	0.002553	0.001305
22	0.10594	0.01215	0.002606	0.001332
23	0.10789	0.01239	0.002659	0.001359
24	0.10984	0.01264	0.002712	0.001386
25	0.11180	0.01288	0.002765	0.001413
26	0.11377	0.01313	0.002819	0.001441
27	0.11574	0.01337	0.002873	0.001468
28	—	0.01362	0.002927	0.001496
29	—	0.01387	0.002981	0.001524
30	—	0.01412	0.003036	0.001552
35	—	0.01539	0.003312	—
36	—	0.01564	0.003368	—

附表 6　醋酸电离平衡常数的文献值

$t/℃$	$K^{\ominus} \times 10^5$	$t/℃$	$K^{\ominus} \times 10^5$	$t/℃$	$K^{\ominus} \times 10^5$
5	1.6980	27	1.75689	31	1.74932
15	1.7460	28	1.75548	32	1.74661
25	1.7540	29	1.75376	33	1.74357
26	1.75793	30	1.75170	34	1.74022